인간의 그늘에서
제인 구달의 침팬지 이야기

함께 놀자며 내 손을 끌어당기는 피건
(사진: Hugo van Lawick/ NGS Image Collection)

두 가족의 오붓한 시간. 왼쪽부터 페르디난드, 가이아, 그렘린, 갈라하드, 피피, 포스티노
(사진 ⓒ Michael Neugebauer, E-Mail: mine@netway.at)

피피와 그녀의 여덟 살 난 아이 플리트
(사진: Kristin Mosher/ Danita Delimont, Agent)

플로는 자상해서 아이들과 잘 놀아주는 엄마다. 그녀가 간질이자 플린트가 웃고 있다.
(사진: Hugo van Lawick/ NGS Image Collection)

우리는 친구 (사진: Michael Nichols/ NGS Image Collection)

피피가 비비들로부터 훔친 수풀영양을 움켜쥐고 있다.
그녀는 그 수풀영양을 동료들과 나눠먹었다.
(사진: Michael Nichols/ NGS Image Collection)

IN THE SHADOW OF MAN

인간의 그늘에서

제인 구달의 침팬지 이야기

제인 구달 지음, 최재천·이상임 옮김

사이언스 북스

IN THE SHADOW OF MAN

by Jane Goodall

Copyright ⓒ Jane Goodall and Hugo van Lawick, 1971

Revisions copyright ⓒ Jane Goodall, 1988

Introduction by Stephen Jay Gould copyright ⓒ 1988 (by Houghton Mifflin)

All rights reserved.

Korean Translation Copyright ⓒ 2001 Science Books Co., Ltd.

Korean translation edition is published by arrangement with

Orion Publishing Group Ltd.

이 책의 한국어판 저작권은
Orion Publishing Group Ltd.와
독점 계약한 (주) 사이언스북스에 있습니다.

저작권법에 의해 한국 내에서 보호를 받는 저작물이므로
무단 전재와 무단 복제를 금합니다.

■ 옮긴이 서문

제인 구달에게 한 나의 약속

    1996년 제인 구달 박사가 우리나라를 처음으로 방문했을 때 나는 그 동안 먼발치에서만 바라보던 동물행동학의 〈전설〉과 마주앉을 수 있는 영광을 얻었다. 《과학동아》에서 그녀와 인터뷰해 달라는 요청이 들어온 것이다. 학교 일이 바쁘다는 핑계로 그런 일은 늘 점잖게 고사하던 나였지만 단 1초의 주저도 없이 〈언제 어디로 나가면 됩니까〉하고 덤벼들었다. 체면이고 뭐고 가릴 때가 아니었다.
    나의 주책은 거기에서 그치지 않았다. 평소에 이미 제인 구달의 명성을 익히 잘 알고 있었고 나 못지 않게 그를 흠모해 왔던 아들과 아내에게도 영광의 순간을 나누어주고 싶어 막무가내로 함께 데리고 나갔다. 전문인으로서 결코 할 짓이 아니었겠지만 나와 내 가족에겐 서태지나 마이클 조던을 만나는 것 이상으로 흥분되는 일이기 때문이다.
    막상 인터뷰가 시작되자 은근히 후회가 되기 시작했다. 아들 녀석이 좀처럼 구달 박사의 곁을 떠나려 하지 않았기 때문이다. 녀석도 나 못지 않게 궁금한 게 많았던 모양이다. 그때 겨우 일곱 살밖에 되지 않은 호기심 많은 소년에게 아빠의 인터뷰가 끝날 때까지 저만큼 떨어져 앉아 기다리라는 요구는 차라리 고문이었으리라. 구달 박사는 연신 곱지 않은 눈길을 주는 나와 아내를 나무라며 아들 녀석의 질문에 일일이 답을 해주는가 하면 아예 곁에 앉으라고 권하기도 했다. 그녀는 〈어린 침팬지들도 그렇듯이 아이들이란 다 어른들의 일에 관심이 많기 마련이죠〉라고 하며 따뜻하게 감싸주었다.

바로 그런 따뜻한 가슴으로 그녀는 침팬지를 연구하고 사랑한다. 그녀가 겨우 스물여섯에 탄자니아의 곰비에 발을 디딘 것이 1960년이니 그녀의 침팬지 연구는 이제 40년이 넘었다. 일체의 선입관이 없이 지극히 객관적으로 침팬지를 관찰해야 한다는 생각에 루이스 리키는 그 옛날 대학 교육도 받지 않은 구달을 아프리카로 보냈다. 구달은 훗날 대학 졸업장도 없이 명문 케임브리지 대학교에서 동물행동학 박사 학위를 받았지만 한 사람의 학자로서 현장에서 겪었던 그녀의 학문적 고민은 남달랐다. 〈학문적 깊이〉가 없다는 남 말하기 좋아하는 기존 학자들의 비판도 만만치 않았다.

객관성을 무엇보다도 중요하게 생각한 리키의 기대와는 달리 구달은 자기가 연구하는 침팬지들에게 이름을 붙여주는 〈실수〉를 저질렀다. 객관적인 자료를 수집해야 할 과학자가 연구 대상 동물들과 감정의 끈을 맺는다는 것은 당시로서는 있을 수 없는 일이었다. 인터뷰에서 나는 그녀에게 왜 침팬지들에게 이름을 붙이게 되었느냐고 물었다. 그녀의 대답은 의외로 간단했다. 「특별한 이유는 없었다. 단지 나는 이제까지 내가 만난 모든 동물에게 이름을 붙여주었다. 아주 어릴 적 정원에서 데리고 놀았던 달팽이도 이름이 있었다.

사실 나는 동물 연구를 하는 데 번호를 붙인다는 것도 몰랐다. 당연히 사람이면 누구나 이름이 있듯이 동물에게도 이름이 있어야 한다고 생각했다. 동물에게도 각자의 성품이 있으니 말이다」

나는 그녀가 객관성이라는 구더기를 무서워하지 않은 것을 무척 감사하게 생각한다. 침팬지와 하나가 되는 그 나름의 과학 덕분에 우리는 〈인간이 품성을 지닌 유일한 동물이 아니라는 것, 합리적 사고와 문제 해결을 할 줄 아는 유일한 동물이 아니라는 것, 기쁨과 슬픔과 절망을 경험할 수 있는 유일한 동물이 아니라는 것, 그리고 무엇보다도 육체적으로 뿐만 아니라 심리적으로도 고통을 아는 유일한 동물이 아니라는 것〉을 깨달을 수 있었다. 그 어느 종교의 가르침이 이보다 더 우리를 겸허하게 만들 수 있단 말인가.

인간은 자연계에서 유일하게 생각하는 뇌, 즉 대뇌피질에서 언어를 만드는 동물이다. 그래서 우리는 〈나는 과연 누구이며 무엇을 위해 태어났는가〉라는 질문을 스스로에게 던지고 그 답을 나름대로 말이나 글로 표현할 줄 안다. 제인 구달은 이렇게 고도로 발달된 지성을 가지게 된 우리 인간의 특권에는, 우리의 생각 없는 행동에 의해 존속의 위협을 받고 있는 다른 모든 생명체들에 대한 책임이 뒤따른다고 설명한다. 그 책임을 다하기 위해 우리 모두가 매일 조금씩 노력한다면 지구의 미래에는 아직도 희망이 있다고 가르친다.

구달 박사는 우리나라를 방문했을 때 바쁜 강연 일정 중에도 동물원에 들러 침팬지들을 만났다. 그리곤 너무도 열악한 환경에 있는 우리나라의 침팬지들을 보고 무척 가슴 아파하였다. 아무리 눈을 맞추려 해도 우리 안에 앉아 있던 침팬시는 초점 없는 눈으로 하염없이 벽만 응시할 뿐이었다고 했다. 인터뷰가 끝난 뒤 그녀는 그 동물원에 있는 침팬지들을 구해 달라며 내 손을 꼭 잡았다. 그렇게 하겠

노라고 굳게 약속한 지 벌써 5년이 흐르고 있다. 너무도 힘없는 내 자신이 부끄러울 따름이다.

하지만 내가 아무 일도 하지 않은 것은 아니다. 그 동안 나는 내 신문 칼럼이나 텔레비전 강연 등을 통하여 우리나라에도 침팬지 동물원을 만들자고 열심히 호소했다. 또 한편으로는 몇몇 대표적인 동물원들에 구체적인 제안도 해보았지만 예산이 없어 어렵다는 대답뿐이었다. 구달 박사는 내가 침팬지 동물원을 만들기만 하면 손수 침팬지들을 데려다 주겠다고 약속했다. 그 비싼 침팬지들을 거저 말이다. 또 얼마 전에는 일본의 동료 영장류 학자들이 자신들이 보호하고 있는 침팬지 군락이 너무 커서 우리가 원하면 일부를 가져다 주고 싶다는 소식을 전해오기도 했다.

나는 사업에는 원래 재주가 없는 사람이지만 우리나라에 야생 침팬지 군락을 마련하면 사람들이 구름처럼 몰려오리라 확신한다. 수로로 둘러싸인 섬을 만들어 침팬지들을 그 속에서 자유롭게 뛰놀게 하고 사람들은 건너편 언덕에 지은 건물에서 망원경으로 관찰할 수 있게 하는 것이다. 내 눈에는 벌써 부모들의 손을 잡고 몰려온 아이들의 호기심 어린 눈망울들이 새카맣게 보인다. 얼마 전 용인 동물원이 마련한 반딧불이 전시관은 물론 하다 못해 백화점에 설치한 작은 나비 전시관이 매상을 올려주는 것만 보더라도 성공은 맡아놓은 일이라고 생각한다. 그렇지 않아도 갈 곳이 없는 우리 현실에 앞으로 주 5일 등교 및 주 5일 근무제가 실시되면 더욱더 그런 곳들이 필요하게 될 것이다.

평생 동물행동학을 하겠다며 전국에서 나를 찾아오는 학생들의 대부분은 죄다 돌고래 아니면 침팬지를 연구하고 싶어한다. 나 역시 그 두 동물들을 연구하고 싶은 마음을 가슴에 품고 지금까지 공부해

왔다. 고래 사냥이 금지된 후 우리 근해에도 이젠 제법 많은 돌고래들이 뛰놀게 되었지만 배를 띄울 수 있어야 할 수 있는 연구라 돌고래는 그리 만만한 상대가 아니다. 하지만 내가 구상하고 있는 동물원만 마련하면 충분히 세계적인 수준의 침팬지 연구를 할 수 있다. 가능하면 상대적으로 연구가 덜 된 또다른 침팬지 보노보(일명 피그미 침팬지) 군락도 함께 만들었으면 한다. 그렇게만 된다면 나를 찾는 그 많은 학생들이 다 외국으로 공부하러 가지 않아도 될 것이다. 생각만 해도 흥분되는 일이 아닐 수 없다.

사실 나는 이 책의 번역을 구달 박사가 떠난 지 얼마 되지 않았을 때부터 시작했다. 핑계야 늘 좀더 완벽한 번역을 하기 위함이라 했지만 사실 이런저런 다른 일에 휘둘리다 보니 어언 4년이 훌쩍 흘러버렸다. 몇 군데 마지막 마무리만 남겨놓고 공연히 시간을 끈 지도 벌써 몇 달이 되었다. 그러다가 아주 최근 어느 일간지에 기고한 김갑수 시인의 글을 읽고 얼굴이 화끈거렸다. 루이스 리키가 길러낸 세 명의 여류 영장류 학자 제인 구달, 다이안 포시, 비루테 골디카스의 생애를 그린 『유인원과의 산책』이란 책을 읽고 그들의 저서들을 찾아 읽고 싶어 도서 검색을 해보았지만 아무것도 손에 쥐지 못했던 그의 허탈한 경험을 적은 글이었다. 『제인 구달』, 『희망의 이유』 등 제인 구달이 자신의 경험담을 적은 책들은 이미 번역이 되어 나와 있지만 본격적인 연구서인 이 책은 내가 늑장을 부리는 바람에 빛을 보지 못했다. 김갑수 님을 비롯하여 이 책의 출간을 기다려온 많은 독자들에게 진심으로 사과의 말씀을 올린다.

이 책은 제인 구달이 1971년에 초판을 낸 후 다시 1988년에 개정판으로 출간한 본격적인 연구 보고서이다. 하지만 연구 보고서라고는 하나 일반 독자들이 읽기에 전혀 어려움이 없도록 쉽고 재미있게 쓰여진 책이다. 술술 읽힌다고 해서 심오하지 않은 책은 절대 아니다. 이 책을 읽고 나면 자신도 모르는 사이에 침팬지 전문가가 된다. 배우고 있는 줄도 모르고 배우는 것이 가장 좋은 배움이다. 제인 구달은 이 책에서 그가 침팬지를 연구하게 된 경위와 곰비에서 보낸 시간들에 대한 회고는 물론 탄생에서부터 유아기와 유년기 그리고 사춘기를 거쳐 어른이 되어 살다가 죽음에 이르는 침팬지의 삶을 권위 있게 그리고 흥미롭게 그리고 있다. 지구상에 살고 있는 모든 생물들 중 우리와 가장 가까운 사촌인 침팬지가 그들이 알고 있는 우리 인류의 과거에 대한 이야기 보따리를 풀었다.

  DNA의 유사성을 분석한 결과에 따르면 우리 인류의 조상이 아프리카의 숲에서 나와 초원으로 들어서며 침팬지의 조상과 서로 다른 길을 걷게 된 것은 지금으로부터 불과 6백만 년 전. 평생 100년도 채 못 사는 우리에게 6백만 년이란 실로 엄청난 시간이다. 하지만 지구의 역사 46억 년을 12시간으로 환산하면 6백만 년 전은 11시 59분 50초도 넘은 시각이다. 현생 인류가 탄생한 것은 그보다도 훨씬 후인 15만 내지 23만 년 전이고 보면 우리는 그야말로 순간에 〈창조〉된 동물이다.

  그 눈 깜짝할 시간 동안 우리는 농업혁명과 산업혁명을 일으키며 이른바 만물의 영장이 되었다. 원래 한 집안에서 태어나 어려서는 함께 자랐지만 헤어져 산 지 오랜만에 다시 만난 사촌이 너무나 엄청나게 성공한 걸 보고 저들은 과연 무슨 생각을 할까? 「혹성 탈출」이란 영화를 보면 우리 인류가 멸망하여 지금의 침팬지와 흡사한 동물들의 지배를 받는다. 지금은 비록 우리 인간의 그늘에서 살고 있지만 진화의 역사에서 길고 짧은 것은 대보아야 안다. 순간에 창조된 동물인 우리는 요즘 왠지 갈 길을 서두르고 있다. 먼 훗날 어느 지성을 가진 동물들이 이 지구의 역사를 재정리할 때 나는 그들이 우리를 〈짧고 굵게 살다 간 동물〉로 적을 것 같다. 가만히만 놓아두면 멀쩡히 잘살 사촌의 손목까지 붙들고 절멸의 길을 향해 걷고 있다.

  이 책이 나오기까지 너무도 오랜 시간을 묵묵히 기다려준 사이언스북스 식구들의 인내에 머리를 숙인다. 함께 이 책을 읽으며 단어 하나의 의미에도 같이 고민해준 이상임 양에게 학문의 동료로서 고마움과 동시에 존경을 표한다. 돌고래를 연구하고 싶다고 날 찾아왔다 지금은 까치의 언어에 관한 연구로 박사학위를 준비하고 있다. 종종 이 책에 남편과 아빠를 빼앗겼던 아내와 아들에게도 미안함과 함께 고마움을 전한다. 마지막으로 구달 박사님, 아직은 제가 약속을 지키지 못했지만 곧 좋은 소식을 전할 수 있으리라 믿습니다. 조금만 더 기다려 주십시오. 그 동안에도 침팬지들 잘 보살펴 주십시오.

겨울로 젖어드는 관악산 기슭에서
2001년 11월
최재천

개정판에 부쳐

제인 구달의 연구는 이미 우리 문화에 있어서 전설의 수준에 도달했음에도 불구하고 과학의 특성에 대한 그릇된 선입관 때문에 20세기 학계의 가장 위대한 업적 중의 하나로서 제대로 인정받지 못하고 있다.

우리는 과학을 흔히 실험실에서 흰 가운을 입고 버튼을 돌리며 계기의 눈금을 지켜보는 이들이 수행하는 조작과 실험 및 측정이라고만 생각한다. 그래서 우리는 침팬지들에게 우스꽝스러운 이름을 지어주고 그들을 따라다니며 그들이 내는 모든 소리와 몸짓을 면밀히 기록하는 어느 여인의 이야기를 들었을 때 그것이 중요한 연구 활동이라고 받아들이기를 어려워했다. 그녀의 용기와 인내에는 탄복할지라도 그가 신정 과학의 최첨단에 있다고는 생각하지 않았던 것이다. 이에 나는 이 짧은 서문을 통해 기존의 선입관이 얼마나 그릇된 것이며 제인 구달의 침팬지 연구가 왜 서방 세계가 이룩한 가장 위대한 과학적 위업 중의 하나인가를 설명하고자 한다.

사학을 포함하여 지질학, 진화생물학, 천문학, 고고학 등 이른바 역사과학 sciences of history은 지구의 긴 역사를 통해 일어났던 엄청나게 복합적이고 다면적이며 재현할 수 없는 특수한 사건들을 다루는 학문이다. 그 자체의 특수성과는 무관하게 그저 정량 가능한 최소의 공통 인자를 찾아내는 실험실 연구 방법으로는 진정한 역사의 풍요로움을 가늠할 수 없다.

자연이란 관계이자 상호작용, 즉 자연 환경 속의 생명체들을 의미한다. 침팬지들 각각의 개성은 나름대로 모두 중요하며 한 생물 종으로서 그들 역사의 사건들을 엮어낸다. 그러므로 그들은 모두 자기들만의 이름이 필요하다. 실험실과 같은 인위적인 상황에서 그들을 다루게 되면 반드시 그들의 삶을 규정하는 사회적 또는 생태적 관계를 손상시키게 마련이다. 자연 그대로에서 관찰해야 한다. 그저 가끔 한두 번씩 들여다보는 것으로는 결코 충분하지 않다. 그들이 사는 모든 곳에서 항상 끊임없이 관찰해야만 그들 사회 전체의 구조와 역사를 결정짓는 우연하지만 괄목할 만한 사건들을 놓치지 않고 기록할 수 있다.

그럼으로 해서 우리는 으뜸 수컷 alpha male이라고 해서 언제나 제일 몸집이 크거나 힘이 센 것이 아니며 때로는 기발한 영리함으로 또는 교묘한 제휴 관계를 이용하여 최고의 지위를 얻기도 한다는 사실을 알게 되었다. 마이크 Mike라는 이름을 가진 수컷은 빈 연료 깡통을 두들겨 나는 소리로 다른 수컷들을 겁주며 으뜸 수컷이 되었다. 현재 으뜸 수컷인 고블린 Goblin은 비록 몸집은 작은 편이나 〈분열시킨 후 정복하라〉는 오랜 제국주의 수법을 절묘하게 이용한다. 지난 25년간 곰비 Gombe 지역 침팬지들의 역사는 전형적인 침팬지 성향의 원리에 의해서 이뤄진 것이 아니라 몇몇 괄목할 만한 사건들과 각 개체의 특수성에 의해 이루어졌다는 사실도 알게 되었다. 곰비의 역사에는 세 가지 중요한 사건들이 있었다. 하나는 이 책에 적혀 있는 대로 소아마비의 만연이었다. 다른 두 사건들은 이 책의 초판이 나온 1971년 이후에 벌어진 것들로 그 하나는 침팬지 무리가 둘로 갈라지면서 큰 무리의 수컷들이 작은 무리의 수컷들을 죽여 버린 사건이었고, 다른 하나는 흥미롭게도 패션 Passion이라는 이름을 가진 한 암컷이 갓 태어난 자기 무리의 아기들을 모두 잡아먹어 4년 동안 단 한 마리밖에 살아남지 못했던 사건이었다.

자연 상태에서 있는 그대로 면밀하게 관찰하는 것만이 진정한 역사의 복잡성을 파악하는 가장 훌륭한 방법이다. 구달의 연구는 흰 가운을 입고 실험실에서 수행하는 전형적인 연구와는 걸맞지 않으나 이른바 역사과학적 연구의 최첨단에 서 있는 위대한 연구이다.

우리는 지구상에 존재하는 모든 종에 대해 이만큼의 정성을 쏟지 못하고 있다. 무려 50만 종 이상이나 되는 딱정벌레 중 그 어느 한 종도 이렇게까지 자세히 들여다보지는 못했다. 우리가 유독 침팬지에게 각별한 관심을 보이는 까닭은 우리 자신을 알고자 하는 노력에 기인한 어찌 보면 당연할 수도 있는 이른바 할거주의 때문이다. 진화학이란 결국 가까운 종들 간의 비교 연구에 기초한 과학이다. 생명체들은 모두 서로 근연 정도가 다르긴 해도 하나의 가계도 안에 묶여 있다. 이러한 역사적 근연 정도가 바로 진화적 연관관계를 결정짓기 때문에 우리는 자연스레 우리와 가장 가까운 공동 조상을 가진 동물들에게 각별한 관심을 보이게 마련이다.

많은 이들은 이런 점에서 침팬지가 얼마나 중요한지 인식하지 못할 것이다. 가장 믿을 만한 생화학 자료에 의하면 인간과 침팬지는 지질학적으로 그저 어제에 불과한 6백만 내지 8백만 년 전에 분리되었다(고릴라만이 비슷한 수준의 근연 관계를 가지고 있는데, 최근 발표된 연구 결과에 따르면 그 동안 믿어왔던 것과는 달리 침팬지가 고릴라보다 계통학적으로 인간에 더 가까운 것으로 나타났다). 인간과 침팬지 간의 총 유전적 연관계수는 95퍼센트를 훨씬 웃돈다. 그러나 인간성의 생물학적 본질을 비롯한 우리 두 종 간의 온갖 신기한 차이점들은 모두 이 몇 퍼센트 속에 담겨 있다.

과학은 관찰을 여러 번 반복함으로써 그 신빙성을 높일 수 있다. 하지만 호모 사피엔스(*Homo sapiens*)는 하나의 독립적인 종이며 우리 자신만을 연구하는 것으로는 우리의 행동과 지적 능력의 중요한 부분들이 과연 우리의 조상 종으로부터 물려받은 진화의 산물인지 아니면 우리 계통 내에서만 유일하게 진화한 것인지 또는 사회적으로 형성되었는지를 밝힐 수 없다. 침팬지 관찰은 이 중요하고도 본질적인 문제를 해결하는 데 있어서 우리가 바랄 수 있는 가장 훌륭한 자연 실험이다. 왜냐하면 침팬지는 족보상 우리와 가장 가까운 사촌이라 다른 어떤 종보다도 더 많은 진화적 산물을 공유하고 있기 때문이다. 침팬지는 우리의 그림자가 아니라 거울에 비친 우리의 영상이다. 다만 시간의 안개 때문에 조금 흐릿해졌을 뿐이다. 더 말할 나위도 없이 만일 우리가 그들을 멸종시키거나 혹은 그들의 서식처를 파괴한 후 남은 생존자들을 동물원이나 다분히 인위적인 야생동물 공원에 보내 버린다면, 우리는 인간의 기원에 대한 생물학적 근거를 얻을 수 있는 가장 훌륭하고 유일한 자연 실험 대상을 영원히 잃는 셈이다.

제인 구달이 이 책의 초판을 선보인 지 오랜 시간이 흘렀다. 그간 곰비 지역의 침팬지들의 삶에나 그에 대한 구달의 분석에도 많은 변화가 있었다. 예전에 그는 침팬지들이 우리 스스로 자랑스럽게 생각하는 인간적인 미덕을 갖춘 자상하고 헌신적인 존재라고 간주하는 퍽 낙관적인 견해를 가지고 있었다. 그러나 그 후의 관찰로 인해 그녀의 견해는 훨씬 어두운 면을 지니게 되었다. 구달의 최근 논문에는 전쟁을 방불케 하는 사건들이 소개되기도 하고, 영국의 철학자 홉스Hobbes가 인간의 삶을 묘사할 때 썼던 잔인하고 야만적이며 거칠기 짝이 없는 특성들이 모두 등장하기도 한다. 그러나 무책임한 언론 매체들이 종종 그랬듯이 우리가 이제 인간 본성의 기본적이고 피할 수 없는 어두운 면을 이해했다고 생각한다면 대단히 큰 오해일 것이다. 정반대로 구달은 인간이 범한 실수를 침팬지는 어쩌면 범하지 않았으리라는 다소 편협했던 본래의 견해를 버렸다. 그녀는 이제 침팬지 특유의 다양한 특성들을 속속들이 이해하게 되었고 그러한 이해를 통해 우리 인간 역시 선과 악 모두에 훨씬 광범위한 가능성을 지니게 되었다는 사실을 알게 되었다. 더욱이 그녀는 이제 더 이상 침팬지가 우리 인간이 본받아야 할, 또는 되찾아야 할 길을 보여주고 있다는 식의 막연한 기대는 하지 않는다. 침팬지는 그저 침팬지일 뿐이다. 그들은 우리 인간과 가장 가까운 동물이기에 원초적인 공감대는 물론 그들 자신의 진화적 존재만으로도 우리로부터 존중받을 충분한 가치가 있다.

하버드 대학교 동물학 교수
스티븐 제이 굴드
Stephen Jay Gould

서문

 1세기에 한번쯤 인간이 그 스스로를 바라보는 관점을 송두리째 변화시키는 연구 결과가 나온다. 이 책을 읽는 이는 바로 그런 경험을 할 소중한 기회를 얻을 것이다.
 지구에 사는 이 수많은 생물 중에서 침팬지만큼 우리 인간과 흡사한 것은 없다. 실제로 최근의 생물학 연구는 유사성이 우리가 기대했던 것보다 훨씬 더 심오함을 밝혔다. 면역학적 반응들, 혈액 단백질의 구조, 그리고 유전물질 즉 DNA의 구조 중 그 어느것을 검토하든 침팬지는 인간과 가장 가까운 동물이다. 뇌의 신경 회로망은 말할 수 없이 비슷하다. 여키스Yerkes와 쾰러Köhler 같은 선구자들의 실험실 연구에 따르면 침팬지의 행동 반경은 실로 대단하다. 이런 점에서 인간의 행농을 연구하는 학자들은 실험실이나 동물원이라는 환경 제한을 받지 않는 야생 침팬지들이 그들의 자연 서식지에서 과연 무엇을 하는지에 대해 오랫동안 궁금해 했다. 이에 대한 이렇다할 정보도 없이 십 년, 이십 년 세월만 흐르자 이미 다른 많은 생물 종들을 이 지구로부터 제거해 버린 인간의 거침없는 영향으로 침팬지들이 절멸하기 전에 우리가 그들 행동의 신비를 벗길 수 있을까 진심으로 걱정하게 되었다.

많은 전문가들이 불가능하다고 생각했던 것처럼 그 비밀을 밝히는 일은 실로 엄청나게 어려운 일이었다. 침팬지는 접근하기 어렵고 여러 면으로 위험한 깊은 숲 속에 살고 있다. 그들이 근거리 관찰을 허용하리라고는 생각하기 어려웠다. 인간이 과연 신뢰할 만한 결론을 내릴 만큼 충분한 관찰을 할 수 있을까 의심스러웠다. 그 어느 관찰자가 장기간에 걸친 엄청난 노력을 감당할 수 있을까 역시 의심스러웠다. 그래서 이 주제에 줄곧 관심을 가지고 있던 우리들은 이것이 아마 영원히 풀리지 않으리라는 걱정에 절망하기 시작했다.

그러다가 1960년대 초반 구달이라는 이름의 젊은 여성이 끈질기고 용기 있는 시도를 하고 있다는 소식이 탕가니카로부터 흘러들기 시작했다. 하지만 침팬지들은 협조적이지 않다고 들었다. 그들은 그녀를 멀리 했고 거의 5백 미터나 되는 거리를 유지했고 놀라게 하면 다분히 위협적이었다. 그녀는 말라리아를 비롯하여 온갖 어려움에 시달렸다. 근거리 관찰은 가뭄에 콩 나듯하며 2년이 흘렀다. 4년이나 지나서야 드디어 제대로 관찰할 수 있게 되었다. 그러나 그녀는 포기하지 않았다. 우리 시대의 가장 위대한 무용담 중의 하나이다. 서서히 인간의 가장 가까운 친척의 비밀이 과학적인 분석에 의해 하나씩 벗겨지기 시작했다.

오늘날 그녀의 연구는 11년에 접어들었다. 유능한 연구진이 체계적으로 침팬지의 행동을 다각도로 분석하고 있다. 이 연구는 동물행동학 연구 역사상 독보적이다. 왜냐하면 자연계에서 침팬지가 가지고 있는 위치가 특별한 것은 물론이지만, 관찰 대상이 동물 개체 각각에 개별적인 이름이 붙여졌고 하나의 인격체로 취급되었으며, 근거리 관찰이 정확하고 풍부하게 기록되었고, 휴고 반 라윅이 훌륭한 사진 기록을 남기고 있기 때문이다. 또한 생활사의 변화를 십 년 이상 면밀하게 조사했고, 각각의 동물들을 그들 자신의 사회 속에서 관찰했으며, 그들의 서식지를 다치지 않았고, 모든 면에서 용의주도하고 완벽하게 진행되고 있는 연구이기 때문이다.

이 연구로 밝혀지고 있는 침팬지 삶의 모습은 참으로 경이롭다. 오랜 세월 가까운 관계를 유지할 수 있는 대단히 지능적이고 철저하게 사회적인 동물이지만 인간의 사랑과는 좀 다른 것 같고 몸짓, 자세, 얼굴 표정, 소리 등으로 활발한 의사소통을 하고 있지만 인간의 언어에는 좀 못 미치는 동물! 도구를 효과적으로 사용하는 것은 물론 상당한 계획성을 가지고 도구를 제작하기도 하는 동물, 비록 인간만큼은 아니더라도 먹이를 서로 나누어 먹을 줄 아는 동물, 허세를 부리며 상대를 겁주는 데 능숙하며 흥분을 못 이겨 다분히 공격적이고 무기를 사용할 줄 알지만 인간처럼 대규모의 전쟁을 일으키지는 못하는 동물, 조직적인 협동을 통해 다른 종의 작은 동물들을 사냥하여 잡아먹으며 먹이를 사냥하여 잡아먹는 데 상당한 매력을 느끼는 듯한 동물, 폭력성·복종·위안·인사 등에 사용되는 다양한 행동들이 비슷한 상황에서 인간이 보이는 것들과 놀라울 정도로 흡사한 동물이 바로 이들이다.

침팬지에 대한 우리의 관심은 실로 대단하며 이 연구는 자연계에서 그들의 위치를 밝히는 데 그 어느 연구에 비해 월등하다. 나는 이 책을 읽으며 우리 인간의 위치에 대해 새로운 견해를 갖게 되었다. 행동 성향에서 공동 유산을 지니며 현존하는 많은 다른 생물들과 무척 가까우면서도 결정적으로 다른 면도 지닌다는 것을 알았다. 우리 세대의 그 어느 책보다 우리 인류가 지금에 이르기까지 걸어온 발자취를 보여주고 겸손하게 그러나 감동 있게 자연 속의 우리 자리를 다시금 생각하게 해주는 책이다.

스탠퍼드 의과대학 의학박사
데이비드 햄버그
David A. Hamburg

감사의 글

　너무나 많은 이들의 도움과 격려가 나로 하여금 침팬지를 연구할 수 있게 해주었고 이 책도 쓸 수 있게 해주었건만 그들에게 이 큰 고마움을 제대로 표할 수 있을지 걱정이다. 우선 가장 고마운 분은 말할 나위 없이 리키 박사님 Dr. L. S. B. Leakey이다. 내게 처음으로 침팬지를 연구해 보라고 제안하셨고, 나의 초창기 연구에 필요한 연구비를 마련해주었으며, 내 연구 결과를 케임브리지 대학교에 박사학위 논문으로 제출할 수 있도록 도와주신 분이다. 마지막으로 그러나 결코 덜 중요하지 않은 일이지만, 그는 휴고를 내게 보내 침팬지들의 사진을 찍을 수 있게 해주었다.
　나는 탄자니아 정부와 음왈리무 줄리우스 니에레레 Mwalimu Julius Nyerere 전 대통령을 비롯한 관리늘에게 내가 곰비 Gombe 지역에서 연구를 할 수 있도록 허락하고 늘 도움과 협조를 아끼지 않은 것에 매우 감사하게 생각한다. 연구를 시작할 무렵 나는 탄자니아 야생동물과 과장과 직원들의 도움을 받았다. 특히 어머니와 나를 도와 연구 캠프를 함께 세운 데이비드 앤츠티David Anstey와 곰비가 야생동물 보호구역이던 시절 그곳에서 일하던 아프리카 야생동물 보호단원들인 아돌프Adolf, 사울로 데이비드Saulo David, 마르셀Marcel에게 감사한다. 곰비가 국립공원이 된 최근에는 탄자니아 국립공원 관리공단의 전 단장 오웬 박사Dr. John Owen와 그의 후임인 올레 사이불S. ole Saibul 씨의 협조와 도움을 받았다. 관리공단의 다른 직원들, 특히 남부지부장 스티븐슨J. Stevenson 씨와 많은 아프리카 야생동물 관리인들에게도 고마움을 전한다. 그 동안 늘 우리 연구는 물론 개인적인 일에도 많은 도움을 준 키고마Kigoma의 정부 관리들과 친구들에게도 감사를 전하고 싶다.

　1960년과 그 후에도 내가 야외 연구를 할 수 있도록 연구비를 마련해준 레이튼 윌키Leighton Wilkie 씨에게 큰 신세를 졌다. 내셔널 지오그래픽 협회The National Geographic Society에 대한 고마움은 실로 엄청나다. 협회는 1961년부터 1968년까지 내 연구 프로젝트 전체를 지원해주었고 지금도 매년 큰 몫의 지원을 하고 있다. 나는 특별히 1957년에서 1967년까지 회장과 편집장을 지낸 멜빌 벨 그로스브너Melville Bell Grosvenor 박사와 그의 후임 회장인 멜빈 페인Melvin M. Payne 박사, 그리고 연구위원회 의장 레너드 카마이클Leonard Carmichael 박사에게 그들의 오랜 격려와 지원에 깊은 감사의 말씀을 드리고 싶다. 위원회의 임원들, 협회의 직원과 회원들, 그중에서도 특히 항상 도움을 아끼지 않은 로버트 길카Robert Gilka 씨, 조앤 헤스Joanne Hess 양, 매리 그리스월드Mary Griswold 양, 그리고 데이브 보이어Dave Boyer 씨에게도 감사한다.

　1969년 우리는 영국의 과학연구진흥회The Science Research

Council로부터 상당한 지원금을 받았다. 더 최근에는 인류학 연구를 위한 베너-그렌 재단The Wenner-Gren Foundation for Anthropological Research, 세계 야생생물 보호기금The Wildlife Fund, 동아프리카 야생동물 협회The East African Wildlife Society와 리키 재단The L. S. B. Leakey Foundation에서도 지원을 받았다. 이들 재단들과 우리 연구를 위해 틈틈이 도와주신 개인 지원자들에게 진심으로 고마움을 표한다. 마지막으로 나는 이 책이 출판사로 가는 시점에서 가장 큰 지원금을 희사한 뉴욕의 그랜트 재단에 나의 가장 진지한 감사를 전한다. 이 돈으로 우리는 앞으로 3년간 우리 연구의 여러 분야들을 계속할 수 있는 확고한 계획을 세울 수 있게 되었다.

내 박사학위 논문의 연구 결과를 분석하고 기술하는 것을 지도해 주심은 물론 연구비 지원을 비롯한 여러 면으로 우리를 돕기 위해 시간과 노력을 아끼지 않으신 케임브리지 대학교 동물행동학과 로버트 하인드Robert Hinde 교수님께 깊은 감사를 드린다. 스탠퍼드 의과대학의 데이비드 햄버그David Hamburg 교수님의 도움에도 큰 고마움을 표한다. 그분의 도움으로 우리 연구센터가 스탠퍼드 대학교와 자매결연을 맺을 수 있었다. 나는 그분과 많은 공동연구 프로젝트들을 구상하고 있다. 또한 그분은 우리 연구에 많은 연구비를 끌어오는 데에도 큰 도움을 주었다. 로버트 하인드 교수님과 데이비드 햄버그 교수님은 모두 우리 연구 프로그램에 과학 자문위원이 되어주실 것을 기꺼이 승낙하셨다. 나는 또 우리 연구에 많은 관심을 가지고 격려해주신 다레스살람 대학교의 자연과학대학 학장이신 음상기 A. S. Msangi 교수님께도 고마움을 전한다.

휴고가 내게 그리고 우리 연구를 위해 해준 그 모든 것에 대한 고

마음을 제대로 표현할 만한 적절한 말이 없다. 그는 침팬지 행동에 관하여 엄청나게 훌륭한 사진과 다큐멘터리 영상 자료들을 마련해 주었다. 곰비 연구센터가 세워지고 오늘날까지 번영할 수 있었던 것은 대부분 그의 끊임없는 도움과 행정력, 그리고 끈기 덕분이다. 나는 나 혼자서는 그 엄청난 프로젝트를 시작할 수 없었으리라 확신한다. 침팬지는 물론 그의 아내에 대한 휴고의 인내와 이해는 실로 대단했다. 오랜 세월 동안 나를 위해 해준 모든 일, 특히 내 연구의 초창기에 가장 원시적인 생활 조건에서 보여준 용기와 격려를 돌이켜 볼 때 어머니를 잊을 수 없다. 어머니의 충고와 제안은 너무도 중요했다. 내가 이 책을 쓰는 동안에도 많은 조언과 비평을 해준 어머니와 휴고에게 감사한다.

　우리 연구에 직접 또는 간접으로 기여한 너무나 많은 사람들이 있지만 일일이 그들의 이름을 열거할 수는 없을 것이다. 하지만 처음에 나를 차로 곰비까지 데려다 주었고 훗날 많은 식용 식물들을 동정해 준 큐 식물원Kew Botanical Gardens의 버나드 버드코트 Bernard Verdcourt 박사와 역시 많은 식물들을 동정해 준 동아프리카 식물 표본관The East African Herbarium의 질렛 Gillet 박사에게 감사를 표하고 싶다. 또 곰비에 그 끔찍한 소아마비가 만연되었을 때 백신을 제공해준 파이저 실험실 Pfizer Laboratories에게도 고마움을 전한다. 길카 Gilka라는 이름의 침팬지를 마취시키고 수술해준 더글러스 로이 Professor Douglas Roy 교수, 앤서니와 수 하수언 Anthony and Sue Harthoorn 박사 부부, 그리고 브래들리 넬슨 Bradley Nelson 박사에게도 감사의 말씀을 드린다. 나이로비에서 여러 가지 행정적인 도움을 제공한 리치먼드 M. J. Richmond 씨와 댄 Dan 양, 그리고 여러 번에 걸쳐 중요한 조언과 도움을 준 조지

더브 George Dove에게도 고마움을 전한다.

　다음으로는 그 동안 우리 연구를 보다 쉽게 해주었고 우리 생활을 보다 즐겁게 해준 아프리카인 직원들과 보조원들에게 심심한 감사를 표하고 싶다. 첫 몇 년 동안 때로는 나의 유일한 동료들이었던 핫산 Hassan, 도미니크 Dominic, 라쉬디 Rashidi, 소코 Soko, 윌버트 Wilbert, 그리고 쇼트 Short에게 각별한 고마움을 전한다. 그 밖에도 사디키 Sadiki, 라마타니 Ramadthani, 주마 Juma, 음포푸 Mpofu, 힐랄리 Hilali, 주만느 Jumanne, 카심 라마타니 Kasim Ramadhani, 카심 셀레마니 Kasim Selemani, 야하야 Yahaya, 아포루알 Aporual, 하비부 Habibu, 알퐁스 Alfonse, 아드레아노 Adreano에게 감사한다. 나는 또 그들이 내게 보여준 예의와 그들의 나라에 나를 따뜻하게 맞아준 데에 대해 이디 마타타 Iddi Matata와 음브리쇼 Mbrisho에게도 감사한 마음을 전한다. 내가 이 책을 쓰는 동안 내 아들을 돌봐준 무차리아 Mucharia와 모로 Moro에게도 이 자리를 빌어 고마움을 전하고 싶다.

　초창기에 우리 캠프를 돌봐준 크리스 피로진스키 Kris Pirozynski와 그 당시 야생 침팬지 사진을 찍어준 내 여동생 주디 Judy에게도 고마움을 전한다. 일 년간 센터의 행정을 도와준 니콜라스와 마가렛 픽포드 Nicholas and Margaret Pickford 부부와 석 달에 걸쳐 역시 비슷한 도움을 준 반 라윅 남작과 남작 부인께도 감사를 드린다.

　피터 말러 Peter Marler 박사와 마이클 심슨 Michael Simpson 박사의 연구에 감사한다. 둘 다 곰비에서 자신의 연구를 했다. 말러 박사는 두 달 동안 침팬지의 음성 신호늘을 녹음했고 심슨 박사는 사회적 털고르기를 연구하느라 여덟 달을 보냈다. 이 연구 결과들은 침팬지 행동을 이해하는 데 도움이 될 것이다. 곰비의 비비 무리에 대한 관찰로 비비를 향한 침팬지의 포식 기도를 비롯하여 비비와 침팬지 간의 다른 관계에 대해 많은 걸 제공한 팀과 바니 랜섬 Tim and Bonnie Ransom, 리앤 테일러 Leanne Taylor, 니콜라스 오웬즈 Nicholas Owens에게도 감사하다. 팀과 바니는 우리가 1968년에 침팬지를 먹이는 방법을 바꿨을 때 많은 도움을 주었다. 곰비에서 곤충행동을 연구했지만 우리 연구도 많이 도와준 존 맥키넌 John McKinnon도 고마웠다.

마지막으로 내 연구 조수들로 일하며 침팬지 행동에 대한 우리의 이해를 넓혀준 학생들에게 고마움을 표하는 시간이 온 것 같다. 각각의 침팬지들에 대하여 장기적인 기록들을 축적해주어 내가 이 책을 쓰며 자유롭게 찾아볼 수 있게 해준 그들의 열성, 인내, 헌신에 대하여 어떻게 이 좁은 지면에 다 말할 수 있으랴. 그들이 없었더라면 이 같이 오랜 시간에 걸친 연구는 수행할 수 없었으며 이 책도 쓸 수 없었을 것이다. 하루 일과가 밤 열시나 열한시 이전에 끝난 적이 거의 없었던 초창기에 너무도 열심히 일해주었던 에드나 코닝 Edna Koning과 소니아 아이비 Sonia Ivey의 도움을 특별히 언급하고 싶다.

어떤 조수들은 그저 잠시 동안 우리와 함께 일했어도 큰 기여를 하기도 했다. 수 세이터 Sue Chaytor, 샐리 에버리 Sally Avery, 패멀라 카슨 Pamela Carson, 패티 몰먼 Patti Moehlman, 니콜레타 마라신 Nicoletta Maraschin, 준 크리 June Cree, 자넷 브룩스 Janet Brooks, 사노 킬러 Sanno Keeler, 샐리 펄리스튼 Sally Puleston, 벤 그레이 Ben Gray와 네빌 워싱턴 Neville Washington이 그들이다. 캐롤라인 콜먼 Caroline Coleman, 캐슬린 클라크 Cathleen Clarke, 캐롤 게일 Carole Gale, 던 스타린 Dawn Starin, 앤 심슨 Ann Simpson

같은 조수들은 일년 내내 머무르며 중요한 장기적인 기록을 수집했다.

어떤 학생들은 일년 동안 장기적인 기록을 수집해주는 일을 하고 난 후 계속 머물며 다른 행동에 관한 연구 프로젝트를 수행하기도 했다. 앨리스 소렘 포드Alice Sorem Ford는 엄마와 아기의 관계에 대해 연구했는데, 나는 침팬지 각자에게 일일이 소아마비 백신을 먹여야 했던 시절에 열심히 일해 준 그에게 정말 감사한다. 기자 텔레키 Geza Teleki는 지금 곰비 침팬지들의 육식행동에 대한 보고서를 쓰고 있다. 로리 볼드윈 Lori Baldwin은 어른 암컷 침팬지들 간의 관계를 연구하고 있고 데이비드 바이곳 David Bygott은 어른 수컷들 간의 관계, 그중에서도 특히 우열 관계와 폭력성에 대해 연구하고 있다. 로리와 데이비드는 모두 케임브리지 대학교에서 박사학위 과정을 밟고 있다. 이 책의 부록에 훌륭한 침팬지 그림들을 그려준 데이비드에게 특히 고맙다. 해롤드 바우어 Harold Bauer, 엘런 드레이크 Ellen Drake, 마가리사 행키 Margaretha Hankey, 앤 퓨시 Ann Pusey, 제럴드 릴링 Gerald Rilling, 리처드 랭엄 Richard Wrangham, 그리고 그의 아내가 관광 목적으로 공원의 남쪽에 또 하나의 관측소를 세우고 있는 션 시언 Sean Sheehan 등 지금 현재 곰비에서 일하고 있는 다른 일곱 명의 조수들도 모두 일년 더 그곳에 머물 계획이다. 그들의 열성, 열의, 협동 정신에 고개를 숙인다. 최근 우리 연구진에 선임 연구원으로 참가한 헬무트 알브렉트 Helmut Albrecht 박사에게도 고마움을 표한다. 그가 곰비에서 보낼 2년은 우리 모두에게 행복을 가져다 수리라 확신한다. 번식행동에 관하여 케임브리지 대학교에서 박사학위 논문을 쓰고 있는 패트릭 매기니스 Patrick McGinnis에게도 각별한 감사의 말을 전한다. 팻은 곰비에서 거의 4년을 보냈으며 많은 경우 연구의 책임을 맡는 것은 물론 다른 학생들이 떠나 있거나 아플 때면 거의 혼자 모든 일을 해냈다. 그가 정말 떠나고 나면 곰비가 어딘가 이상할 것 같다.

이제 이 감사의 글에서 가장 힘든 부분이 다가왔다. 곰비에서 침팬지를 연구하던 중 목숨을 잃은 루스 데이비스Ruth Davis에게 감사하는 일이다. 루스는 그리 튼튼한 사람은 아니었지만 가장 열심히 일하는 사람들 중의 하나였다. 그는 때로 지쳐 쓰러질 때까지 일하곤 했다. 그는 어른 수컷들의 인격을 연구하기로 했다. 그는 산 속에서 몇 시간씩이나 그들을 따라다니며 관찰해야 했고 종종 관찰한 것을 밤늦도록 기록하곤 했다. 루스는 1968년 어느 날 아마 과로로 인해 벼랑 끝에서 떨어지고 말았고 그 자리에서 숨졌다. 그의 시신은 키고마 경찰과 국립공원 관리들은 물론 주변 마을에서 몰려온 수많은 자원자들이 엿새 동안 수색한 끝에 겨우 발견됐다. 그 모든 이들이 정말 고마웠다.

나는 이 끔찍한 비극에 대한 내 후회와 슬픔을 뭐라 말로 표현할 수가 없다. 루스의 죽음은 그를 알던 우리 모두에게, 그리고 특히 그의 약혼자 기자 텔레키에게는 엄청난 상실이었다. 그는 그가 그토록 사랑했던 나라의 국립공원에 묻혔다. 그의 무덤은 숲으로 둘러싸여 있고 때로 침팬지들이 지나갈 때마다 그들의 소리에 의해 울리곤 한다.

딸의 장례를 위해 처음으로 곰비를 찾은 루스의 부모님들에게 나의 진심 어린 존경과 동정이 함께 하길 빈다. 그런 상황에서도 그들은 우리에게 절대 책임을 느끼지 말라며 격려해주었다. 침팬지들과 함께 한 그 몇 년간이 루스의 생애 중 가장 행복한 시절이었으며 그 연구에서 큰 보람을 느끼고 있었다고 루스의 부모님들이 이야기해

주었다.

  루스는 그가 사랑하던 산 속에서 그가 그토록 하고 싶어하던 일을 하던 중 죽음을 맞이했다. 그의 세밀한 연구 덕분에 우리는 몇몇 침팬지들의 성격에 대해 더 많은 걸 알게 되었다. 루스는 내가 침팬지들에게 고마워하며 이 감사의 글을 마치기를 원한다고 믿는다. 우리들 자신에 대해 너무나 많은 걸 가르쳐 주는 동시에 우리로 하여금 그들 자신에게 매료되게끔 만드는 저 영화로운 동물들에게 말이다. 그 어느 누구보다도 우리는 데이비드 그레이비어드 David Graybeard와 플로 Flo에게 큰 빚을 졌다.

제인 구달

차례

옮긴이 서문　5
개정판에 부쳐　13
서문　19
감사의 글　23

침팬지를 찾아서　35
이방인의 정착　51
침팬지의 봄　67
캠프 생활　89
비가 오면 비춤을 춘다　107
캠프를 찾아온 침팬지들　125
플로의 성생활　149
결혼 그리고 새로운 시작　163
플로의 가족　181
사회적 서열 다툼　203
점점 커 가는 연구센터　227

유아기   245

유년기   267

사춘기   281

어른들의 사회   297

비비와 포식행동   313

죽음   335

어미와 자식   349

인간의 그늘에서   367

인간의 비인간성   389

침팬지 가족 후기   395

부록 1   413

부록 2   415

부록 3   420

부록 4   424

부록 5   427

참고 문헌   431

침팬지를 찾아서

　새벽부터 줄곧 가파른 산비탈을 오르내리거나 깊은 계곡의 숲 속을 비집고 다녀야 했다. 침팬지 소리를 듣기 위해 멈춰 서기도 하고 쌍안경으로 주위를 샅샅이 뒤져보기도 했지만 다섯시가 넘은 지금까지도 침팬지를 보기는커녕 소리조차 듣지 못했다. 이제 〈곰비 침팬지 보호구역〉의 거친 땅 위로 어둠이 내려앉기까지 두 시간도 채 남지 않았다. 나는 오늘 하루가 다 가기 전에 잠자리를 준비하는 침팬지를 한 마리라도 볼 수 있기를 간절히 바라면서 전망이 가장 좋은 〈봉우리〉에 자리를 잡았다.
　나는 저만치 아래 울창한 계곡에 있는 원숭이 떼를 지켜보고 있었다. 갑자기 어린 침팬지 한 마리의 비명 소리가 들려왔다. 재빨리 쌍안경으로 나무들 사이를 자세히 살펴보았시만 정확한 위치를 파악하기도 전에 그 소리는 사라져 버렸다. 그러나 몇 분 후 내 시야에 네 마리의 침팬지가 나타났고, 그들 사이의 사소한 말다툼은 끝

침팬지를 찾아서

이 났는지 모두 평화롭게 노란 자두같이 생긴 과일들을 먹고 있었다.
거리가 너무 멀어 자세히 관찰하기가 어려웠기 때문에 나는 좀더 접근하기로 마음먹었다. 만약 침팬지를 놀래지 않고 그들 근처에 있는 저 키 큰 무화과나무까지 조심조심 다다를 수만 있다면 매우 자세한 관찰을 할 수 있으리라. 약 십 분 후, 아주 조심스럽게 그 두껍고 비틀린 무화과나무에 도착했을 때에는 이미 나뭇가지들은 비어 있었고 침팬지들은 어디론가 사라지고 없었다. 이럴 때면 언제나 느꼈던 그 우울함이 또다시 나를 엄습해 왔다. 침팬지들이 나를 보자마자 슬며시 사라져 버린 것이다. 그러나 바로 그때, 나는 심장이 멎을 정도로 소스라치게 놀랐다.

20미터도 채 안 되는 거리에서 수컷 침팬지 두 마리가 땅에 앉은 채 나를 뚫어져라 쳐다보고 있었던 것이다. 나는 너무나 가까운 위치에서, 그것도 갑작스럽게 만났기 때문에 침팬지들도 당황했을 것이라고 숨을 죽인 채 생각했다. 그리고 이런 상황에서 그들은 일반적으로 도망치기 때문에 그들이 나뭇가지 틈새로 황급히 사라지기를 기다리고 있었다. 그러나 그런 일은 일어나지 않았다. 두 마리의 커다란 침팬지들은 단지 나를 그렇게 바라볼 뿐이었다. 나는 아주 천천히 그 자리에 주저앉았다. 몇 분 후 그들은 조용히 서로 털을 다듬어 주기 시작했다.

그 후 지켜보고 있는 나조차도 믿기 어려운 사건이 일어났다. 다른쪽 조그만 수풀 위로 암컷 침팬지 한 마리와 꼬마 침팬지 한 마리가 머리를 내밀어 나를 보고 있는 것이었다. 내가 그들 쪽으로 머리를 돌리자 그들은 갑자기 수풀 아래로 사라졌다가는 잠시 후 약 35미터 정도 떨어진 나무의 낮은 가지 위에 한 마리씩 모습을 드러냈다. 거기서 그들은 거의 움직이지 않고 조용히 나를 지켜보며 앉아 있었다.

반년이 넘도록 침팬지들은 내가 접근할 때마다 수풀 속으로 도망치곤 했고 나는 그런 침팬지들이 나를 두려워하지 않게 하기 위해 온갖 노력을 다했다. 처음에는 내가 5백 미터나 되는 먼 거리에 있거나 골짜기 반대편에 나타나기만 해도 침팬지들은 모두 도망쳐 버렸다. 그러나 지금 이 두 마리 수컷은 내 곁에 너무나 가까이 앉아

데이비드 그레이비어드   골리앗

있어 나는 거의 그들의 숨소리까지 들을 수 있을 지경이다.

　이때가 내가 겪었던 수많은 시간들 가운데 가장 뿌듯했던 순간이다. 지금 내 앞에서 서로의 몸을 쓰다듬고 있는 두 마리의 이 당당한 동물들이 마침내 나를 받아들인 것이다. 나는 그 둘을 이미 알고 있었다. 한 마리는 항상 나를 제일 덜 두려워했던 데이비드 그레이비어드 David Graybeard(〈데이비드〉는 성경에 나오는 〈다윗〉의 영어 이름이며 〈그레이비어드〉는 〈회색수염〉이라는 뜻이다——옮긴이)였고, 다른 한 마리는 비록 거구는 아니지만 당당한 체격을 지니고 있어 수컷들 중에서 가장 서열이 높은 골리앗 Goliath이었다. 그들의 털은 부드러운 저녁 햇살에 검게 번득이고 있었다.

　십 분이 지나도록 데이비드 그레이비어드와 골리앗은 서로 털고르기를 하며 그렇게 앉아 있었다. 잠시 후 태양이 내 뒤의 지평선 위로 사라지기 바로 직전, 데이비드가 일어나 똑바로 선 채 나를 응시했다. 공교롭게도 황혼에 비친 내 그림자가 그와 만났다. 야생 침팬지와 처음으로 가깝게 만날 수 있었을 때의 흥분, 그리고 데이비드가 내 눈을 바라보고 있을 때 우연히 내 그림자가 그 위로 드리워진 그 순간은 내 기억속에 깊이 새겨졌다. 이 사건으로 인해 훗날 나는 모든 살아 있는 생물 중 가장 뛰어난 지능을 가졌다는 인간만이 침팬지 위로 그늘을 드리울 수 있다는 은유적인 의미를 깨달았다. 즉 총을 소유하고 주거지와 경작지를 확장함으로써, 오직 인간만이 야생 침팬지의 자유로운 모습 위로 운명의 그늘을 드리울 수 있는 것이다. 그러나 당시 나는 이런 것에 관해서는 생각하지 못했으며 단지 데이비드와 골리앗에게 경이로움을 느낄 뿐이었다.

지난 여러 달 동안 그렇게 자주 나를 엄습했던 우울함과 절망감은 침팬지들이 떠난 후 내가 어두워지는 산언저리를 서둘러 내려와 탕가니카 Tanganyika(탄자니아의 옛이름——옮긴이) 호숫가의 텐트로 돌아오면서 느낀 흥분에 비하면 정말 아무것도 아니었다.

침팬지와 나의 인연은 3년 전 내가 나이로비(동아프리카에 있는 케냐의 수도——옮긴이)에서 유명한 인류학자이자 고생물학자인 루이스 리키 Louis S. B. Leakey 박사를 만났을 때 시작되었다. 아니 어쩌면 그보다도 훨씬 이전인 나의 어린 시절부터 이미 시작되었는지도 모른다. 어머니는 돌이 갓 지난 나에게 런던 동물원에서 최초로 태어난 아기 침팬지를 축하하기 위해 만들어진 커다란 침팬지 털인형을 사 주셨다. 어머니 친구들은 그 무시무시한 물건이 어린 소녀에게 악몽을 가져다 줄 것이라고 걱정했지만, 내가 슈빌리 Jubilee(〈축제〉라는 뜻으로, 당시 런던 동물원에서 태어난 아기 침팬지의 이름이기도 하다——옮긴이)라고 부르던 그 인형은 나의 가장 사랑스런 재산이었을 뿐만 아니라 어린 시절 내가 여행을 떠날 때에는 늘 내 곁에 있어 주었다. 나는 그 낡아빠진 장난감을 아직도 가지고 있다.

쥬빌리가 아니었더라도, 나는 겨우 기어다니기 시작할 때부터 이미 동물에 매료되었던 것 같다. 내가 네 살 때 닭이 알을 낳는 것을 보려고 지독하게 퀴퀴한 냄새가 나는 조그만 닭장 속에 숨어서 다섯 시간을 보냈던 일이 있었는데, 이 때문에 가족들은 몇 시간이나 나를 찾아 다녔고 심지어는 경찰서에 달려가 실종 신고까지 했었다.

그로부터 4년 뒤인 내가 여덟 살 때, 나는 처음으로 어른이 되면 아프리카에 가서 야생동물과 함께 살겠다고 결심했다. 열여덟 살이 되어 학교를 졸업하고 비서직 수련 과정을 거친 후 두 번이나 직업을 바꾸면서도 아프리카에 대한 열망은 여전히 내 마음속 깊은 곳에 남아 있었다. 그러던 참에 부모님 농장이 케냐에 있는 학교 친구의 초대를 받아 그곳에 갈 수 있는 기회가 생겼다. 나는 곧바로 너무도 좋은 직장이었던 기록 영화 스튜디오에 사표를 던졌다. 런던에서는 돈을 모으기가 어려워 고향인 번머스 Bournemouth로 돌아가 여름 내내 식당 종업원 일을 하며 아프리카에 갈 여비를 마련했다.

아프리카에 도착한 후 거의 한 달이 지났을 때, 어떤 사람이 내가 동물에 관심이 있다는 것을 알고는 루이스 리키 박사를 만나보라고 충고해주었다. 그 당시 나는 친구의 농장에서 너무 오랫동안 폐를 끼치는 것 같아 조금 지루하나마 사무직 일을 하고 있던 참이었다. 내가 루이스 리키 박사를 만나러 갔을 때 그는 나이로비에 있는 국립 자연사 박물관의 관장이었다. 그는 동물에 대한 나의 관심이 단지 일시적인 감정이 아니라 뿌리 깊게 내재되어 있는 것임을 파악하고서는 그 자리에서 나를 조수로 채용했다.

박물관에서 일하는 동안 나는 많은 것을 배웠다. 모든 직원들은 열정적이고 훌륭한 자연학자들이었고, 그들의 많은 지식을 나에게도 나누어 주었다. 무엇보다도 신났던 일은 나와 어떤 소녀가 리키 박사와 그의 아내 메리와 함께 세렝게티 Serengeti 평원에 있는 올두바이 계곡Olduvai Gorge의 고생물 탐사대에 끼게 되었다는 것이다. 당시는 세렝게티가 관광지도 아니었고 올두바이에서 진잔트로푸스(*Zinjanthropus*, 〈땅콩 까는 사람〉이라는 뜻)와 호모 하빌리스(*Homo babilis*)가 발견되기도 전이었으므로 완전히 미개척지 상태였다. 따라서 그곳을 지나는 도로, 관광버스, 경비행기란 꿈속에서도 기대하기 어려운 일이었다.

발굴 작업은 그 자체만으로도 매우 흥미로웠다. 내가 맡은 일은 몇 시간이고 올두바이 지층의 아주 오래된 진흙이나 바위들을 파내면서 수백만 년 전에 살았던 동물들의 화석을 캐내는 것이었다. 비록 이 임무가 처음에는 지루하게 반복되는 단순노동이었지만, 시간이 지나면서 내 손에 잡힌 이 뼈들이 전에는 살아서 숨을 쉬며 걸어 다니고 잠을 자고 자손을 퍼뜨리던 동물의 일부분이었을 것이라는 생각에 경외감이 느껴졌다. 정말 그들은 어떻게 생겼었을까? 털은 무슨 색깔이었으며 어떤 냄새를 풍겼을까?

저녁 여섯시, 하루 종일 땀에 흠뻑 젖으며 했던 고된 작업이 끝나면 나는 동료 조수인 질리언 Gillian과 함께 계곡 위쪽의 바싹 말라버린 건조한 평원을 가로질러 여유 있게 캠프로 돌아오곤 했다. 건조기의 올두바이는 거의 사막과도 같았지만, 낮은 가시덤불을 지나쳐 걸어올 때면 종종 산토끼 만한 우아한 딕딕 dik-dik이라는 영양들을 볼 수 있었다. 때때로 가젤영양gazelle이나 기린 무리를 볼 수 있었고, 운이 좋은 경우에는 계곡의 아래쪽을 따라 터벅터벅 무거운 발걸음을 옮기고 있는 검은 코뿔소도 볼 수 있었다. 젊은 수컷 사자와 마주친 적도 있었다. 그때 그 사자는 불과 10여 미터 정도 밖에 떨어져 있지 않아 우리는 그가 낮고 부드럽게 드르렁거리는 소리를 들을 수 있을 정도였다. 우리는 주변보다 숲이 특별히 우거진 계곡 아래쪽에 있었다. 그가 우리를 지켜보면서 꼬리를 말아 올리는 동안 우리는 천천히 뒷걸음을 쳤다. 우리가 계곡을 가로질러 나무가 없는 확 트인 반대쪽 평야로 아주 조심스럽게 나올 때까지 그는 우리를 뒤따라 나왔는데, 그의 이런 행동은 아마도 우리에 대한 호기심 때문이 아니었나 생각된다. 우리가 산을 타고 오르기 시작했을 때 그는 숲 속으로 사라져 버렸고 우린 다시 그를 보지 못했다.

올두바이의 탐사 작업이 끝날 무렵, 루이스 리키는 나에게 탕가니카 호숫가에 살고 있는 침팬지 무리에 관해 이야기하기 시작했다. 그 침팬지들은 아프리카에서만 발견되는 것으로, 탕가니카 호수의 서쪽에서 동쪽으로 형성된 열대 우림 지역 내에 살고 있다고 했다. 분류학자들이 *Pan troglodytes schweinfurthi*(침팬지의 세 아종 중 하나로 우간다, 탄자니아, 콩고 동부에 분포한다——옮긴이)라고 이름 붙인 것처럼 그들은 긴 털을 가진 동아프리카 계통의 침팬지들로, 산이 많아 울퉁불퉁하고 문명과는 완전히 분리된 지역에 서식한다. 따라서 그들을 연구하기 위해서는 끈질긴 인내심과 헌신적인 노력이 필요하다고 루이스는 말했다.

루이스에 의하면 그때까지 단 한 명의 남자가 야생에서 침팬지 행동에 관해 진지하게 연구를 시도했을 뿐이었다. 이 선구적인 작업을 수행한 헨리 닛슨Henry W. Nissen 교수는 프랑스령 기니Guinea에서 약 두 달 반 동안 연구했다고 알려져 있었다. 그러나 이 정도의 기간에 충분한 연구를 한다는 것은 어림도 없는 일이고 침팬지 연구를 위해서는 2년으로도 충분하지 않다고 루이스는 말했다. 그 외에도 루이스는 많은 것을 이야기해주었다. 그가 호숫가에 사는 침팬지 무리의 행동에 흥미를 느끼는 이유는 선사시대 인간의 화석들이 호숫가에서 자주 발견되므로 만약 침팬지의 행동을 이해할 수 있다면 석기시대 조상들의 행동에 관한 실마리를 잡을 수 있을지 모른다는 기대 때문이라고 했다.

잠시 숨을 돌린 후 그는 내게 믿지 못할 만큼 뜻밖의 제안을 했다. 그것은 나에게 침팬지 연구를 해보라는 것이었다. 그 일은 내가 가장 하고 싶어하던 것이었지만, 사실 나는 동물 행동에 관해 과학적으로 연구를 시작할 수 있을 만큼의 자질이 없었다. 그러나 루이스는 대학의 정규 교육이 반드시 필요한 것은 아니며, 심지어 어떤 면에서는 그것이 방해가 될 수도 있다고 생각했다. 그는 지식에 대한 진정한 열망을 지녔을 뿐만 아니라 또 따뜻한 마음을 가지고 동물을 이해하려는 사람을 원했던 것이다.

일단 내가 진심으로 그 일을 하겠다고 동의하자마자, 루이스는 곧바로 필요한 자금을 확보하는 어려운 작업에 착수했다. 그는 사람들에게 그 연구의 필요성을 확신시켜야 했으며, 어리고 자질이 없는 소녀인 내가 이 임무를 수행하기에 꼭 적합한 사람이라고 설득시켜야 했다. 결국 일리노이 주의 데스 플레인즈Des Plaines의 윌키 재단Wilkie Foundation이 소형 보트, 텐트, 비행기 운임, 야외 생활에 필요한 자금을 지원하겠다고 동의했다. 루이스의 판단에 따라 내 자신을 증명해 보일 수 있는 기회를 준 것에 대하여 나는 레이튼 윌키Leighton Wilkie 씨에게 항상 고맙게 생각하고 있다.

그 당시 나는 영국에 돌아와 있었는데 이 기쁜 소식을 듣자마자 아프리카로 다시 돌아가기 위해 준비를 했다. 내가 연구를 할 지역인 키고마Kigoma의 정부 관리는 내가 제안한 연구에는 동의했지만, 어린 영국인 소녀가 다른 유럽인 동료 없이 홀홀 단신으로 숲 속에서 생활하려고 한다는 것에는 동의하지 않았다. 그리하여 몇 달 동안 아프리카에서 산 경험이 있는 어머니 밴 구달Vanne Goodall이 나의 새로운 모험에 동행자로 자원하기에 이르렀다.

1960년, 내가 나이로비에 도착했던 처음에는 모든 일이 잘 진행되어 나갔다. 내가 연구하는 침팬지들의 안식처인 지금의 곰비 국립공원은 당시에는 그저 곰비 침팬지 보호구역이었고 탕가니카 야생동물과 관할 하에 있었다. 그곳의 수렵 감시원장은 내가 그 구역에서 연구하기 위해 필요한 허가를 받는 데 가장 큰 도움을 주었을 뿐만 아니라, 그곳에 관한 많은 유용한 정보, 이를테면 고도, 기온, 지형과 식생, 그리고 그곳에 사는 동물들에 대해 많은 것을 가르쳐 주었다. 루이스가 구입한 조그만 알루미늄 보트가 키고마에 무사히 도착했다는 소식이 전해져 왔다. 동부 아프리카 식물원의 관리자인 버나드 버드코트Bernard Verdcourt 박사가 어머니와 나를 키고마로 데려다 주겠다고 했으며, 대신 그는 가는 길이나 식생이 거의 알려지지 않은 키고마 지역의 식물 표본을 수집할 수 있었다.

우리가 막 떠날 채비를 마쳤을 때, 우리의 여행은 첫 난관에 봉착했다. 키고마의 지역 행정관이 침팬지 보호구역의 호숫가에서 생활하는 아프리카인 어부들 사이에서 말썽이 생겼다는 소식을 보내온 것이다. 그 지역 야생동물과 감시관이 문제를 해결하기 위해 그곳으로 갔지만, 당분간은 연구를 시작할 수 없다는 것이었다.

고맙게도 루이스는 빅토리아 호수의 어떤 섬에 사는 버빗원숭이 vervet monkey(남아프리카 긴꼬리원숭이의 일종——옮긴이)를 시험 삼아 잠시 연구할 수 있도록 주선해주었다. 일주일도 채 지나지 않아 어머니와 나는 얕은 흙탕물 위를 굼뜬 모습으로 털털거리며 나아가는 보트를 타고 아무도 거주하지 않는 롤루이섬 Lolui Island으로 향했다. 카카메가 Kakamega 부족의 아프리카인 선장 핫산 Hassan과 그의 조수가 우리와 동행했다. 핫산은 후에 침팬지 보호구역에서 나를 도와 일하게 되었는데, 항상 조용하고 침착했으며 위급한 상황에서도 늘 훌륭하게 난관을 극복하곤 했다. 지적이고 뛰어난 유머 감각을 지닌 그는 나의 훌륭한 동료가 되었다. 당시 그는 이미 30년 가까이 루이스를 위해 일해 오고 있었다.

3주가 지나자 나이로비로 다시 돌아오라는 전보가 왔다. 그 3주 동안은 정말 황홀할 정도로 좋았다. 밤이면 섬 근처에 세워둔 보트 위에서 호수의 부드러운 물결이 부르는 자장가를 들으며 잠이 들었다. 매일 해가 뜨기 전에 핫산이 소형 보트로 나를 육지로 데려다 주었다. 나는 섬 위에 남아 해질녘까지 원숭이들을 지켜보았는데, 달이 밝은 밤에는 늦게까지 섬에 있을 때도 있었다. 관찰이 끝나면 핫산은 다시 나를 호숫가에서 보트까지 데려다 주었다. 대개 찐 콩, 계란 또는 통조림 소시지로 차린 다소 빈약한 저녁 식사를 마친 후 어머니와 나는 그 날 하루의 일과들을 서로 이야기하곤 했다.

비록 짧은 기간이었지만 원숭이 무리를 연구하며 나는 야외에서 관찰 일지를 어떻게 기록해야 할지, 어떤 종류의 옷을 입어야 하는지, 야생 원숭이 앞에서 어떤 태도를 취해야 하고 어떤 행동은 하지 말아야 하는지 등 많은 것을 배웠다. 침팬지는 버빗원숭이와 여러 모로 상당히 다르긴 하지만, 롤루이에서 배운 것들은 내가 곰비에서 연구를 시작할 때 많은 도움이 되었다.

기다리던 소식이 온 날 저녁, 나는 왠지 섭섭했다. 그 소식은 내가 버빗원숭이 곁을 떠나야 한다는 것을 뜻했기 때문이다. 이제 막

버빗원숭이의 행동에 관해 뭔가를 알기 시작했고 그들을 식별할 수 있게 되었는데 떠나야 된다니 무척 아쉬웠다. 일을 마무리 짓지 못한 채 떠난다는 것은 쉬운 일이 아니다. 그러나 일단 나이로비에 도착하자마자 나는 13킬로미터나 되는 키고마까지의 여행과 침팬지에 대한 흥분 때문에 다른 것에 대해서는 생각할 겨를이 없었다. 롤루이에 가기 전에 거의 모든 장비들을 준비해 두었던 덕택에 우리는 버나드 버드코트와 함께 즉시 키고마로 출발할 수 있었다.

여행은 별 탈없이 진행되었다. 단지 랜드로버 차에 사소한 고장이 세 번 있었고, 장비들을 너무 많이 실은 탓에 조금만 빨리 달려도 위험스레 기우뚱거리곤 했을 뿐이었다. 흙먼지 속을 사흘 간 달려 도착해 보니 키고마는 도시 전체가 혼란에 빠져 있었다. 우리가 나이로비를 떠난 후 키고마에서 서쪽으로 약 40킬로미터 떨어진, 탕가니카 호수 반대편에 있는 콩고에서 폭동과 유혈 참사가 발생했다. 키고마는 보트로 가득 실려온 벨기에 난민들이 넘쳐흘렀다. 우리는 일요일에 도착하여 망고 나무가 그늘을 드리운 주도로를 따라 차를 몰고 내려갔다. 모든 문은 닫혀 있었고, 우리가 도움을 청할 수 있는 관리들은 어디에서도 발견할 수 없었다.

마침내 그곳 지방 행정관을 찾아내 따지듯 물어보았더니, 그는 미안해하면서도 단호하게 침팬지 보호구역에서 연구를 할 수 없다고 말했다. 좀 기다리면서 키고마 지역의 아프리카인들이 콩고의 폭동과 혼란의 소문들에 대해 어떤 반응들을 보이는지 파악해야 한다고 그는 설명했다. 참으로 어처구니없는 일이었지만 그렇다고 주저앉을 수는 없었다.

우리는 그곳에 있는 두 호텔 중 한 호텔에 각자 한 방씩 잡아 투숙했지만, 그 날 저녁 또 한차례 난민들이 몰려오면서 우리의 사치는 그리 오래 가지 못했다. 어머니와 나는 랜드로버에서 모든 장비를 꺼내와 방에 넣고 남은 조그만 공간에 서로 포개어 잠을 자야 했다. 버나드는 두 명의 벨기에 난민과 같은 방을 써야 했다. 우리는 야영용 침대 세 개마저 난민들에게 시달리는 호텔 지배인에게 빌려주었다. 모든 방은 난민들로 가득했다. 그러나 호수를 가로질러 콩고로 오가는 화물선 안에서 임시로 거주하는 피난민들에 비하면 이들은 천국에 있는 셈이었다. 그곳에서는 모두 매트리스 위에서 자거나 시멘트 바닥에 담요 한 장을 깔고 길게 줄을 지어 잠을 잤고 수백 명이 줄을 서서 기다려 키고마 정부가 제공하는 빈약한 식사를 해야 했다.

곧 어머니, 버나드, 나는 많은 키고마 주민들을 알게 되었고, 우리가 식사 준비를 돕겠다고 나서자 그들은 매우 기뻐했다. 키고마에서 맞은 이틀째 밤, 우리 세 사람은 몇몇 다른 사람들과 함께 2천 개의 스팸 샌드위치를 만들어 젖은 천으로 깔끔하게 포장한 후 커다란 양철통에 넣어 창고로 보냈다. 그리고 수프, 약간의 과일, 초콜릿, 담배, 음료수와 함께 샌드위치를 난민들에게 나눠주었다. 그 일이 있은 후 나는 다시 스팸 통조림을 쳐다보기도 싫었다.

이틀 후 난민들 대부분은 탕가니카의 수도 다레스살람 Dar es Salaam까지 운행되는 특별 기차를 타고 떠났다. 난동은 끝났지만 여전히 침팬지 보호구역으로 가도 좋다는 허락은 받지 못한 상태였으므로 우리는 다소 의기소침해 있었다. 또 계속해서 호텔에 머물 만한 돈도 없었기 때문에 우리는 마을 어딘가에 임시 캠프를 세우기로 결정했다. 우리는 옛날 키고마 형무소 자리에 텐트를 설치해도 좋다는 허가를 받았다. 그곳은 생각처럼 그렇게 끔찍한 곳은 아니었다. 그곳은 호수를 바라볼 수 있었을 뿐만 아니라 주위의 모든 감귤

침팬지를 찾아서 47

나무로부터 나는 오렌지와 귤 향기가 가득한 곳이었다. 그러나 밤이면 모기들이 기승을 부리곤 했다.

　연구 활동이 금지된 동안 우리는 키고마에 관해서 꽤 많은 것을 알게 되었다. 유럽이나 미국의 기준으로 보면 마을 정도 크기의 도시였다. 생활의 중심지는 호숫가였고 거기에는 천연 항구가 있어 호수 위아래를 정기적으로 왕복하며 부룬디, 잠비아, 말라위를 거치거나 서쪽에 있는 콩고까지 항해하는 배들이 정박할 수 있었다.

　아프리카의 모든 작은 마을에서 볼 수 있는 가장 매혹적인 모습들 중 하나는 가지각색의 과일과 채소가 즐비한 시장이다. 과일과 채소는 조그만 꾸러미 단위로 판매되며 각각 개수에 따라 값이 정확하게 매겨져 있었다. 키고마 시장에서 부유한 상인들은 돌로 만든 높다란 지붕 아래에서 장사를 했고, 그 밖의 사람들은 시장 광장에 앉아서 올이 굵은 삼베 위나 그냥 흙 위에 세공품을 진열해 놓은 채 팔고 있었다. 바나나, 초록과 노랑의 오렌지, 흑자주빛의 주름진 시계초 열매들은 물론, 종려나무 열매로 만든 선홍색의 식용 기름을 담는 병이나 항아리들도 가득 진열되어 있었다.

　키고마에는 주도로가 하나 있는데, 이 도로는 시청 사무실로부터 위쪽으로 비스듬히 키고마의 주요 지역을 관통하며 뻗어 있다. 도로의 한쪽에는 그늘을 드리운 키 큰 망고나무들이, 반대쪽에는 동아프리카 이름으로 〈두카스dukas〉라 불리는 작은 상점들이 줄줄이 늘어서 있다. 키고마 이곳저곳을 돌아다니는 동안 너무나 많은 가게들이 모두 똑같은 물건들을 판매하고 있는 것을 보았는데, 이 가게들이 모두 생계를 꾸릴 수 있다는 사실이 놀라웠다. 가게마다 주전자와 도자기 꾸러미, 운동화, 셔츠, 램프, 자명종 시계들을 팔고 있었다. 가게들 대부분은 아프리카 여인들이 한 쌍씩 걸치는 〈캉가스

kangas〉라는 밝은 색의 사각천으로 환하게 빛났다. 하나는 팔 아래 부위를 감싸서 무릎 바로 아래까지 늘어뜨리는 것이고 다른 것은 머리 장식용이다. 몇몇 두카스의 바깥에서는 재봉사가 발로 움직이는 수동식 재봉틀을 사용하여 옷을 만들고 있었으며, 조그만 신발 가게 바깥에서 먼지를 뒤집어쓰고 앉아 있는 한 인도 사람은 손은 물론 발까지 동원하여 가죽을 고정시키고 신발을 기우며 가봉하고 아교를 붙이는 등의 일을 하고 있었다. 그의 솜씨가 어찌나 훌륭하던지 그것만으로도 좋은 구경거리였다.

그 며칠 동안 우리는 몇몇 키고마 주민들과 많이 친해졌다. 그들은 대부분 정부 관료들과 그들의 부인들이었는데 매우 친절하고 우호적이었다. 한번은 어머니가 이 친구들의 목욕 초대를 거절할 수 없어 두 번씩이나 약속을 해 버린 일도 있었다. 버나드는 우리가 미쳤다고 주절대면서도 어머니를 약속 장소인 이 집 저 집으로 데려다 주었다.

우리가 키고마에 온 지 일주일이 막 지났을 무렵, 곰비 보호구역의 어부들 문제를 해결하러 갔던 수렵 감시원 데이비드 앤츠티 David Anstey가 키고마로 돌아왔다. 그와 그 지역 감독관은 오랫동안 회담을 가졌고, 그 결과 나는 곰비로 갈 수 있는 정식 면허를 받게 되었다. 그 무렵 나는 침팬지를 구경조차 못할 것이라며 거의 포기한 상태였고, 조만간 나이로비로 되돌아오라는 지시가 올 것을 확신하고 있던 터였다. 우리가 가지고 있었던 4미터짜리 보트와 다른 장비들을 수송하기 위해 정부가 제공한 배 위에서는 마치 꿈을 꾸는 것 같았다. 엔진이 커지고 닻이 오르자, 우리는 비니드에게 작별 인사를 한 후 증기를 내뿜으며 키고마 항구를 떠나 동쪽 호숫가를 따라서 북쪽으로 기수를 돌렸다. 믿기지 않을 정도로 깨끗한 물을 바라보며 나는 마음 한편으로 보트가 가라앉거나 혹은 내가 배 밖으로 떨어져 악어들의 밥이 되지 않을까 하는 걱정을 하기도 했다. 그러나 행운은 우리 곁에 있었다.

이방인의 정착

나는 지금도 키고마에서 곰비 침팬지 보호구역 안에 있는 캠핑 장소까지 19킬로미터를 여행하며 마치 꿈나라에 살고 있는 것 같았던 그 신비로운 느낌을 기억하고 있다. 때는 건기의 한복판이었고 겨우 40킬로미터 정도밖에 떨어져 있지 않은 콩고 쪽 호숫가는 길고 좁은 탕가니카호의 서쪽에서는 전혀 보이지 않았다. 짙푸른 물 위로 불어오는 신선한 미풍에 일어나는 잔잔한 파도와 하얀 거품을 보며 우리는 마치 바다에 있는 듯한 느낌을 받았다.

나는 동쪽 호숫가를 바라보았다. 키고마와 침팬지 보호구역이 시작되는 곳 사이에서는 호수 위로 75미터나 솟은 가파른 단층 벼랑이 수년 동안의 나무 벌채로 침식된 헐벗은 모습을 여기 저기 드러내고 있었다. 그 사이에는 군데군데 작은 숲들이 있었고, 그들을 띠리 니 있는 좁은 계곡마다 물살이 빠른 시냇물이 쏟아지듯 호수로 흘러들고 있었다. 호숫가는 일련의 긴 만들과 여기저기 호수로 튀어나온

침팬지들을 찾아다니기엔 너무나 넓고 거친 곳이다.

바위곶들로 이루어져 있었다. 우리는 곶에서 곶으로 배를 몰며 어부들의 작은 카누들이 호숫가를 따라 움직이는 것을 바라보았다. 데이비드 앤츠티는 우리와 함께 여행하며 우리를 그 지역 아프리카 사람들에게 소개시켜 주었다. 그는 때때로 강한 바람이 계곡을 따라 불어 내려 강물을 소용돌이치게 만들어 호수가 갑자기 거칠게 되기도 한다고 설명했다.

어촌들은 호숫가를 따라 산 능선이나 계곡 입구에 자리잡고 있었다. 그때에도 환한 골함석으로 지붕을 얹은 큰 건물들이 몇 채 있기는 했지만——자연미를 사랑하는 사람들은 이것이 현대 아프리카 경관을 망쳤다고 비난한다——집들은 대부분 진흙과 풀로 만든 오두막들이었다.

11킬로미터쯤 지났을 때, 데이비드가 침팬지 보호구역의 남단을 표시하는 바위들을 가리켰다. 그 경계를 지나자마자 주위 경관이 갑자기 달라졌다. 거기서부터는 산마다 빽빽한 숲에 둘러싸여 있었고 그 사이로 열대림의 계곡들이 자리잡고 있었다. 그곳에서도 우리는 어부들의 오두막들이 하얀 호숫가를 따라 띄엄띄엄 자리잡고 있는 것을 볼 수 있었다. 데이비드는 이 집들이 가건물이라고 설명했다. 아프리카 사람들은 건기 동안만 고기잡이를 할 수 있었고 어획물도 한정된 해변에서만 말리도록 되어 있었다. 우기가 시작되면, 어부들은 침팬지 보호구역 밖에 있는 자신들의 집으로 돌아간다. 최근 이 어부들 사이에 벌어진 논쟁도 두 마을 어부들의 호숫가 소유권에 대한 것이었다.

그 날 이후 나는 이따금씩 내가 곧 헤집고 다니게 될 야생 지역을 바라보며 정확히 무슨 느낌을 받았는지 생각해 보곤 했다. 나중에 안 사실이지만 어머니는 가파른 경사와 헤치고 들어갈 수조차 없을

호기심 많은 아프리카 아이들이 캠프에 들렀다.

것 같은 골짜기 숲을 보고 끔찍해 했었다고 한다. 데이비드 앤츠티도 내가 6주도 못되어 짐을 싸서 돌아가 버릴 것이라 생각했었다고 한다. 내가 느낀 것은 아마도 흥분도 놀람도 아닌, 단지 고립된다는 것에 대한 호기심이었던 것 같다. 청바지를 입고 배 위에 서 있던 소녀가 채 며칠이 지나지도 않아 야생의 침팬지를 찾아 산을 헤매게 될 줄 어찌 알 수 있었으랴! 그러나, 그 날 밤 잠들 무렵 이미 변화는 일어났다.

두 시간 후 배는 카세켈라Kasekela에 닻을 내렸다. 거기에는 정부에서 나와 있던 수렵 감시원 두 명의 본부 건물이 있었다. 데이비드는 우리가 최소한 그 지역에 친숙해질 때까지는 본부 가까이 야영하는 것이 좋겠다고 했다. 우리 모드가 백사장에 다다랐을 때 우리가 도착하는 것을 구경하려고 상당히 많은 사람들이 모여 있었는데, 그들은 수렵 감시원 두 명과 그들과 그 지역에 함께 지낼 수 있도록 영구 거주를 허가받은 현지인 몇 명, 근처 오두막에서 온 어부들 몇 명이었다. 우리는 반짝이는 물결에 텀벙 뛰어들어 호숫가에 발을 내디뎠다. 먼저 수렵 감시원들이, 그리고 그 다음으로 카세켈라 마을의 명예 추장인 이디 마타타Iddi Matata라는 노인이 아주 정중하게 우리를 맞이했다. 그는 빨간색 터번에 길고 흰 예복을 입고 유럽식 빨간 코트를 걸쳤으며, 나무 신에 하얀 턱수염까지 기른 매우 화려한 모습을 하고 있었다. 그는 우리에게 내가 그저 몇 마디밖에 알아듣지 못하는 스와힐리어로 긴 환영사를 해주었고, 우리는 데이비드가 미리 사두라고 했던 작은 선물을 그에게 주었다.

　형식적인 행사가 끝난 후 어머니와 나는 데이비드를 따라 호숫가로부터 빽빽한 숲을 통해 난 오솔길을 따라 30미터 조금 못되게 걸었고, 사람의 손이 닿지 않은 작은 공터에 이르렀다. 수렵 감시원들과 데이비드의 도움으로 그리 오래지 않아 어머니와 내가 함께 쓸 커다란 텐트가 세워졌다. 텐트 뒤로는 작은 시냇물이 쏟아지듯 흘렀고 큰 종려나무가 빈 터에 그늘을 드리우고 있었다. 캠프장으로 안성맞춤인 곳이었다. 50미터 정도 떨어진 강가의 나무들 아래 또 하나의 작은 텐트를 쳤다. 그것은 키고마를 떠나기 전에 고용한 요리사 도미니크Dominic를 위한 것이었다.

　캠프가 완성되자마자 나는 주위를 살펴보려 살짝 빠져 나왔다. 야산의 능선을 따라 서 있던 키 큰 목초들은 얼마 전 불에 다 타버렸고 숯으로 덮인 땅은 반들반들했다. 네시쯤이었지만 여전히 태양은 뜨겁게 타오르고 있었다. 땀을 뻘뻘 흘리며 잔잔한 호수와 넓은 계곡이 내려다보이는 곳으로 올라갔다. 내가 서 있는 검게 타버린 산등성과는 대조적으로 그곳은 푸른 풀들이 우거져 있었다.

　나는 햇볕에 뜨겁게 달구어진 크고 평평한 바위 위에 앉았다. 얼마 지나지 않아 육십 마리 정도의 비비 한 무리가 불에 그을린 곤충들을 주워 먹으려고 불에 탄 땅 위를 지나갔다. 비비 몇 마리가 나를 발견하고는 나무 위로 올라가 펄쩍펄쩍 뛰며 위협적인 몸짓으로 나뭇가지를 흔들어댔다. 몸집이 큰 수컷 두 마리는 큰 소리로 짖어댔지만, 전체적으로 그 무리는 내가 있다는 것에 대해 별로 신경을 쓰지 않는 듯 천천히 움직이며 자신들의 일에 여념이 없었다. 또 나사 모양의 튼튼한 뿔이 달린, 염소보다 몸집이 약간 더 크고 우아한 밤색 수풀영양bushbuck도 지나갔다. 그놈은 움직이지 않고 나를 쳐다본 다음, 갑자기 돌아서더니 개처럼 짖으며 꼬리 밑의 하얀 엉덩이를 살짝살짝 보이면서 껑충껑충 뛰어갔다.

단지 45분 정도 산에 있었는데도 돌아올 때 나는 내가 올랐던 비탈만큼이나 검게 그을려 있었으며 더 이상 침입자라는 느낌은 들지 않았다. 그 날 밤 나는 캠프 침대를 밖으로 끌어 내놓고 살랑살랑 흔들리는 종려나무의 갈라진 잎 사이로 반짝이는 별들을 보며 잠이 들었다.

다음날 아침 나는 침팬지를 찾으러 밖으로 나가고 싶었지만 내 마음대로 할 수 없는 처지라는 걸 깨달았다. 데이비드 앤츠티는 아프리카 주민 여럿이 어머니와 나를 만나러 오도록 조처해 두었다. 데이비드는 그들 모두가 걱정하며 못마땅해 하고 있다고 말해주었다. 그들은 어린 소녀가 영국으로부터 단지 원숭이를 보려고 그곳까지 왔다는 것을 믿을 수가 없었던 것이다. 그래서 내가 정부의 스파이라는 소문까지 퍼졌다. 나는 데이비드가 문제가 커지기 전에 적절히 해결해 준 것은 몹시 고마웠지만, 나를 위해 세운 계획을 늘었을 때는 크게 낙심했다.

첫째, 침팬지 보호구역 북쪽의 큰 어촌 음왐공고Mwamgongo의

추장 아들이 나와 동행해야 한다는 것이었다. 그는 내가 침팬지 한 마리를 보고 열 마리나 스무 마리를 보았다고 기록하는 것은 아닌지 확인할 예정이었다. 나중에 알았지만, 아프리카인들은 여전히 77평방 킬로미터의 보호구역을 개간할 수 있게 되기를 바라고 있었다. 아프리카인들은 내가 사실보다 더 많은 침팬지가 있다고 기술하면 그 지역이 보호구역으로 유지될 것이라고 생각했던 것이다. 둘째, 데이비드는 내 권위를 지키기 위해 아프리카인을 고용하여 짐을 나르도록 해야 한다고 생각했다.

수줍어하는 동물들과 접촉하는 유일한 방법은 혼자 다니는 것이라고 믿었던 나로서는 거추장스럽게 두 명이나 동반해야 한다는 사실에 무척 화가 났다. 게다가 나는 수렵 감시원도 한 명 동반해야 했다. 난 그 날 밤 우울하고 비참한 기분으로 잠자리에 들었다.

그러나 다음날 아침에는 모든 것이 새롭고 흥미진진해졌다. 우울했던 내 기분도 말끔히 사라졌다. 나와 동행할 수렵 감시원 아돌프 Adolf가 그 전날 북쪽 경계선 근처에 있는 계곡을 정찰하면서 침팬지를 보았다고 해서 추장의 아들을 그곳에서 만나기로 했다. 마침 데이비드가 음왐공고 마을에 볼일이 있어서 나와 아돌프, 그리고 내 짐꾼인 라쉬디 Rashidi를 배에 태워 약속 장소에 내려주었다.

추장의 아들은 다른 아프리카인 대여섯 명을 거느린 채 우리에게 다가왔다. 그들 모두가 나와 동행하겠다고 우길까봐 걱정스러웠다. 그러나 내 두려움은 금세 가라앉았다. 젊은 추장 아들은 내가 어디로 갈 생각인지를 물었고, 나는 막연히 숲으로 우거진 계곡의 능선을 가리켰다. 그는 흠칫 놀라더니 하 Ha 부족 말인 키하어로 차분하고 진지하게 그의 친구들과 얘기하기 시작했다. 잠시 후 그는 내게 다시 다가와 몸이 좀 좋지 않아 그 날은 동행하지 않겠다고 말했다.

나중에 알았지만, 그는 내가 단지 배를 타고 호숫가를 돌며 보이는 침팬지 숫자를 세리라고 생각했던 것이다. 산을 돌아다닌다는 것은 그가 바라던 바가 전혀 아니었고, 나는 그 후 다시는 그를 볼 수 없었다.

우리가 막 떠나려 할 때, 두 명의 어부가 달려와 우리에게 잠깐 따라오라고 했다. 그들은 우리를 한 임시 오두막 뒤에 있는 나무로 데려갔다. 나무 껍질이 수백 군데나 긁혀 있었다. 거기서 전날 밤 수컷 물소 한 마리가 어부 한 명을 추격했다는 것이다. 그 어부는 가까스로 나무 위로 올라갔지만, 물소는 계속해서 그 가느다란 나무를 들이받았다고 했다. 사람들이 단순히 수렵 감시원에게 보고하려 한 것이었는지 아니면 내게 그 지방이 위험하다는 인상을 심어주려 한 것인지는 모르겠지만, 그 부서진 나무에 대한 기억은 그 후 몇 주 동안 계곡 숲의 우거진 덤불을 지나갈 때마다 나를 괴롭혔다.

그 이야기를 듣고 나서 우리는 미툼바 계곡 Mitumba Valley으로 출발했다. 그리 오래지 않아 나는 늘 꿈꾸어 왔던 아프리카 삼림 속을 걷고 있었다. 덩굴식물로 서로 얽힌 커다란 버팀목들이 있었고, 빽빽이 우거진 나뭇잎들 사이로 들어오는 햇빛을 받으며 울긋불긋한 꽃들이 여기저기에서 반짝이고 있었다. 우리는 빠르게 흐르는 얕은 개울가를 따라 이동했다. 때때로 물총새나 다른 숲새들이 스쳐 지나갔고, 한번은 붉은꼬리원숭이 redtail monkey(일명 〈긴꼬리원숭이〉라고도 함——옮긴이) 한 무리가 구릿빛의 꼬리를 반짝이며 우리들 머리 위를 뛰어넘기도 했다. 우리 머리보다 3백 미터 위에 있는 수관(樹冠, 나무줄기 위에 있어 많은 가지가 달려 있는 숲의 최상부——옮긴이)의 우거진 잎들이 대부분의 햇빛을 차단했고 계곡 바닥에는 풀도 거의 없었다.

이십 분쯤 지났을 때, 아돌프가 개울에서 벗어나 계곡의 한쪽 위로 길을 잡았다. 그러자 걷기가 훨씬 더 어려워졌다. 나무들이 더 작았고 덤불은 빽빽했으며 덩굴식물도 얽혀 있어 우리는 내내 기다시피 했다. 이윽고 아돌프는 커다란 나무 밑에 멈춰 섰다. 올려다보니 그 나무에는 작은 주황색과 붉은색의 열매들이 매달려 있었고, 내려다보니 바닥은 부러진 작은 가지들과 조금씩 파먹은 열매들로 어지럽혀 있었다. 그것은 음술룰라msulula나무였는데, 전날 침팬지들이 여기에서 열매를 따먹었던 것이다. 우리가 침팬지들에게 방해가 될지도 모른다는 생각에, 안내원들에게 나무에 올라가 보는 대신 더 멀리 계곡의 다른쪽에서 관찰하고 싶다고 재빨리 말했다.

십 분 후 우리는 그 음술룰라 나무와 대략 같은 높이에서 그 나무를 마주보고 있는 초지에 다다랐다. 그곳이 그 나무를 관찰하기에 안성맞춤인 유일하게 탁 트인 공간이라는 것을 알게 된 것은 그로부터 훨씬 뒤의 일이었다. 라쉬디의 숙달된 눈은 그 사실을 즉시 눈치챘지만, 그 당시 나는 전혀 알아채지 못했던 것이다. 그곳은 빠르게 흐르는 개울물과 떨어져 있어 매우 조용하고 평화로울 것 같았다. 하지만 매미 몇 마리가 끊임없이 울어대고 있었고 새소리도 들려오는 데다가 때때로 비비들이 짖거나 비명을 질러대곤 했다.

별안간 나는 계곡 아래로부터 한 무리의 침팬지 소리를 들었다. 물론 나는 동물원에서 침팬지 소리를 들은 적이 있었지만, 이곳 아프리카 숲 속에서 그 소리를 듣게 되니 더할 수 없이 흥분되었다. 먼저, 한 침팬지가 숨을 거칠게 내쉬며 나지막이 울려 퍼지는 〈우우〉 소리를 내기 시작하더니 점점 커져 급기야는 악을 쓰듯했다. 한 침팬지가 그러는 동안 또다른 침팬지가 소리를 지르기 시작하더니 또다른 침팬지가 합세하곤 했다. 나는 침팬지들이 나무둥치를 북을 치듯 두들긴다는 것을 닛슨Nissen 박사의 보고서에서 읽은 적이 있었다. 그러나 지금 나는 헐떡거리며 내는 〈우우〉 소리의 기묘한 야생 합창이 계곡 전체에 울려 퍼지는 것을 듣고 있는 것이다.

그 무리는 음술룰라 나무에 매우 가까이 있었고, 나는 맞은편 숲을 응시하며 내 몸의 모든 감각을 곤두세운 채 기다리고 있었다. 그런 나의 노력에도 불구하고, 가장 먼저 침팬지의 움직임을 본 것은 라쉬디였다. 침팬지 한 마리가 종려나무 줄기를 타고 커다란 나뭇가지로 기어올랐다. 그 뒤를 또다른 침팬지가 따랐고 계속 다른 침팬지로 이어졌다. 모두 열여섯 마리였다. 큰 놈들도 있고 작은 놈들도 있었다. 어미와 어미의 배에 매달린 작은 새끼도 있었다.

마음은 설레었지만 실망할 수밖에 없었다. 침팬지들은 나무 위에 두 시간 동안이나 있었지만, 나는 가끔 무성한 나뭇잎들 사이에서 까만 팔이 나와 열매 송이를 끌어당기는 것을 흘끗 볼 수 있었을 뿐 아무것도 관찰하지 못했다. 그런 다음 그들은 소리도 없이 한 마리씩 뒤를 이어 종려나무에서 내려와 숲으로 사라졌다. 이 사실은 나를 놀라게 했다——한 나무 위에 침팬지가 열여섯 마리나 있었는데도 내가 들은 소리는 오직 그들의 출현을 알리는 신호뿐이었던 것이다.

마지막 침팬지가 사라지고 나서도 몇 분이 지나도록 나는 여전히 쌍안경으로 계곡을 살펴보며 그 무리가 또다른 나무에 오르는 것을 볼 수 있기를 마음속으로 간절히 바라고 있었다. 아돌프와 라쉬디가 식사 시간이 되었으니 돌아가야 한다고 말했다. 나는 불만스러웠으나 별 수 없었다. 내가 보다 확고한 위치에 서기 전까지는 감히 그들에게 너무르라고 닝팅할 수도 없었고, 안내인 없이 혼자 남았다가 데이비드의 노여움을 사게 되는 일은 더욱 할 수 없었다. 그러나 숲을 지나 되돌아오면서 나는 앞으로는 모든 것이 달라져야 한다

이방인의 정착

고 생각했다.

　음술룰라에는 그 후 열흘 동안 계속 열매가 열렸고, 라쉬디와 아돌프는 번갈아 가며 점심 도시락을 싸서 나와 동행했다. 실제로, 우리는 사흘 밤을 산에서 자기도 했다. 아돌프와 라쉬디는 작은 모닥불 가까이 웅크리고 잤고, 나는 혼자 멀리 뒤에서 담요를 둘둘 말아 덮고 잤다.

　나는 그 열흘 동안 많은 침팬지들을 보았다. 어떤 때는 큰 무리가 나무에 올라와 음술룰라 열매를 먹었고 어떤 때는 한 무리에 그저 두세 마리만 있기도 했다. 수컷 한 마리가 혼자서 한 시간 이상 먹은 경우도 두 번 있었다. 나는 곧 침팬지 무리가 고정적이지 않다는 사실을 깨달았다. 예를 들어 열네 마리의 침팬지가 한꺼번에 도착했지만 떠날 때는 두 무리로 나뉘어 첫번째 무리가 내려간 30분 후 두번째 무리가 내려가기도 했다. 뒤이어 들리는 소리로 판단컨대 그들은 각기 다른 방향으로 갔다. 또 작은 두 무리가 나무 위에서 만나 비명을 지르며 서로 격렬하게 싸우다가는 이내 잠잠해져 함께 평화로이 열매를 먹고 난 후 함께 떠나기도 했다. 나는 침팬지 무리에는 어른 수컷만 있는 무리, 암컷과 새끼들만 있는 무리, 그리고 수컷, 암컷, 새끼들이 모두 함께 있는 무리가 있음도 알아냈다.

　그러나 만족할 수가 없었다. 나는 침팬지 개체들 간의 상호작용은 거의 관찰하지 못하고 있었다. 좀더 가까이 가서 보려고 두 번이나 시도해 보았지만 음술룰라의 잎들이 너무 빽빽해서 늘 실패하고 말았다. 한번은 침팬지들이 나무쪽으로 다가가는 나를 보고는 도망쳤고, 그 다음에는 한 시간 동안 바로 내 위에서 열매를 먹던 네 마리 침팬지가 종려나무를 내려가는 것만 아주 잠깐 보았을 뿐이다.

　음술룰라 나무에 열매가 맺혀 있던 열흘 동안이 그나마 운이 좋은 시기였다는 것은 나중에야 깨달았다. 아마도 그 이후 실망만 안겨줬던 8주 동안보다 그 열흘 동안 배운 것이 훨씬 많았을 것이다. 그렇게 열매가 많이 열린 나무나 그런 나무들이 모여 있는 곳은 아무리 찾아봐도 없었다. 우리는 보호구역의 열두 계곡을 모두 살펴보았지만, 덤불이 너무 빽빽하고 개울물 소리가 우리의 소리뿐 아니라 침팬지의 위치를 알려줄 만한 소리마저 삼켜 버리는 통에 항상 허사로 돌아갔다. 우리가 침팬지들을 발견했을 때에는 대개 이미 그들에게 너무 가깝게 있었고, 그들은 우리를 보자 곧 도망쳤다. 우리가 눈치도 채지 못하고 있는 동안 우리를 보고 슬그머니 도망쳐 버린 적이 얼마나 많았겠는가는 짐작하고도 남으리라.

계곡 사이 능선을 오르며 가끔 운 좋게 침팬지를 발견하곤 했지만, 그들은 우리가 5백 미터나 떨어져 있고 골짜기의 다른쪽에 있어도 황급히 사라져 버렸다. 그렇지 않더라도 거리가 너무 멀어 그들의 자세한 행동을 관찰할 수 없었다. 한동안 나는 우리가 세 명이기 때문에 침팬지들이 몹시 놀라는 게 아닌가 생각했었다. 그러나 내가 두 사람으로 하여금 높은 봉우리에 남아 나를 지켜보도록 한 뒤 어느 정도 떨어져 있는 침팬지 무리에 다가가려 했을 때에도 그들의 반응은 같았다. 역시 도망쳐 버렸던 것이다.

우리가 침팬지들로부터 너무 멀리 있어 잘 관찰하지 못하거나 몇 분 관찰하기도 전에 침팬지들이 도망쳐 버린 그 실망스러운 나날 가운데 가장 운이 나쁜 날들은 침팬지를 보지도 못했던 날들이었다. 미리 세워 놓은 계획을 생각할수록 나는 더욱더 풀이 죽었다. 그러나 그런 운 나쁜 날들은 내가 험악한 시형을 익힐 수 있는 기회가 되었다. 내 피부는 계곡의 거친 풀에 단련되었고 내 피는 체체파리의 독에 면역되어 물려도 더 이상 크게 부풀지도 않았다. 나는 풀이

이방인의 정착

없고 침식되어 있으며 숯이나 마른 풀이 깔려 있어 미끄러운 경사면에서도 점차 비틀거리지 않고 다닐 수 있게 되었다. 또한 이후에 내 주요 연구 지역이 된 다섯 골짜기에 동물들이 남긴 수많은 발자국들에도 차츰 익숙해져 갔다.

매일 그렇게 돌아다니는 동안 우리는 등에 은빛 볏을 가진 커다란 회색 수풀돼지bushpig, 벌레를 찾아 잎을 바스락거리며 지나가는 줄무늬몽구스banded mongoose 무리, 다람쥐, 점과 줄무늬를 가진 밀림 코끼리뒤쥐elephant shrew 등 산에 사는 다른 동물들과도 많이 마주쳤다. 또한 나는 곰비에서 볼 수 있는 많은 종류의 원숭이를 구별할 수 있게 되었다. 가장 자주 마주칠 수 있는 것은 비비원숭이 떼였다. 때때로 그들은 내가 첫 날 오후에 만난 무리처럼 우리 존재를 묵인하기도 했지만, 어떤 무리들은 우리가 사라지거나 그들이 자리를 비키거나 할 때까지 계속 시끄러운 소리를 질러대기도 했다. 계곡마다 붉은꼬리원숭이와 푸른원숭이blue monkey들이 있었고, 두세 골짜기마다 육십 마리 이상 되는 붉은콜로부스원숭이 red colobus monkey의 커다란 무리가 있었다. 종종 우리는 까만 얼굴에 하얀 털 테두리가 있는 실버원숭이silver monkey와 마주쳤다. 호숫가 아래쪽에는 몇 무리의 버빗원숭이들이 있었는데, 그들을 보면 롤루이 섬에서 원숭이를 관찰하던 때가 생각나곤 했다.

붉은콜로부스원숭이를 관찰하는 것은 유난히 즐거운 일이었다. 그들은 몸집이 컸고 어떤 불빛에서는 등의 짙은 갈색 털이 까맣게 보였으며, 원숭이라기보다는 영장류(영장류ape는 원숭이들과 달리 꼬리가 없다——옮긴이)처럼 머리 위 큰 나뭇가지를 잡고 가지 위에 똑바로 앉아 있었기 때문에 나는 순간적으로 어른 수컷 콜로부스원숭이를 침팬지로 오인한 경우도 있었다. 그러나 매달리는 데 쓰이는 길고 두터운 꼬리를 보면 그들의 정체를 곧 알 수 있었다. 내가 그들과 친숙해진 후 나뭇가지에서 나를 물끄러미 내려다보던 그들의 얼굴은 얄궂은 적갈색 가발을 쓰고 놀란 표정을 짓던 우리 독신녀 이모를 연상시켰다.

라쉬디는 내게 숲에 대한 지식을 전해주었고, 도저히 뚫고 지나갈 수 없을 것 같은 숲 속에서 길을 찾는 방법도 가르쳐 주었다. 처음에는 내가 혼자 다닐 수 없다는 것에 실망했었지만 나는 그가 도와준 것이 몹시 고마웠다. 얼마 지나지 않아 라쉬디는 잠시 동안 내 곁을 떠나 마을로 돌아가야 했다. 수렵 감시원 아돌프는 음식 없이 산에서 길고 힘겨운 시간들을 견디는 데에 적합하지 않았기 때문에, 그 후 두 달 동안 나는 다른 아프리카 동행인들을 고용해야만 했다. 처음 온 사람은 니얀자Nyanza에서 온 소코Soko였는데, 그 이름은 그들의 말로 〈침팬지〉라는 뜻이어서 그 지역 주민들은 그를 종종 놀리곤 했다. 그 다음에 온 사람은 윌버트Wilbert로 무척 키가 크고 날씬한 멋쟁이라서 돼지가 다니는 길을 배를 깔고 기어다녀도 먼지조차 묻지 않을 것처럼 깔끔했다. 마지막은 쇼트Short였는데 그는 이름처럼 무척 작은 사람이었다. 소코, 윌버트, 쇼트 모두 숲 속에서 평생 동물들과 함께 살아온 강인한 사람들이었으며, 나는 그들과 함께 즐거웠고 그들과 일했던 날들 동안 많은 것을 배울 수 있었다.

침팬지의 봄

　우리가 도착한 지 한 달쯤 지났을 때 어머니와 나는 동시에 병에 걸렸다. 그것은 틀림없이 말라리아의 일종이었다. 하지만 이곳에는 말라리아가 없다는 이야기를 바로 키고마의 어떤 의사에게서 들었던 고로 우리는 약을 전혀 준비하지 않은 상태였다. 그가 어떻게 그렇게 자신 있게 얘기할 수 있었는지 도저히 이해할 수 없었지만, 우리는 그 당시 너무 순진해서 그의 말을 곧이곧대로 믿었던 것이다. 거의 2주일 동안 우리는 후텁지근한 텐트 안의 낮은 야영 침대 위에 나란히 누운 채 식은 땀을 흘리며 고열에 시달렸다. 우리는 가끔 안간힘을 다해 겨우 체온을 잴 수 있을 뿐이었다. 책을 읽고 싶은 마음도 전혀 들지 않았기 때문에 소일거리라곤 아무것도 없었다. 어머니의 체온은 낮새 동안 서의 변함없이 40도 정도였고 선선한 밤에만 약간 떨어질 뿐이었다. 나중에 사람들이 그녀가 병을 완전히 극복해 낸 것은 정말 행운이었다고 했을 정도였다. 설상가상으로 우리가 아팠던 동안 내내 캠프에는 시궁창 물 같은 정말 지독한 냄새가 스며들어 있었다. 그것은 내가 〈열꽃나무〉──진짜 이름은 잊어 버렸다──라고 생각했던 어떤 나무의 꽃 냄새였다.

　요리사 도미니크는 그 당시 우리에게 정말 잘 대해주었다. 그는 우리에게 키고마로 가서 의사의 진찰을 받아보라고 권했는데, 우리가 작은 배를 세 시간 동안이나 타고 가는 것은 무리라고 하자 우리를 귀찮으리 만치 철저히 돌봐 주었다. 어느 날 밤 어머니와 정신착란을 일으켜 텐트 밖으로 나와 돌아다니다가 무의식 중에 종려나무에 부딪쳐 쓰러진 일이 있었는데, 새벽 세시쯤 어머니를 발견하고 부축해서 침대에 눕힌 사람은 바로 도미니크였다. 나중에 그는 우리에게 자기가 매일 밤 몇 시간이고 돌아다니며 〈마님들〉이 무사한지 확인했다고 했다.

　열병을 떨쳐내자마자 나는 다시 일을 시작하고 싶어 참을 수가 없었다. 벌써 거의 세 달이 지나 버렸고, 내가 배운 것이라곤 아무 것도 없다는 생각이 들었다. 난 초조해지기 시작했다──두 달 후면 자금도 다 떨어질 것이다. 아프리카인 동료들이 이런 나의 약한 모습을 보고 어떻게 생각할 것인가. 그래서 나는 만류를 무릎쓰고 첫째 날 오후에 내가 올랐던 산, 우리 캠프 뒤로 곧게 솟아 있는 그 산을 향해 아직 서늘한 새벽에 가물거리는 빛을 받으며 혼자 떠났다. 십 분쯤 지났을 때에는 가슴이 심하게 두근거리고 머리로 피가 솟구치는 것 같아서 멈추어 숨을 가다듬어야 했다. 급기야 나는 호수 위로 3백 미터 이상 솟아 있는 탁 트인 어느 봉우리에 도달했다. 그 봉우리에서는 캠프가 있는 계곡 너머로 최상의 풍경이 펼쳐져 있었기에, 그곳에 앉아서 얼마 동안 침팬지들의 흔적을 쌍안경으로 찾아보기로 했다.

그곳에서 15분 정도 있었을까. 좁은 골짜기 바로 너머, 불에 타 헐벗은 비탈에서 작은 움직임을 포착했다. 살펴보니 거기에서 침팬지 세 마리가 나를 쳐다보며 서 있는 것이 아닌가. 그들과의 거리가 겨우 약 7미터 정도밖에 안 되었기 때문에 나는 그들이 달아나리라고 생각했다. 그러나 잠시 후에 그들은 차분하게 움직이더니 더 울창한 숲 속으로 사라졌다. 결국 침팬지들은 완전히 혼자인 사람은 덜 두려워한다는 내 추측이 맞는 것일까? 왜냐하면 아프리카인 동료들을 뒤에 남겨둔 채 나 혼자 접근했다는 것을 그들은 다 알고 있는 듯했기 때문이다.

나는 그 봉우리에 계속 남아 있었다. 잠시 후에 침팬지 무리가 비명을 지르며 짖거나 헐떡거리면서, 혹은 〈우우〉 소리를 내면서 산비탈 반대쪽 아래로 달려 내려오더니 계곡 기슭을 따라 울창하게 자란 무화과나무에서 무화과를 따먹기 시작했다. 약 20분 후에는 또다른 침팬지 무리가 아까 세 마리의 침팬지들이 보였던 그 헐벗은 비탈을 가로질러 갔다. 이 무리도 어김없이 돌 봉우리 위에 앉아 있는 나를 보았다. 그들은 비록 모두 멈추어 나를 바라보곤 약간 서두르면서 이동하기는 했지만 허겁지겁 내빼지는 않았다. 이들은 곧 나뭇가지들을 세게 뒤흔들고 거칠게 소리를 질러대더니 이미 무화과를 먹고 있던 침팬지들과 합류했다. 시간이 지난 후 그들 모두는 진정되어 조용히 무화과를 먹었고, 마침내 그들이 나무에서 내려왔을 때에는 하나의 큰 무리로 길고 정연하게 줄을 지어 계곡으로 올라갔다. 작은 새끼 두 마리는 어미의 등 위에 말을 타는 기수처럼 걸터앉아 있었다. 그들은 작은 시내를 건너뛰기 전에 각각 1분씩 멈추어 물을 마시기도 했다. 그 날은 내가 곰비에 도착한 이래 최고의 날이었고, 캠프로 돌아왔을 때 난 지쳐 있기는 했지만 몹시 들떠 있었

산봉우리의 관찰 장소에서는 많은 걸 내려다볼 수 있다.

다. 나보다 훨씬 병이 심해서 그때까지 누워 있던 어머니도 내가 흥분한 것을 보고 매우 힘을 얻은 듯 싶었다.

그 날은 내 연구의 전환점이 되었다. 무화과나무는 그 시내 하류를 따라 자라고 있었고 그 해 그 계곡에서는 무화과가 8주 동안이나 열렸다. 나는 봉우리에 매일같이 올라갔고, 침팬지들은 매일같이 그 아래에서 무화과를 먹었다. 그들은 큰 무리나 작은 무리로, 혼자서 혹은 쌍을 지어 나타났다. 그들이 가는 길은 비교적 정해져 있었는데, 그들은 내 바로 아래 탁 트인 비탈을 가로질러 가거나 봉우리 아래 풀로 뒤덮인 산마루를 지나오곤 했다. 그리고 나는 늘 비슷한 튀지 않는 색깔의 옷을 입어 항상 똑같이 보였고 결코 그들을 뒤쫓거나 괴롭히지 않았으므로, 수줍은 침팬지들도 결국 내가 무섭거나 두려운 존재가 아니라는 것을 알게 되었다. 또 나는 봉우리에서는 대개 혼자였다. 아프리카인 동료들은 내가 어디로 가는지 알고 있었으므로 나를 따라 산을 오르내릴 필요가 없었던 것이다. 쇼트가 떠나게 되었을 때 나는 더 이상 아프리카인 조수를 고용하지 않기로 했다. 비록 아돌프와 후에 새로 온 정찰대원 사울로 데이비드 Saulo David가 내가 괜찮은지 확인하려고 저녁에 봉우리로 올라오곤 했지만, 대부분 나는 혼자였다.

내가 매일 오르던 그곳은 곧 〈봉우리 the Peak〉로 불리게 되었다. 내 생각에 그곳은 곰비 보호구역 전체에서 침팬지를 관찰하는 데 가장 유리한 지점이다. 물론 더 높이 오르면 사방으로 장대한 풍경이 펼쳐지지만, 먹이 대부분이 산 아래쪽에 있기 때문에 침팬지들은 가파른 절벽 꼭대기 가까이에는 거의 가지 않았다. 그 봉우리에서 나는 우리 캠프가 있는 계곡 너머 남쪽을 바라볼 수 있었고, 또 북쪽으로 몇 미터만 걸어가면 둥그런 모양의 깊은 숲이 펼쳐진 카세켈라 계곡 아래쪽의 분지를 내려다 볼 수 있었다. 나는 곧 비교적 탁 트인 숲을 통해서 어렵지 않게 카세켈라 계곡 위쪽을 가로지를 수 있다는 것을 알았다. 그 숲에서 나는 종종 열여섯 마리 가량의 버팔로 무리와 마주치곤 했다. 그 버팔로 숲의 북쪽으로는 또다른 산마루가 있었고 그곳에서는 좁고 가파른 음린다 계곡Mlinda Valley을 잘 내려다 볼 수 있었다.

나는 작은 양철 트렁크를 그 봉우리에 가져다 놓고 그 안에 주전자, 커피, 구운 콩, 통조림 몇 개, 스웨터 하나, 담요 하나를 넣어 두었다. 작은 시내가 버팔로 숲을 가로질러 졸졸 흘렀다. 그 시냇물은 건기가 되면 거의 말라붙었지만, 얕은 웅덩이를 파서 물이 고이도록 해 둔 덕택에 나는 맑고 깨끗한 물을 충분히 얻을 수 있었다. 침팬지들이 그 봉우리 가까운 곳에서 잘 때에는 종종 나도 곁에서 밤을 보냈다. 그러면 아침에 산을 기어오르지 않아도 되었다. 저녁에 그 봉우리에 올라온 정찰대원 편으로 어머니에게 전갈을 보낼 수 있었으므로 어머니는 내가 언제 그곳에서 밤을 보낼 것인지 항상 알고 있었다.

나는 약 한 달 동안을 그 봉우리에서, 혹은 음린다 계곡을 내려다보며 지냈다. 음린다 계곡에서 침팬지들은 무화과를 배불리 먹기 전이나 후에, 그들이 먹는 많은 과일들과 마찬가지로 야생 자두나 돌능금만큼 쓰고 떫은 맛이 나는 작은 자줏빛 열매들을 잔뜩 먹곤 했다. 조금씩 나는 침팬지의 생활에 대해 어렴풋이나마 알게 되었다.

음술룰라 나무에 있던 침팬지들을 관찰한 결과 무리의 성원들이 빈번하게 바뀐다는 나의 예상이 들어맞는 것 같았다. 넷 내지 여덟 마리의 작은 무리들이 함께 이동하는 것을 매우 자주 볼 수 있었고, 침팬지 한두 마리가 그런 무리를 떠나 자기들끼리 돌아다니거

어떤 침팬지들은 거의 50평방미터에 달하는 지역을 순찰한다.

나 다른 무리에 합류하기도 했다. 그리고 작은 두세 무리가 연합하여 더 큰 무리를 이루는 것도 볼 수 있었다.

한 무리가 카세켈라 계곡과 캠프가 있는 계곡의 무화과나무들을 양분하는 산마루를 가로질러 갈 때, 종종 그 무리의 수컷 침팬지들은 똑바로 선 자세로 이동하거나, 부러진 나뭇가지를 땅에 끌거나 또는 단단한 땅을 발로 구르며 갑자기 내달리곤 했다. 이러한 돌격 과시행동과 함께 그들은 항상 헐떡거리는 〈우우〉 소리를 냈으며, 계곡이 내려다보이는 나무 위로 올라간 후에는 조용히 앉아 아래의 반응을 주시했다. 만약 그 무화과나무에서 무화과를 따먹고 있는 침팬지들이 있다면, 그런 침팬지들은 거의 항상 대답하듯 〈우우〉 소리를 냈다. 그런 후에 새로 도착한 침팬지들은 더욱 힘차게 울부짖으

침팬지의 봄

며 가파른 절벽을 달려 내려와 이전의 무리에 합류하곤 했다. 수컷 없이 암컷과 새끼들로만 이루어진 무리가 이미 무화과를 따먹고 있는 다른 침팬지들과 합류할 경우에는 대개 이 같은 큰 소동은 없었다. 새로 온 침팬지들은 단지 나무 위로 올라가 이미 있던 놈들 중 몇몇과 인사를 나눈 다음, 무화과로 배를 채우기 시작했다.

나뭇잎에 가려서 그들의 사회행동을 자세히 볼 수는 없었지만, 나는 때때로 흥미로운 장면을 포착할 수 있었다. 무리에 새로 도착한 암컷 한 마리가 큰 수컷에게 달려가 손을 내밀자, 수컷은 마치 국왕처럼 손을 뻗어서 암컷의 손을 잡고 자기 쪽으로 끌어당겨 뽀뽀를 하는 것이었다. 어른 수컷 두 마리가 인사할 때도 서로 끌어안는 경우가 있었다. 새끼들은 먹이를 가지고 나무 위를 이리저리 건너다니며 서로 쫓아다니거나, 나무 꼭대기에서 탄력 있는 아래 가지들로 뛰어내리기도 했으며, 유쾌한 듯 몇 분 동안이고 나무에 매달려 이리저리 몸을 흔들며 한 손으로 발가락을 만지작거리기도 했다. 한번은 조그만 새끼 두 마리가 작은 가지의 양끝을 붙잡고 가벼운 줄다리기를 하기도 했다. 뜨거운 한낮에나 한바탕 배불리 먹은 후에는 어른 침팬지 두서너 마리가 서로의 털 구석구석을 주의 깊게 살피며 털고르기를 해 주기도 하였다.

일년 중 그맘때면 침팬지들은 잠자리에 늦게 들기 때문에 너무 어두워 잠자리를 만드는 것이 쌍안경으로 잘 보이지 않는다. 하지만 이따금씩 그들이 일찍 잠자리에 들 때면 그 봉우리에서 그들을 관찰할 수 있었다. 어미와 함께 자는 새끼들을 제외한 모든 개체들은 매일 밤 자기 잠자리를 혼자서 만들었다. 약 3분쯤 걸려서 만드는데, 우선 위로 뻗은 V자형 나무나 수평으로 놓인 나뭇가지 두 개 같은 든든한 받침대를 고른다. 그런 후 손을 뻗어 더 작은 가지들을 그 위

침팬지들이 나무 위에서 쉬고 있다.

침팬지들은 잠자리를 만든다.

에 구부려 놓고 발로 누르면서 주변에 자라는 잔가지들을 밑에 깔고 그 위에 드러눕는다. 어떤 때는 몇 분 후 다시 일어나 잎이 많이 난 잔가지들을 한 움큼 집어 머리나 몸의 다른 부위 밑에 받쳐 넣고 나서 잠을 청하기도 한다. 어떤 암컷 한 마리는 계속 나뭇가지들을 구부려 대면서 푸른 잎사귀들로 된 커다란 둔덕을 만든 다음에야 그 위에 몸을 웅크리고 잠을 자기 시작했다.

침팬지들이 아침에 잠자리를 떠난 후 나는 그 잠자리 몇 군데에 올라가 보았다. 대부분은 내가 오르기 힘든 나무 위에 있었다. 어떤 잠자리에는 나뭇가지들이 매우 복잡하게 엉켜 있었다. 그리고 잠자리에는 절대 오물이 묻어 있지 않았다. 설사 한밤중에라도 침팬지들은 주의를 기울여 잠자리 너머로 똥오줌을 눈다는 사실을 나는 훗날 알게 되었다.

그 한 달 동안 나는 잠자리를 조사하거나 그보다 더 자주 침팬지의 먹이가 되는 식물 표본(동정은 버나드 버드코트 Bernard Verdcourt가 해주었다)을 수집하느라 이곳저곳을 돌아다녔기 때문에 그 지역을 정말 잘 알게 되었다. 곧 나는 런던의 주요 도로와 샛길들을 잘 찾아다니는 택시 기사 못지 않게 캠프가 있는 계곡, 카세켈라 계곡, 음린다 계곡의 가파른 경사와 깎아지른 산골짜기들을 오르내리는 길들을 잘 알게 되었다.

이때는 마침내 내가 어떤 일을 이루어내기 시작해서 뿐만 아니라, 그야말로 혼자가 되었다는 기쁨 때문에 지금도 생생하게 기억되는 시기다. 자연과 더불어 혼자 있기를 좋아하는 사람들에게는 구태여 설명할 필요조차 없을 것이다. 그러나 그렇지 않은 사람들에게는 내가 어떻게 말한다 해도 그 소중한 순간에 느끼게 되는 아름다움과 영원의 신비로움이 전해질 수 없으리라. 그토록 아름답고 소중한 순간들은 나도 모르는 사이에 내게로 다가왔다. 가녀린 홍조를 띠며 밝아오는 새벽을 볼 때, 높은 나무 꼭대기에서 팔랑거리는 나뭇잎 사이로 푸른 하늘의 밝은 편린들을 유혹하는 초록과 밤색의 검은 그림자를 올려다 볼 때, 어둠이 내릴 즈음 아직 따뜻함이 가시지 않은 나무둥치에 한 손을 기댄 채 너무나 잔잔하여 한숨 짓는 듯한 호수에 비친 이른 달의 휘영청함을 바라보며 서 있을 때……. 이런 순간들의 아름다움은 영원히 내 기억속에 남을 것이다.

어느 날 음린나 계곡의 무성한 숲에서 돌아오는 길에 시원한 곳에서 잠시 쉬려는 생각으로 버팔로 숲의 작은 시냇물 옆에 앉아 있었다. 이때, 암컷 수풀영양 한 마리가 물이 거의 없는 시냇가를 따라서 천천히 걸어오는 것을 보았다. 때때로 그 암컷은 멈추어 주위 식물들을 오독오독 씹어 먹었다. 나는 꼼짝도 않고 있었으므로 그 수풀영양은 9미터 정도까지 다가온 후에야 내가 있다는 것을 알아챘다. 그 수풀영양은 갑자기 긴장하여 앞발 하나를 든 채 나를 빤히 쳐다보며 서 있었다. 내가 꼼짝도 하지 않았기 때문에 그 수풀영양은 내 모습이 조금 이상하다고 생각했을 뿐 내가 사람이라는 것은 알지 못한 것 같았다. 수풀영양이 숨을 들이킬 때마다 벨벳처럼 부드러운 콧구멍이 넓어졌다. 하지만 나는 바람이 부는 쪽에 있었고 그 수풀영양은 후각으로는 나에 대해 아무런 단서도 얻지 못했다. 그 수풀영양은 여차하면 도망칠 자세로 한걸음 한걸음, 목을 앞으로 길게 뻗고 가까이, 더 가까이 천천히 다가왔다. 나는 아직도 그 영양의 코가 정말로 내 무릎에 닿았다는 사실을 믿을 수 없다. 하지만 눈을 감으면 나는 상상 속에서 그 따스한 숨결과 명주처럼 보드라운 살결의 감촉을 다시 느낄 수 있다. 결국 나는 눈을 깜박이고 말았고 수풀영양은 시끄러운 비명을 지르며 숲 속으로 달아나 버렸다.

그 봉우리에서 꼬리를 길게 세우고 다가오는 표범을 보았을 때의 상황은 좀 달랐다. 그는 나보다 조금 낮은 곳에 있었으므로 내가 거기 있다는 것을 틀림없이 몰랐을 것이다. 아프리카에 도착한 이래 나는 표범에 대해 거의 무조건적인 두려움을 가지고 있었다. 곰비에서 일하고 있을 때에도 빽빽한 덤불 사이를 기어가다가 갑자기 고양이의 고약한 냄새를 맡으면 제자리로 돌아와 버리곤 했다. 나는 다친 표범들만이 사납고 잔인하게 사람을 해치므로 두려워하는 것은 바보 같은 짓이라고 스스로를 달래곤 했다.

그러나 이 경우에는, 그 표범이 내가 앉아 있던 봉우리 위 언덕으로 올라오기 시작하면서 내 시야에서 사라져 버렸다. 나는 부랴부랴 나무 위로 올라갔지만 도중에 표범도 나무를 탈 수 있다는 것을 깨달았다. 그래서 내키지는 않았지만 꽥 하고 소리를 질러댔다. 만약 내가 거기 있다는 것을 안다면 그 표범도 깜짝 놀랄 것이라고 생각했다. 아니나 다를까, 놀라서 쿵쿵거리는 발자국 소리가 나더니 곧 잠잠해졌다. 몇 시간 후 나는 그 봉우리로 다시 가 보았지만 어디선가 나를 쳐다보고 있을 보이지 않는 시선이 따갑게 느껴졌기 때문에 음린다 계곡으로 가서 침팬지들을 관찰하기로 했다. 그리고 몇 시간 후 내가 그 봉우리로 되돌아갔을 때, 내가 앉아 있던 바위 위에는 표범의 똥만 한 무더기가 있었다. 그 표범은 틀림없이 내가 가는 것을 보았을 테고 이 소름끼치는 짐승이 있었던 장소를 샅샅이 조사한 다음 낯선 나의 냄새를 자신의 냄새로 제거하려고 했던 것이리라.

 몇 주가 지나면서 침팬지들은 점점 나를 두려워하지 않게 되었다. 먹이 표본 수집 탐사를 하던 도중에도 나는 침팬지들과 자주 마주쳤으며, 얼마 후에는 침팬지들이 아주 우거진 숲 속에 있고, 내가 조용히 앉은 채 55 내지 75미터 이내로 접근하지만 않으면 내 존재를 묵인했다. 내가 그 봉우리에서 관찰을 시작한 지 두 달째에는, 자리를 잡고 무언가를 먹기 시작하려는 침팬지 무리를 보고 더 가까이 다가가서 더 상세하게 관찰할 수 있었다.

 내가 서로 다른 개체들을 식별하기 시작한 것도 바로 그맘때였다. 한 침팬지를 두번째 보았을 때에도 분명히 누군지 안다는 확신이 들면 나는 그 침팬지에게 이름을 붙였다. 어떤 과학자들은 이름을 붙이는 것이 동물들을 의인화하는 것이라며 동물들을 숫자로 표시해야 한다고 하지만, 나는 항상 개체들 간의 차이에 관심이 있었고 이름은 숫자보다 개체 식별에 더 편하며 기억하기도 쉽다. 대부

맥그리거 씨   플로

분의 이름들은 그 침팬지와 어떤 이유에서든지 잘 어울리는 것들이었다. 얼굴 표정이나 하는 몸짓이 내가 아는 사람들을 생각나게 했기 때문에 그 이름을 붙여준 침팬지도 몇 마리 있었다.

  알아보기 가장 쉬운 것은 늙은 맥그리거 씨 Mr. McGregor였다. 정수리, 목, 어깨에는 거의 털이 없었지만, 마치 수도사의 빡빡 깎은 머리처럼 머리 주위에 약간의 솜털이 남아 있었다. 그는 서른 내지 마흔 살 정도 된 늙은 수컷이었다(동물원의 침팬지들은 50세 이상까지 살 수 있다). 처음 몇 달 간 맥그리거 씨는 다소 호전적이었다. 나와 가까운 거리에서 우연히 마주치면 그는 머리를 앞뒤로 홱 홱 젖히며 나뭇가지들을 흔들어 나를 위협한 다음 산을 내려가 내 시야에서 사라졌다. 나는 그를 보면 무슨 이유에서인지 「피터 토끼 이야기 The Tale of Peter Rabbit」에 나오는 비어트릭스 포터 Beatrix

땅에 누워 쉬고 있는 플로

Potter의 늙은 정원사가 떠올랐다.

보기 흉한 불룩한 코와 깔쭉깔쭉한 귀를 가진 늙은 플로 Flo도 알아보기 쉬운 것은 마찬가지였다. 그 당시 그녀의 막둥이는 아직 그녀의 등에 태우고 다니던 두살박이 피피 Fifi였고, 앳된 아들 피건 Figan은 항상 엄마와 어린 여동생과 함께 다녔다. 피건은 그 당시 한 일곱 살쯤 되었고 사춘기를 일년 남짓 앞둔 나이였다. 플로는 종종 다른 아줌마 올리 Olly와 함께 다녔다. 올리의 긴 얼굴 역시 특징적이었다. 별다른 특색은 없어도 올리의 머리 뒤쪽 복슬복슬한 털은 우리 이모 올웬 Olwen을 연상시켰다. 올리도 플로처럼 새끼 두 마리를 데리고 다녔는데, 올리의 새끼들은 피피보다 어린 딸과 피건보다 한 살 정도 더 먹은 아들이었다.

그리고 내가 올리의 친남매라 확신한 윌리엄 William이 있었다.

피피

그들 간에 어떤 특별한 정이 있다는 것이 관찰된 적은 없지만, 그들의 얼굴은 놀랄 만큼 닮았다. 둘 다 갑자기 고개를 돌리면 흔들거릴 정도로 윗입술이 길었다. 윌리엄은 또 코에서부터 아랫입술까지 얇고 깊게 패인 흉터를 가지고 있었다.

그 당시 내가 쉽게 식별할 수 있었던 침팬지들 중에는 데이비드 그레이비어드와 골리앗도 있다. 이들 둘은 매우 자주 함께 어울려 다녔기 때문에 성경 속의 데이비드와 골리앗이 그렇듯 내 마음속에 같이 기억되었다. 골리앗은 한창 때에도 거인은 아니었지만 당당한 체격과 운동선수 같은 경쾌한 움직임을 가지고 있었다. 아마도 몸무게가 45킬로그램은 족히 돼 보였다. 데이비드 그레이비어드는 처음부터 나를 가장 두려워하지 않는 침팬지였다. 침팬지 무리에서 그의 잘생긴 얼굴과 눈에 잘 띄는 은빛 수염을 찾아낼 때마다 나는 항상 기뻤는데, 이는 데이비드가 다른 침팬지들을 진정시켜서 내가 더 가까운 곳에서 관찰할 수 있는 기회를 만들어 주었기 때문이다. 야외에서 예비 관찰이 끝나기 전 나는 이전에 느꼈던 좌절감마저도 가치 있게 만들어준 흥미로운 발견을 두 가지나 했는데, 이는 모두 데이비드 그레이비어드 덕분이었다.

어느 날 나는 그 봉우리에서 바로 내 밑의 울창한 나무 윗가지에 모여 있는 작은 침팬지 무리를 발견했다. 관찰하다 보니, 그들 중 한 수컷이 분홍빛 물체를 들고 이따금 이빨로 조금씩 물어뜯고 있었다. 암컷 한 마리와 어린 침팬지 한 마리가 그 수컷의 입을 향해 팔을 뻗더니, 곧이어 암컷이 분홍색 물체를 뜯어 한 조각을 자기 입으로 집어넣었다. 그제서야 나는 침팬지들이 고기를 먹고 있음을 깨달았다.

고기를 먹을 때마다 그 수컷은 나뭇잎 약간을 입술로 잡아 뜯어 살점과 같이 씹었다. 종종 그는 몇 분 동안 잎뭉치를 씹은 후 옆에서 기다리고 있던 암컷의 손에 내뱉았다. 갑자기 그 수컷이 작은 고기 한 점을 떨어뜨리자, 어린 침팬지가 살점을 보고는 번개처럼 땅으로 뛰어내렸다. 그러나 그가 그것을 막 집으려는 순간 덤불 사이로 어른 수풀돼지 한 마리가 그를 향해 돌진해 왔다. 그 어린 침팬지는 비명을 지르며 나무 위로 다시 뛰어올랐다. 수풀돼지는 씩씩거리며 이리저리 왔다갔다하면서 계속 그곳에 남아 있었다. 곧 나는 줄무늬 있는 새끼돼지 세 마리를 발견했다. 침팬지들은 바로 새끼돼지 한 마리를 잡아먹고 있었던 것이다. 그 크기가 새끼돼지만했다. 후에 내가 그 수컷이 데이비드 그레이비어드임을 알고 더 가까이 다가갔고 그것은 정말로 새끼돼지였다.

나는 세 시간 동안 그 침팬지들이 육식을 즐기는 것을 관찰했다.

데이비드는 때때로 암컷이 살점들을 물어 뜯도록 내버려두었고 한 번은 손수 고기 한 점을 떼어서 그녀가 내민 손에 놓아주기까지 했다. 그가 마침내 나무에서 내려왔을 때 아직 시체에는 살점들이 붙어 있었다. 그는 한 손에 시체를 든 채 가버렸고 그 뒤를 다른 침팬지들이 따랐다.

물론 그때 나는 데이비드 그레이비어드가 그 돼지를 혼자 힘으로 잡았는지는 알 수 없었으나, 설사 그렇다고 해도 이들 침팬지들이 실제로 고기를 먹는다는 것 자체가 엄청나게 흥미로운 사실이었다. 이전의 과학자들은 이 영장류들이 아마도 가끔 몇몇 곤충들이나 작은 설치류 같은 것들을 먹기는 하지만 주로 풀이나 과일을 먹는 동물이라고 믿어 왔었다. 그들이 커다란 포유동물도 사냥하리라고는 누구도 생각지 못했던 것이다.

그로부터 두 주일도 못 되어 나는 더욱더 흥미로운 관찰을 했다. 때는 벌써 시월이었고 짧은 우기가 시작되었다. 검게 된 비탈이 보드라운 잔디 새싹들로 부드러워졌고 여기저기 꽃들이 융단처럼 피고 있었다. 나는 그것을 〈침팬지의 봄〉이라 불렀다. 그러나 그 날 아침에는 실망스럽게도 침팬지의 소리나 흔적조차 찾지 못한 채 세 개의 계곡을 오르내렸다. 나는 빽빽한 덤불 밑을 기어오느라 지치고 흠뻑 젖은 몸을 음린다 계곡의 가파른 비탈 위로 억지로 끌어올리며 그 봉우리로 향하고 있었다. 약 55미터 떨어진 높은 잔디 사이에서 경미한 움직임을 포착하고 멈춰 섰다. 즉시 쌍안경 초점을 맞췄고 그것이 침팬지임을 알 수 있었다. 바로 그때 그는 내 쪽으로 방향을 돌렸다. 데이비드 그레이비어드였다.

나는 조심스레 몸을 움직여 그가 무얼 하고 있는지 보려고 했다. 그는 흰개미굴의 붉은 흙더미 곁에 쪼그리고 앉아 흙더미의 구멍 안으로 긴 풀줄기를 조심스럽게 집어넣고 있었다. 잠시 후 데이비드는 그 풀줄기를 꺼내어 끝에서부터 무언가를 훑어 먹었다. 너무 멀어 그가 무엇을 먹고 있었는지는 알 수 없었지만, 그가 실제로 풀줄기를 도구로 사용하고 있었다는 사실만은 분명했다.

나는 서아프리카에서 물체를 도구로 사용하는 침팬지들을 목격했다는 이야기를 들은 적이 두 번이나 있다. 돌을 망치로 이용하여 야자열매를 깼다는 것과 한 무리의 침팬지들이 땅 밑 벌집 속으로 막대기들을 집어넣었다 꺼내어 그것에 묻은 꿀을 핥았다는 것이었다. 그러나 그렇게 흥미로운 사례를 내가 직접 목격하게 될 줄이야!

데이비드는 한 시간 정도 흰개미 더미에서 배불리 먹더니 드디어 몸을 일으켜 느릿느릿 사라졌다. 나는 그가 시야에서 사라진 후 달려가 그 흙더미를 조사해 보았다. 주위에 짓눌린 곤충들이 널려 있었고, 일꾼 흰개미 한 떼가 데이비드가 풀줄기로 쑤셔댔을 법한 개미굴 통로의 입구를 막고 있었다. 나는 그가 버린 도구들 중 하나를 집어 들어 조심스럽게 구멍 속으로 집어넣었다. 흰개미 몇 마리가 풀줄기를 물었고 즉시 풀줄기가 당겨짐을 느꼈다. 풀줄기를 빼내자 거기에는 많은 일꾼 흰개미들과 빨갛고 큰 머리의 병정 흰개미들이 다리를 허우적대며 직각으로 매달려 있었다.

그곳을 떠나오기 전에 나는 키가 크고 마른 풀 약간을 발로 밟아 쓰러뜨린 후, 그 위에 종려나무 잎 몇 장을 다른 나무의 낮은 가지에 기대어 세우고 그 나무 꼭대기에 함께 묶어 조잡하지만 내가 숨을 수 있는 장소를 만들었다. 나는 그곳에서 다음날까지 기다릴 계획이었다. 그러나 일주일이 지나서야 침팬지 한 마리가 흰개미들을 〈낚고〉 있는 것을 다시 볼 수 있었다. 침팬지들은 그 장소에 두 번이나 왔지만 매번 나를 보고는 즉시 사라져 버렸다. 한번은 날개 달린 흰개미들(소위 왕자와 공주라 불리는 개체들)이 혼인비행을 하려고 날아올랐다. 모두들 더 높이 오르기 위해 커다란 흰 날개를 미친 듯이 펄럭거렸다. 후에 나는 일꾼 흰개미들이 이들의 비행을 준비하기 위해 개미굴의 통로를 지표면까지 뚫어 두는 때가 바로 짧은 우기 동안이라는 것을 알았다. 그러한 혼인비행 무리들은 시월과 일월 사이에 몇 번에 걸쳐 날아오른다. 침팬지들이 흰개미를 주로 먹는 것도 바로 이때다.

 내가 관찰을 시작한 지 8일째 되는 날, 데이비드 그레이비어드가 골리앗와 함께 다시 도착했고, 그 둘은 그곳에서 두 시간 동안이나 머물렀다. 그래서 나는 관찰을 더 잘할 수 있었다. 그들이 엄지나 검지로 닫혀진 통로 출입구를 긁어서 여는 것과 도구의 끝이 구부러졌을 때 그 끝을 잘라 내거나 다른쪽 끝을 이용하거나 아니면 새 도구를 쓰려고 이전의 것을 버리는 것 등을 관찰했다. 한번은 골리앗이 단단해 보이는 넝쿨을 골라 쓰려고 그 흙더미에서 적어도 15미터 떨어진 곳까지 다녀왔으며, 두 수컷 모두 한번에 서너 개의 나뭇가지들을 집어다 놓고 필요할 때 차례로 사용했다.

 가장 흥미로운 일은 때때로 이들이 잎이 달린 잔가지를 집어서 잎들을 떼어 내며 용도에 맞게 다듬는다는 것이다. 이것은 야생동물이 물체를 도구로 단순히 〈사용하는 것〉뿐만 아니라 실제로 물체를 변형시켜 사용하는 도구 〈제작〉의 시초를 보여주는 예로서, 기록된 것 중에서는 최초의 것이었다. 이전에는 인간만이 유일하게 도구를 제작하는 동물로 간주되어 왔다. 사실은 인간의 정의로 널리 받아들여지는 조항 중 하나가 〈도구를 규칙적이고 정해진 양식으로 만드는 동물〉이다. 물론 침팬지들은 도구를 어떠한 정해진 양식으로 만들지 못한다. 그러나 그들의 원시적 도구 제작 능력에 대한 나의 초기 관찰로 인해, 많은 과학자들은 인간의 정의가 좀더 복합적이어야 한다는 것을 절감하게 되었다. 이와 같이 정의를 새롭게 세우는 작업이 없다면 우리는 루이스 리키의 말대로 정의에 따라 침팬지를 인간으로 받아들여야 할 것이다.

나는 루이스에게 새로운 관찰 두 가지 〈육식과 도구 제작〉에 대해 전보를 보냈고, 그는 내 생각대로 몹시 흥분했다. 그 소식이 그가 내 작업을 위한 재정적 지원을 얻는 데 도움이 되었으리라 믿는다. 그 후 오래지 않아, 그는 나에게 미국의 내셔널 지오그래픽 협회가 연구 자금을 일년 더 연장하여 제공하는 데 동의했다고 편지를 보내왔다.

캠프 생활

〈멤사히브Memsahib(스와힐리어로 〈아씨〉, 〈마님〉이라는 뜻 ─ 옮긴이)! 멤사히브!〉라 부르는 목소리가 점차 내 잠 속 깊이 파고들어 나를 깨웠다. 〈빨리 오세요. 당신이 필요해요.〉 그 목소리는 작은 등잔불 뒤쪽에서 들려오고 있었다. 아돌프였다. 무슨 일인지 묻는 내 말에 그는 분명히 대답하지는 않았으나, 나는 어떤 아기가 아프기 때문이라는 것을 눈치챌 수 있었다.

마침 어머니도 깨어 있어서 우리는 모두 옷을 걸쳐 입고 아돌프를 따라 어둠 속으로 뛰어들었다. 그는 계곡 건너편 해안 아래쪽에 있는 작은 마을로 우리를 안내했다. 그곳에는 명예 추장인 늙은 이디 마타타와 그의 대가족, 그리고 건기 동안 임시 오두막에 사는 어부 열두 명, 수렵 감시원 두 명이 살고 있었다. 우리는 커다란 진흙 벽돌과 짚으로 만든 이디의 오두막에 도착했다. 자정이 넘은 시간이었으나 사람들은 모두 연기가 자욱한 큰 방에서 왁자지껄하게 떠들고 있었다. 우리가 들어갔을 때 두 아이가 허둥지둥 그림자 속으로 숨었고, 쌍둥이 아들들을 돌보고 있던 추장의 부인이 우리에게 미소로 인사했다. 아돌프는 우리를 작은 방으로 통해 있는 출입구로 안내하곤 우리가 들어갈 수 있도록 옆으로 비켜섰다. 그때서야 우리는 우리가 무엇 때문에 불려 왔는지를 알 수 있었다. 젊은 여자가 땅바닥에 누워 있었고, 그녀 옆에는 작은 아기가 아직도 탯줄에 엉킨 채 엄마에게 붙어 있었다. 태반이 붙어 버린 게 분명했다.

아기의 아빠도 다소 걱정스런 표정으로 거기에 서 있었고, 작은 소녀도 하나 있었다. 그 외에는 아무도 그 상황에 신경을 쓰는 것 같지 않았다. 우리는 어찌할 바를 몰랐다. 우리 중 아무도 조산술에 대해 아는 사람이 없었다. 돕고 싶었지만, 만일 산모에게 무슨 일이 생긴다면 그것은 바로 우리 책임으로 돌아올 것이었다. 우리는 그 아기가 다섯 시간 전에 태어났으며 산모에게는 초산이었다는 것을 알아냈다. 산모는 그리 아파하지는 않았지만 몹시 추워하는 듯 했다. 우리는 탯줄을 자르고 아기를 천으로 감싸야 한다고 제안했으나 엄청난 항의에 부딪혔다. 그런 행동은 오래도록 지켜온 전통을 어기는 일이라는 것이다.

나는 담요와 브랜디 약간을 달라고 한 후 도미니크를 깨워 뜨거운 차를 만들도록 했다. 이런 것들은 그 불쌍한 산모에게 조금이나마 생명력과 활기를 가져다주는 것 같았다. 어머니와 나는 거기에 있는 다른 아프리카 여인들이 분만에 대해서 우리보다 더 많이 알고 있을 것이라 생각하고 통역을 해줄 아돌프를 데리고 추장 이디의 부인에게 상의하러 갔다. 추장 부인은 쌍둥이가 식사를 마치자마자 자신이 할 수 있는 일을 찾아보더니, 더 밝은 램프와 따뜻한 야자유 약간을 가지고 들어와 산모의 배와 허벅지 사이를 마사지하며 탯줄을 서서히 당기기 시작했다. 십 분쯤 지난 후에야 태반이 떨어져 나왔고, 그제서야 늙은 이디가 의식에 쓰는 가위를 가지고 들어와서 자랑스럽게 손자의 탯줄을 자르고 손수 매듭을 지었다. 우리는 산모에게 약간의 스프를 주도록 도미니크에게 부탁하고 안도감과 기쁨에 넘친 아빠를 축하한 후 잠자리로 돌아왔다. 실제로 한 일은 거의 없었지만 우리는 매우 많은 것을 이루어 낸 것처럼 느꼈다.

 이렇게 간간이 산부인과 일을 하는 것은 어머니의 의료 활동 중 단지 하나였을 뿐이다. 당시 관례대로 우리 역시 곰비에 올 때 아스피린, 연고, 압박 붕대, 사리염과 같은 간단한 의약품들을 잘 준비해 왔다. 우리가 곰비에 도착한 지 얼마 되지도 않아 어머니는 매일 아침 퍽 바쁜 진료소를 운영하게 되었다.

 데이비드 앤츠티가 그곳을 떠나기 전에 인근 아프리카 사람들에게 어머니와 내가 작은 병 치료 정도는 할 수 있다고 얘기해 준 탓인지 처음 며칠 동안은 꽤 많은 사람들이 찾아왔다. 그러나 그것은 아마도 놀랍게도 문명을 등지고 그곳에 온 두 낯선 백인 여자를 보기 위해서였을 것이다. 그러나 그때 한 사람이 심하게 부은 다리를 이끌고 우리 캠프를 찾아왔다. 그의 종아리에는 두 개의 열대성 종기 tropical ulcer가 깊이 자리잡고 있었다. 대충 소독을 하고 난 후에 보니 그 종기는 이미 뼈를 먹어 치우기 시작한 상태였다. 어머니가 그 남자에게 키고마 병원으로 갈 것을 간청했지만, 그는 절대로 안 된다고 거절했다. 거기에 간 사람들은 모두 죽었다는 것이다. 할 수 없이 어머니는 손수 그 남자를 민간요법으로, 즉 소금물로 치료하기 시작했다. 매일 아침과 오후 그 환자는 미지근한 소금물이 담긴 큰 대야 곁에 앉아서 종기에 아주 천천히 그 소금물을 똑똑 떨어뜨렸다. 3주가 지나자 종기는 사라졌고 상처도 깨끗해졌다. 그 후 그의 종기는 그리 오래지 않아 완전히 치유되었다.

발 없는 말이 천리를 간다던가. 어머니의 진료소는 날로 커졌고 사람들은 호숫가를 따라, 혹은 산을 넘어 먼 거리를 무거운 몸을 이끌고 몰려왔다. 라쉬디의 여덟살짜리 아들 주만느Jumanne(스와힐리어로 〈화요일〉이라는 뜻)는 자칭 어머니의 심부름꾼으로, 사리염을 섞거나 아스피린을 복용할 수 있도록 물을 부어 주거나 압박 붕대를 자르는 등 거의 매일 아침 그녀를 도왔다. 그는 특히 약을 두 번 타려고 몰래 새치기하는 사람들을 골라내는 일을 도와주었다. 주만느가 원했던 보수는 단지 아주 작은 상처에 쓸 약간의 압박 붕대뿐이었다.

어머니의 진료소는 많은 질병을 치료했을 뿐 아니라, 우리가 새로운 이웃들과 좋은 관계를 만드는 데 도움을 주었다. 우리가 도착했을 때 만연해 있던 의심들은 곧 사라졌다. 아프리카 사람들은 그 이후에도 계속 우리 둘이 약간 돌았다고 생각했지만, 우리가 진심이라는 것을 깨닫자 우리에게 우호적으로 대해주었다. 오래지 않아 그들 중 몇몇은 내 연구에도 관심을 보이기 시작했다. 어느 날 도미니크는 내게 침팬지 네 마리가 막대기로 사자를 쫓아내는 것을 음브리쇼Mbrisho라는 노인이 보았다는 이야기를 해주었다. 음브리쇼는 보호구역의 동쪽 경계 너머 언덕 위의 마을에 살았다. 나는 과연 음브리쇼에게 가서 그 일이 어디서 일어났는가 물어보아야 할지 망설였다. 그랬을 것 같지는 않지만, 나는 이전의 수렵 감시원들이 그 지역에서 사자를 몇 번 보았다는 것을 알고 있었고, 부방고 Bubango 마을을 방문하여 보호구역 경계 밖의 나라를 보고 싶은 호기심도 있었다. 그래서 어느 이른 아침 나는 안내인으로 그 마을 남자 한 명과 통역으로 키 크고 가냘픈 윌버트를 데리고 떠났다. 그

어머니는 그녀가 차린 보건소를 통해 어부들과 친해졌다.

의 영어 실력은 꽤 좋았으며 나의 스와힐리어 실력은 여전히 좋지 못했다.

가는 길은 지치도록 길고 더운 오르막길이었으며 꽤 열심히 걸었는 데도 족히 몇 시간이 걸렸다. 큰 짐을 머리에 인 채 우아하게 균형을 잡고 밝은 색깔의 새들처럼 웃고 수다를 떨며 호숫가에 있는 임시 오두막으로 향하는 아프리카 여인들의 행렬이 우리를 지나쳤다. 한번은 내가 한 붉은콜로부스원숭이 떼를 보려고 멈춰 섰을 때, 그 마을로 가는 남자 여섯 명이 우리를 앞질렀다. 그중 한 명은 매우 늙었고 등이 약간 굽었으며 머리는 백발이었으나 가파른 오르막길과 뜨거운 태양에도 별로 아랑곳 않는 듯 보였다. 이 사람들의 걸음은 산사람들 특유의 것으로 보폭이 크고 경쾌했으며, 단단한 지팡이를 땅에 짚을 때마다 기괴한 휘파람 소리를 내며 숨을 내쉬곤

캠프 생활

했다.

우리가 높이 올라갈수록 주위 경관도 달라졌다. 비탈 위로 오르자 녹회색 지의류가 깃털처럼 덮여 있는 나무들이 많아졌고, 탁 트인 곳은 짧고 폭신한 풀로 덮여 있어 영국 서식스 지방의 구릉지를 연상케 했다. 꼭대기에서 내려다보는 경치는 정말 멋졌다. 그 당시에는 오르락내리락하는 언덕을 따라 숲이 동쪽 끝까지 쭉 펼쳐져 있었지만, 요즘은 숲의 많은 부분이 개간되어 침팬지 보호구역 주위에는 모두 아프리카식 오두막과 경작지가 자리잡고 있다.

부방고 마을은 산꼭대기의 반대편에 있으며 산 바로 아래까지 쭉 뻗쳐 있었다. 마을은 생각보다 컸다. 바나나나무와 야자나무의 작은 숲이 계곡의 녹원 안에 여기저기 흩어져 있었고, 구릉의 경사에는 카사바 cassava(그 지방에서는 〈무호게 muhoge〉라고 부른다) 밭이 많이 있었다. 카사바 뿌리를 하얗게 갈아 물을 부어 만든 죽이 이 지역의 주식이다. 오두막은 대부분 작고 단순하며 진흙벽에 초가 지붕을 이었고, 많은 사람들이 맨발로 지나다녀서 닳아버린 낡은 십자형의 통로가 오두막으로부터 계곡, 그리고 경작지까지 이어져 있었다. 어린 아이들이 염소와 양 떼를 돌보고 있었고, 여기저기 풀을 뜯고 있는 소들도 보였다.

음브리쇼 노인의 작은 오두막은 벼랑의 꼭대기에서부터 마을까지 구불구불하게 난 큰 흙먼지 길에서 조금 떨어져 있었다. 그는 우리를 반갑게 맞아 주었고 우리에게 둥글게 생긴 맛있는 아프리카식 케이크와 차를 대접했으며, 내게 낮고 깊은 목소리로 그러나 사뭇 흥분된 어조로 사자에 대해 이야기를 해주었다. 또 가끔 말을 끝맺을 때마다 그는 길게 〈나아암 naaam(정말 그래요, 예, 그건 그래요)〉라고 말하곤 했다.

곧 사자와 침팬지를 본 것은 음브리쇼가 아니라 오래전에 죽은 친척이라는 것이 밝혀졌고 우리는 그리 많은 정보를 얻지는 못했다. 그러나 나는 음브리쇼라는 믿음직하고 충실한 친구를 얻게 되었다. 후에 그는 산을 내려와 우리 캠프를 방문할 때마다 어김없이 천 조각에 달걀을 조심스럽게 싸서 가지고 오곤 했다. 농사를 짓는 노인에게 달걀 몇 알은 매우 귀중한 선물이므로 우리는 그것을 감사히 받았다.

음브리쇼는 주변 마을의 건장한 대부분의 남자들과 마찬가지로 〈은퇴〉하기 전까지는 어부였다. 그 마을에서 주로 잡히는 물고기는 작은 정어리 만한 〈다가아dagaa〉로, 밤에 오랜지색이나 빨간색으로 염색된 엄청나게 큰 그물로 잡는다. 각 카누에는 두 어부가 타며, 카누마다 두서너 개의 밝은 등유 압력 램프가 갖춰져 있다. 물고기들은 불빛에 이끌려 수면으로 올라왔다가 그물 안에 갇히게 된다. 물고기 떼를 발견하면 어부들은 발을 구르고 노나 그물 손잡이로 배를 쾅쾅 때리며 노래하는데 아마도 물고기들이 수면으로 떠오르도록 하기 위한 것 같다. 물고기가 잘 잡힐 때에는 그 근처 몇 마일 내에 거주하는 모든 사람들이 호수에서 신나게 파티를 하고 있는 것처럼 들린다.

카누의 바닥이 물고기로 가득 차게 되면 어획물은 강변으로 보내지고, 강변에서는 다른 남자들이 미세한 자갈로 된 특별한 건조대에 물고기를 펴서 넌다. 어획물이 많으면 각 카누는 하룻밤에 두세 번씩 다녀오기도 했고, 강변은 새벽 햇빛에 반사되는 수백만의 삭은 물고기 비늘에 은빛으로 물든다.

어부들과 그들의 처자들은 낮 내내 건조대를 오르락내리락하면서 긴 막대기로 물고기를 찔러보고 양면이 고르게 마르도록 뒤집어 준

어부들은 불빛을 이용하여 다가아를 뱃전으로 유인한다.

다. 저녁에는 낚시하러 나갈 남자들이 지푸라기 오두막 주변에 앉아 이야기를 하며 낮에 말린 물고기를 자루에 모아 담고, 여자들은 저녁 식사로 말린 다가아를 붉은 야자유에 튀겨 섞은 우갈리 ugali(카사바 죽)를 준비한다.

보름달이 뜨면 다가아는 더 이상 카누의 램프로 모여들지 않기 때문에 이 동안에는 강을 왕복하는 10미터 정도의 작은 모터보트에 말린 물고기를 실어 키고마의 시장으로 내보낸다. 한창 때에는 다가아 산업이 호황을 누려, 우리가 〈수상 택시〉라고 부르는 이 보트에는 물고기 자루가 겹겹이 실리게 된다. 다가아는 그 지역에서도 많이 팔리지만 더 많은 양은 동아프리카의 다른 지역과 남쪽의 니얀자 구리 광산까지 운반된다.

키고마로 가지 않는 어부들은 자신의 마을로 돌아와 가족과 함께 지내므로 한 달 중 열흘 정도는 곰비의 강변이 한산해진다. 나는 이 동안에 연구차 조금 떨어진 계곡까지 가며 이 호숫가를 따라 산책하는 것이 참 좋았다. 이른 아침에는 가끔 호숫가를 따라 나 있는 무성한 풀을 먹으러 밤에 나갔다가 무거운 걸음걸이로 돌아오는 하마를 만나기도 했다. 수풀영양과 수풀돼지들도 종종 호숫가를 따라 움직였고, 하얀 모래와는 대조적으로 매우 검고 큰 들소 몇 마리도 볼 수 있었다. 게다가 몽구스의 일종, 고리 모양의 꼬리를 가진 날씬하고 우아한 사향고양이의 일종, 혹은 좀더 크고 땅딸막한 사향고양이 같은 작은 동물들을 볼 기회도 있었다.

어느 날 저녁 내가 호숫가에 솟아 있는 바위를 피해 얕은 물로 걸어가고 있을 때, 나는 물 속에서 꾸불꾸불한 검은 뱀을 보고 죽은 듯 멈춰 섰다. 그 뱀의 몸길이는 180센티미터에 육박했다. 나는 우산 모양의 가는 목과 목 뒤의 검은 줄무늬를 보고 당시에는 항독소도 구할 수 없었던 치명적인 파충류인 〈스톰 물코브라 Storm's Water cobra〉라는 것을 알아차렸다. 내가 그 뱀을 뚫어져라 쳐다보는 동안 다가오는 물결에 밀려 뱀의 몸 일부가 서서히 내 한쪽 다리 아래에 묻혔다. 나는 뱀이 다시 물결에 쓸려 호수로 되돌아갈 때까지 숨을 멈추고 움직이지도 않은 채 서 있었다. 그런 후 나는 걸음아 나 살려라 하면서 물에서 뛰쳐나왔고 몇 분이 지나도록 내 심장은 방망이질을 멈추지 못했다.

몇 주 전 나는 또다른 코브라와 맞닥뜨렸었다. 그 뱀은 입술이 하얀 변종으로 먹이의 눈을 조준한 후 거의 2미터 거리까지 독액을 내뿜을 수 있고 일시적 혹은 영구적으로 장님으로 만들 수도 있는 종류였다. 그때 나는 서서 계곡을 바라보고 있었는데, 땅바닥을 힐끗 보니 그 뱀이 내 다리 사이로 미끄러져 지나가고 있는 것이 아닌가! 뱀은 잠시 멈춰 혀를 날름거리며 내 신발 위를 더듬었다. 그러나 그 때에는 뱀을 내 쪽으로 밀쳐 뱀을 놀라게 할 만한 갑작스런 물결도, 뱀을 내 발목 주위로 감을 물결도 없었기 때문에 나는 전혀 두려워하지 않았다. 물 속에 있는 뱀은 무언가 훨씬 더 끔찍한 데가 있다.

탕가니카 호수는 동아프리카, 적어도 키고마와 곰비 주변에서 무시무시한 주혈흡충달팽이가 거의 없는 담수 지역 중 하나로 물이 차고 반짝거리며 깨끗하고 수영하기에 매우 좋다. 초기에는 수영할 시간이 없었거니와 뱀과 마주친 후, 그리고 치코Chiko의 경험담을 들은 후부터는 물 속에 뛰어들어 갈 마음이 생기지 않았다. 치코는 도미니크의 부인으로, 우리가 곰비에 도착한 직후부터 딸을 데리고 우리 캠프에 합류하였다. 어느 날 그녀가 얕은 물에서 빨래를 하고 있을 때 몇 미터 떨어진 곳에서 갑자기 물이 소용돌이쳤다. 그녀는 비명을 지르며 뛰쳐나왔고 몇 분 전만 해도 악어가 있던 곳을 공포에 덜덜 떨며 바라보고 있었다. 나도 몇 번 본 적이 있는 그 악어는 그리 크지는 않았으나, 역시 물 속에서 수영하다가 그 악어를 만나고 싶지는 않았다. 그러나 치코의 경험은 농담거리가 되고 말았다.

그 후 몇 주 동안 내가 만난 아프리카 사람들 모두는 내 요리사의 부인을 잡아먹으려 했던 악어에 대해 웃고들 있었다. 도미니크조차도 나에게 처음 이야기를 해줄 때에는 눈물이 볼로 흘러내릴 지경까지 웃어 댔었다.

보름달이 뜨고 어부들이 오두막을 떠나면 비비들이 호숫가에 나타난다. 비비들은 무리를 지어 건조대가 있는 호숫가를 따라가며 말린 물고기 찌끼가 붙어 있는 자갈을 찾는다. 이들은 오두막 주위의 모래도 샅샅이 살피는데, 아마도 여자들이 죽을 만들 때 뿌리를 갈던 곳에 흩어진 카사바 가루를 찾는 듯하다. 비비들은 매우 파괴적이기 때문에 아프리카 사람들은 호숫가를 떠날 때 중요하다 싶은 것은 모두 없앤다. 나는 비비들이 지붕 위의 지푸라기에서 벌레를 찾으며 지붕 전체를 뜯어버리는 것이나 마치 오두막이 제 집인 양 드나들며 먹을 수 있는 것은 모조리 먹어치우는 것, 심지어 먹을 수 없는 것조차 뒤지거나 찢어버리는 것을 보았다.

비비들은 곧 우리 캠프 주위에도 어슬렁대기 시작했으므로 어머니는 재빨리 텐트에 경비를 세웠다. 우리가 도착한 후 두 주쯤 지났을 때였다. 어머니가 잠깐 밖에 나갔다 돌아오자 살림살이들이 아무렇게나 흩어져 있었고, 놀이에 지친 수컷 비비 한 마리가 뒤집혀진 테이블 옆에 앉아 도미니크가 그 날 아침에 구웠던 빵 한 덩어리를 어루만지고 있었다. 어머니는, 마치 당신을 침입자라고 우기듯 주변 나무에서 짖어대는 비비들에게 무척 화가 났다. 이런 일이 있은 후 얼마 지나지 않아 어머니가 캠프 화장실(동아프리카에서는 츄choo라고 부른다)에 갔을 때, 큰 수컷 비비 나섯 마리가 머리 위에서 반원 형태로 둘러앉아 그녀를 내려다보고 있던 일도 있었다. 그 날 밤 어머니는 잠시나마 겁이 났었고 무척 당황했었다고 말했다.

그러나 어느 날 아침 내가 일찍 떠난 후 훨씬 더 끔찍한 일이 벌어졌다. 그때 어머니는 텐트 안에서 졸고 있었는데 어디선가 작은 소리가 들려왔다. 어머니가 눈을 떠보니 입구에 커다란 수컷 비비의 그림자가 비쳤다. 그 수컷과 어머니는 몇 분 동안 꼼짝 않고 서 있었고, 그런 후 그 수컷 비비는 위협하는 듯 입을 크게 벌렸다. 어두컴컴한 텐트 속에서 어머니는 그 이빨의 번득임을 보고 〈이제 나는 죽는구나〉라고 생각했다. 그러나 다행히 어머니가 갑자기 비명을 지르며 침대에 똑바로 앉아 팔을 휘둘러대자 그 불청객은 도망쳤다. 그놈은 아주 못된 비비였다. 덤불에 숨어 있다가 갑자기 뛰쳐나와 빵이나 먹을 것을 훔치기도 했으며 하루 종일 캠프 주위를 맴돌던 늙은 수컷이었다. 우리는 그놈을 스와힐리어로 〈악마〉라는 뜻인 〈샤이타니 Shaitani〉라 불렀고, 어느 날 그가 어디론가 사라져 버렸을 때 큰 안도의 한숨을 쉬었다.

그 당시에는 음식이 귀했다. 빠듯한 우리의 예산 때문만이 아니라, 어머니와 나는 키고마 시내로 가서 장을 보고 우편물을 가져와야 했던 이른바 〈키고마 날들〉을 싫어했기 때문이다. 우리는 될 수 있는 대로 가끔 갔지만 그래도 삼사 주에 한 번씩은 그 원정을 해야 했다. 우리는 호수가 대체로 고요한 아침 여섯시쯤 떠나 그곳에 도착한 후 호텔에서 아침을 먹었다. 그런 후 돌아다니며 쇼핑을 하고 청과상에서 흥정을 하거나 다음달에 대비해 통조림을 주문하고 우체국에서 줄을 서야 했다. 그리고 처음 키고마에 머무는 동안 사귀어 두었던 친구들로부터 늘 점심 초대를 받았기 때문에 한낮에는 쾌적하게 쉴 수 있었다. 그들은 종종 자고 가라고 우리를 설득하려 했으며, 나는 연구에서 손을 떼는 것은 하루로도 충분하고 침팬지들과 단 1초라도 떨어져 있는 것은 상상도 할 수 없다고 말했다. 그들은 아마도 나를 그저 비사교적인 사람이라고 생각했을 것이다.

처음에는 이런 원정에 도미니크를 데려가곤 했다. 그는 지나칠 정도로 충직한 사람이라 시장에서도 우리가 한 푼이라도 바가지 쓰는 일이 없도록 상인들과 입씨름까지 하며 흥정하곤 했다. 하지만 우리는 얼마 후 도미니크에게 캠프 경비를 맡기기로 결정했다. 그 지방의 맥주는 바나나를 발효시킨 후 증류한 것으로 아주 독했고, 그 술이 바로 도미니크의 약점이었다. 이따금씩 떠나기로 한 시간은 가까워 오는데 도미니크는 그림자도 보이지 않았고, 일주일이 넘도록 그가 나타나지 않아 그냥 우리끼리 돌아와야 한 적도 있었다. 우리가 제 시간에 그를 찾아도 이미 거나하게 취해 있었던 날도 있었다. 그는 실없이 웃으며 반은 걷고 반은 주저앉으며 보트까지 따라왔다. 그는 총명한 사람으로 약간 취하면 사람들을 곧잘 웃겼으며, 그 날도 어머니와 나를 웃게 만들었다. 우리는 모두 신나게 떠들며 키고마 만을 떠났다.

도미니크를 찾는 데 시간이 걸려 돌아올 때에는 매우 어두워져 있었다. 여느 때 같으면 호숫가에서 매우 가까운 길로 키를 잡겠지만, 그 날 밤에는 어부들의 카누가 호숫가 여기저기 떠 있었고 어둠 속에 카누들이 제대로 보이지 않았기 때문에 나는 물가로부터 8백 미터 정도 간격을 두고 배를 몰았다. 한 4분의 1쯤이나 왔을까, 갑자기 엔진이 멈춰 버렸다. 시동이 걸리지 않았고 우리 중 누구도 엔진에 대해 아는 사람이 없었다. 우리가 할 수 있었던 유일한 것은 물가까지 노를 젓는 일뿐이었다.

도미니크는 자기가 노를 젓겠다고 자신 있게 말하곤 가운데에 앉아서 노를 양손에 잡고 세게 잡아 당겼다. 하지만 크게 헛손질을 하며 시장에서 산 큰 과일 바구니 위에 벌렁 나자빠졌다. 그는 웃음을 멈추지 못했다. 우리는 그를 잡아 일으켜 자리에 다시 앉혔고 나는 내가 노를 젓겠다고 말했다. 그러나 이것은 그의 예의범절로는 말도 안 되는 것이었다. 적어도 그는 노 한쪽이라도 잡아야겠다는 것이었다. 그 후 십 분 동안 우리는 그의 노 주위로 계속 맴돌고 말았다. 내가 할 수 있는 일이고 다른 무엇보다도 노젓기를 좋아한다고 그를 설득시킨 후에야 비로소 우리는 떠날 수 있었다.

마침내 우리가 물가에 도착했을 때 반갑게도 수상 택시 하나가 거기에 정박하고 있었다. 곧 어부들이 우리 주위로 몰려들었고 우리는 쉽게 택시의 운전기사를 찾을 수 있었다. 한참 실랑이를 한 끝에야 운전기사는 우리와 우리 보트를 캠프까지 운반하는 데 동의했다. 그러나 도미니크는 그 요금에 대해 심한 불만을 표시하곤 우리에게 기다리라고 말한 후 붙잡을 겨를도 없이 어둠 속으로 사라졌다.

우리는 오랫동안 기다렸지만 도미니크 없이 떠날 수는 없었다. 또한 우리는 그가 우리의 주머니 사정을 생각해 준 것이 고마왔다. 정말 우리 주머니는 텅텅 비어 있었다. 30분이 지나자 그는 건장한 아프리카 사람 네 명을 데리고 돌아왔다. 도미니크는 그들이 노를 저어 우리를 집까지 데려다 줄 것이라고 말했다. 그들은 도미니크의 친구들이었고, 모터가 달린 수상 택시가 요구했던 요금의 4분의 1만을 요구했다. 귀가 솔깃한 제안이었지만, 그 배로는 우리 여덟 사람이 열심히 저어도 집까지 여덟 시간 넘게 걸릴 것이었기에 우리는 그 제안을 받아들일 수 없었다. 아마도 우리가 빠른 교통 수단을 택하여 지갑이 텅텅 비도록 내버려두었다는 것을 도미니크는 아직도 용서하지 않을 것이다.

이런 일이 있은 후 얼마 지나지 않아 나 없이 키고마에 갔던 어머니는 더 엄청난 경험을 했다. 도미니크도 같이 가지 않았고, 그 대신 윌버트가 살 것이 있다고 하여 같이 가게 되었다. 윌버트와 어머니는 아침에 도착하여 다섯시에 보트에서 다시 만나기로 하고 헤어졌다. 윌버트가 반시간이나 늦어 나타났을 때 어머니의 가슴은 철렁 내려앉았다. 키고마 바나나 맥주의 또다른 희생자가 거기 있었던 것이다! 윌버트는 약간 비틀거리며 보트에 기대서서는 칼을 꺼내어 어머니를 쳐다보며 죽음과 복수에 대해 횡설수설하면서 칼을 휘둘러댔다.

어머니는 윌버트가 가녀려 보이지만 몸집이 꽤 큰 사람이었으며 벌겋게 충혈된 눈과 저녁 태양에 번뜩이는 칼날로 무섭게 보였기 때문에 겁이 났다고 고백했다. 그러나 당신은 정신을 차리고 그에게 조용하게 말을 걸었으며, 그가 배로 들어갈 때 다칠 경우를 대비하여 자신에게 칼을 달라고 했다. 놀랍게도 그는 어머니를 뚫어져라 바라본 후 당황한 표정을 지었다. 그는 어머니에게 비틀거리며 다가와 칼을 건네주고는 말없이 보트에 올라탔다. 그는 집으로 오는 동안 매우 조용했다. 우리는 그 일의 전모를 다 알지는 못했지만, 윌버트는 그 후에도 칼을 돌려 달라고 요구하지 않았다.

나는 어머니 덕분에 얼마나 행복한지 모른다. 나의 어머니는 정말 백만 명 중 한 명 있을까 말까 한 어머니다. 연구 초기에 어머니가 없었다면 나는 그처럼 잘 지낼 수 없었을 것이다. 어머니는 진료소를 운영하여 이웃 사람들이 나에 대해 호감을 갖도록 해주었으며, 캠프를 깨끗하게 청소하고 내가 모은 침팬지 먹이 표본을 다시 한번 눌러 주고 말려 주었을 뿐 아니라, 무엇보다도 내가 침팬지 근처에도 가지 못했던 침체기에 내 기분을 북돋아 주었다. 밤에 놀아 왔을 때 따뜻하게 맞아주는 이가 있다는 것이 얼마나 행복한 일인가. 저녁을 먹으며 불 앞에서 실망스럽거나 흥분되었던 그 날의 일들을 얘기하고, 캠프에서 벌어진 온갖 이야기들을 들을 수 있다는 것은 참으로 기쁜 일이었다.

어머니는 열악한 환경을 불평 한마디 없이 견뎌냈다. 초기에는 냉장고도 없었기 때문에 우리는 찐 콩과 소금에 절인 쇠고기, 그리고 다른 통조림 고기와 채소 정도를 먹고 살았다. 밤에는 나무 격자에 캔버스를 댄 작은 목욕통에 물을 조금 채우고 목욕을 했다. 그나마 물은 들어갈 때는 너무 뜨겁고 나올 때면 너무 차가웠다. 때때로 털이 부숭부숭한 큰 거미가 우리 텐트 안에 피신처를 마련하기도 했으며, 아침에 깨었을 때 납작하고 악마같이 생긴 독을 지닌 지네가 어머니의 침대 위에 매달려 있던 적도 두 번이나 있었다. 또한 비위가 약한 어머니에게는 물이 맞지 않았기 때문에 아마 컨디션이 한번도 100퍼센트였던 적이 없었을 것이다.

우리가 도착해서 다섯 달이 지난 후 어머니는 영국으로 되돌아가야 했다. 키고마 당국은 내가 혼자 있는 것에 대해서 더 이상 걱정하지 않았다. 그 당시 나는 이미 곰비 풍경의 일부가 되었고, 어머니의 진료소 덕택으로 주변 주민들과 좋은 관계를 유지하고 있었다. 어머니가 떠나기 직전 우리는 빅토리아호에서 온 오랜 친구인 핫산과 합류했다. 우리는 그를 보게 되어 매우 기뻤고 어머니는 내가 믿을 만한 사람과 함께 있다는 것에 안심했다. 핫산은 작은 보트를 몰며 그 끔찍한 〈키고마 날들〉을 혼자 해결했고 무슨 일이 생기더라도 어떻게든 대처해내곤 했다. 핫산은 루이스와 보낸 30년 동안 늘 이런 일을 해왔기 때문이다.

어머니가 가 버리고 나니 램프 불마저도 외로운 듯 보였다. 밤마다 우리의 동반자가 된 두꺼비 테리 Terry조차도 어머니와 내가 램프 주위에서 벌레들을 배불리 먹는 그의 모습을 보고 같이 웃었던 시절을 떠올릴 뿐이었다. 사향고양이 크레슨트 Crescent가 바나나를 먹으려고 살며시 텐트에 찾아 왔던 밤에는 어머니가 내 곁에 있어 크레슨트의 날씬한 우아함을 감상할 수 있었으면 하고 바랬다.

그러나 몇 주가 흐르자 나는 고독을 삶의 일부로 받아들이게 되었고 더 이상 외로움을 느끼지 않았다. 나는 침팬지에 매료되어 밤에도 다른 생각을 할 겨를이 없었으며 전적으로 일에 몰두했다. 사실 내가 일년 이상 외로워 했다면 나는 조금 이상한 사람이 되었을지도 모른다. 왜냐하면 무생물들이 나에게 있어 의미를 갖기 시작했기 때문이다. 나는 봉우리에 있는 내 작은 오두막에 〈잘 잤니?〉라고 말하기도 하고, 내가 물을 떠오는 계곡에 〈안녕〉 하며 인사하기도 했다. 그리고 나는 나무들에게 많은 관심을 보이게 되었다. 손으로 울퉁불퉁한 껍질의 거친 촉감이나 어린 나무의 차가운 보드라움을 느끼는 것만으로도 땅 속 뿌리에서 벌어지는 알 수 없는 일들과 그 안에서 고동치는 수액으로 나를 가득 채울 수 있었다. 나는 침팬지들과 같이 나뭇가지를 붙들고 날아다니고 싶었고 나무 꼭대기에서 바람에 잎이 바스락거리는 소리를 자장가 삼아 잘 수 있기를 갈망했다. 특히, 나는 비가 올 때 숲에 앉아서 물방울이 나뭇잎에 재잘거리는 소리를 듣는 것을 좋아했고, 내 자신이 녹색과 갈색의 축축하고 어둑어둑한 황혼에 완전히 에워싸이는 걸 느낄 수 있었다.

비가 오면 비춤을 춘다

어머니가 떠난 후 침팬지의 봄에 내리던 가랑비는 지루한 장맛비에 자리를 내주었다. 소나기는 종종 두 시간이 넘도록 성난 듯 퍼부어대는 폭우로 변하곤 했다. 철이 바뀌며 일주일쯤 지났을 때에도 그런 난폭한 폭풍이 몰아쳤다. 그때 나는 침팬지 무리가 커다란 무화과나무에서 열매를 먹고 있는 모습을 두 시간 동안 지켜보고 있었다. 그 날은 아침 내내 멀리서 천둥이 으르렁거렸고 하늘에는 구름이 짙게 깔려 잔뜩 찌푸려 있었다.

정오쯤 되자 굵은 빗방울이 후두둑 떨어지기 시작했다. 침팬지들은 나무에서 내려와 차례로 풀로 덮인 능선을 부지런히 올라 탁 트인 봉우리 쪽으로 향했다. 그 무리에는 골리앗과 데이비드 그레이비어드를 포함하여 일곱 마리의 어른 수컷과 몇 마리의 암컷, 그리고 몇 마리의 어린 침팬지들이 있었다. 봉우리에 도착하자 침팬지들은 모두 멈춰 섰다. 그 순간 폭풍이 휘몰아쳤다. 폭우가 쏟아졌고, 내 머리 위에서 갑자기 천둥이 쳐 나는 깜짝 놀랐다. 마치 이런 상황이 신호라도 되는 것처럼 갑자기 커다란 수컷 하나가 곧추 섰고 몸을 좌우로 흔들며 한걸음 한걸음 으스대듯 걸어갔다. 이때 내려치는 빗속에서 나는 점점 거세지는 그의 헐떡이며 우우거리는 소리를 들을

탕가니카 호수 위에 떨어지는 벼락은 장관이었다.

수 있었다. 그러더니 그는 좀 전까지 침팬지들이 있던 나무를 향해 비탈 아래로 전속력으로 돌진했다. 약 30미터를 달려가더니, 속력을 줄이려는 듯 조그만 나무둥치 주위로 빙빙 돌고 나서는 낮은 가지 위로 펄쩍 뛰어 올라앉더니 꼼짝도 하지 않았다.

그와 동시에 다른 수컷 두 마리가 뒤쫓아 돌진했다. 한 녀석은 달리면서 낮은 가지를 꺾더니 공중에 휘저은 다음 앞쪽으로 세게 내던졌고, 다른 녀석은 똑바로 서서 나뭇가지들을 앞뒤로 휘젓더니 큰 나뭇가지 하나를 거머쥐고는 비탈 아래까지 질질 끌고 내려오며 차츰 속도를 줄였다. 또다른 수컷도 달려왔는데, 이 녀석은 속도를 줄이지도 않고 나무 위로 펄쩍 뛰어 올라가더니, 커다란 가지를 꺾고 나서 땅으로 껑충 뛰어 내려온 후 비탈을 따라 계속 돌진해 내려왔다. 마지막 남은 수컷 두 마리 역시 울부짖으면서 돌진해 내려오자, 모든 행동을 최초로 시작한 수컷이 나무에서 내려와서 다시 비탈을 부지런히 오르기 시작했다. 비탈 아래 근처 나무에 앉아 있던 다른 놈들도 똑같이 따라했다. 봉우리에 다다르자 이들 모두는 다시 한번 좀 전과 같은 기세로 차례로 돌진해 내려왔다.

암컷과 어린 침팬지들은 그 과시행동이 시작되자마자 언덕의 꼭대기 근처에 있는 나무에 올라가 지켜보고 있었다. 수컷들이 돌진해 내려오고 다시 애써 올라가는 도중에 비는 더욱더 거세졌고 들쭉날쭉한 포크 모양의 번개가 납빛 하늘을 번쩍번쩍 밝혔으며 천둥소리는 온 산을 뒤흔드는 듯했다.

내가 좁은 골짜기 맞은편 전망 좋은 자리에서 플라스틱 판 아래 몸을 숨긴 채 매료되어 그들을 지켜보았던 것은 단순한 과학적 호기심 때문이 아니었다. 사실, 비가 쏟아지고 바람이 너무 심하게 몰아쳐서 공책에 적거나 쌍안경으로 바라볼 수도 없었다. 나는 단지 지켜보면서 이 멋진 생물들의 장엄함에 경탄할 뿐이었다. 원시인들도 이들처럼 강하고 원기 왕성한 기세를 지닌 과시행동을 통해 직접 자연의 힘에 도전했을지도 모른다.

마지막 남은 수컷이 비탈 위로 다시 되돌아온 것은 그러한 행동들이 시작된 지 20분이 지난 후였다. 암컷들과 어린 침팬지들은 나무 아래로 내려왔고 무리 모두가 산꼭대기 너머로 이동했다. 수컷 한 마리가 마치 배우가 무대의 막이 내릴 때 하듯이 나무둥치에 손을 짚은 채 뒤돌아보더니 그 역시 산너머로 사라졌다.

나는 나무둥치에 난 하얀 상처와 잔디 위에 버려진 나뭇가지들을 쳐다보며 반신반의한 채 그곳에 계속 앉아 있었다. 비가 세차게 내리치는 이곳에서 그 광란의 〈비춤〉이 행해졌다는 것을 증명이라도 하듯 모든 것이 고스란히 남아 있었다. 더욱 놀라운 것은, 그 이후 10년 동안 이와 같은 과시행동을 두 번 더 보게 되었다는 것이다. 폭우가 시작될 때 종종 수컷 침팬지들이 비춤을 추기는 하지만 개체마다 달랐다.

우기가 계속되면서 어떤 곳에는 풀이 3미터도 넘게 자랐다. 풀이 없어 보이는 산봉우리에서조차도 최소 2미터까지 자랐다. 아는 길을 찾기도 어려웠거니와 아는 길을 벗어났을 때에는 내가 어디로 가고 있는지 전혀 알 수 없었으므로, 나는 무척이나 자주 가던 길을 멈추고 나무 위로 올라가 방향을 제대로 잡아야 했다. 또 침팬지 무리를 마주쳤을 때에도 관찰하기 편한 곳이나 그 위치에 주저앉을 수가 없었다. 바닥에 앉으면 풀 때문에 시야가 가려 침팬지들을 관찰할 수 없기 때문이다. 선 채로는 오랫동안 쌍안경으로 관찰할 수 없었으므로, 나는 수많은 풀줄기들을 구부리거나 근처의 나무 위로 올라가야만 했다. 우기가 계속되면서 나는 점점 나무 위에 있는 시

〈비춤〉을 추는 피건

간이 길어셨고 비톡 내가 나무를 사랑한다고는 하지만 나무 위에서의 관찰은 매우 불편했다. 적당한 나무를 찾고 내 시야를 가리는 나뭇가지를 꺾어버리는 데 시간이 너무 많이 소요되었기 때문이다. 게

비가 오면 비춤을 춘다

다가 바람이 자주 불어 쌍안경을 고정시킬 수도 없었다.

쌍안경을 비에 맞지 않도록 하는 것 역시 매우 어려운 일이었다. 나는 플라스틱 판을 튜브처럼 만들어 대충 비를 막았고, 침팬지들을 관찰할 때에는 챙이 달린 모자처럼 머리 위 앞쪽으로 커다란 조각의 플라스틱을 달았다. 그런 노력에도 불구하고 렌즈의 안쪽 표면이 수증기로 흐려져 쌍안경을 사용하지 못하는 날이 많았다.

또 실제로 비가 오지 않을 때에도 높게 자란 풀이 비나 굵은 밤이슬에 흠뻑 젖어 있었고, 며칠 내내 축축하게 젖어 지내기도 했다. 내 일생에서 가장 추웠던 기억 중 하나는 이 시기에 산 속에서 축축하게 습기 찬 옷을 입고 바닥에 앉아 얼음같이 차가운 바람을 맞으며 침팬지를 관찰하던 일이다. 이른 아침에 그 봉우리를 등반하는 것을 두려워했던 적도 있었다. 나는 램프의 안락한 불빛 곁에서 빵 한 조각과 커피 한 잔을 마시고는, 따뜻한 침대를 어둠 속에 남겨둔 채 얼음처럼 차가운 물에 흠뻑 젖은 풀 속으로 돌진하기 위해 마음을 굳게 먹어야 했다. 얼마 지난 후에 나는 플라스틱 가방에 마른 옷가지들을 챙겨가게 되었다. 그곳에는 나의 등반을 지켜볼 사람도 없었고 어두웠다. 목적지에 도착하면 마른 옷으로 갈아입을 수 있다고 생각하니 내 살갗을 괴롭히는 차가운 풀들조차 짜릿한 쾌감으로 느껴졌다. 처음 며칠 동안은 내 피부가 이빨처럼 날카로운 풀들에 찢겨 상처투성이였지만 차츰 단단하게 굳어졌다.

어느 날 아침 동이 틀 무렵 그 봉우리에 이르기 바로 직전의 가파른 언덕을 부지런히 올랐다. 꼭대기에 도착했을 때, 나는 마치 발이 공중에서 얼어붙은 듯 멈춰 버렸다. 40미터도 채 안 되는 거리의 기다란 풀 속에 몸을 반쯤 가린 채 물소 한 마리가 누워 있었던 것이다. 그놈이 내 소리를 듣지 못한 것을 보니 잠에 빠져 있었던 것이

틀림없었고, 다행히도 바람이 내 쪽으로 불어 그놈의 냄새가 물씬 풍겨오고 있었다. 그 반대였다면 어떻게 되었을까… 나는 그놈을 방해하지 않으려고 살금살금 기어 그곳을 벗어났다.

내가 키가 큰 풀 속에 앉아 있는데 몇 미터 떨어진 곳에서 표범이 지나간 것도 바로 이때였다. 눈앞에 꼬리 끝의 하얀 털을 보기 전까지는 나는 표범이 거기 있었다는 사실을 전혀 눈치채지 못했었고, 이미 도망갈 시간도 없었다. 나는 숨을 죽인 채 꼼짝 않고 있었다. 내가 생각하기에 그 표범도 아마 자신이 인간과 얼마나 가까이 있었는지 알지 못했을 것이다.

전체를 놓고 볼 때 나는 곰비의 우기를 좋아했다. 대체로 선선한 편이라 장거리 관찰을 할 때 눈앞에 열기가 어른거리지 않았기 때문이다. 건기에는 숲 바닥에 카펫처럼 깔린 나뭇잎들을 바스러뜨리며 걷는 내 발자국 소리가 나를 항상 성가시게 했지만, 우기에는 나뭇잎들이 부드럽고 촉촉하게 젖어 있었으므로 조용히 숲을 통과할 수 있었고 덕분에 수줍음을 잘 타는 생물들을 도망치는 모습만 힐끔 보는 정도가 아니라 자세히 관찰할 수 있었다. 물론 가장 좋았던 것은 침팬지와 그들의 행동에 관해 계속해서 점점 더 많은 것을 배울 수 있었다는 것이다.

건기에는 침팬지들이 대개 한낮에 땅바닥에서 휴식을 취한다. 나는 종종 그들이 그늘에 몸을 쭉 뻗고 누워 있는 걸 보았다. 그러나 우기에는 땅이 자주 물에 잠기기 때문에 침팬지들이 낮 휴식을 취하기 위해 꽤 정교한 잠자리를 만든다는 것을 알게 되었다. 놀랍게도 그들은 비가 오고 있을 때에도 잠자리를 만들었고, 비가 그칠 때까지 무릎을 팔로 감싸고 고개를 숙인 채 활 모양으로 등을 구부리고 잠자리에 앉아 있었다. 그들은 아침에도 늦게 일어났으며, 먹이를 먹거나 앉아 있다가도 이따금씩 잠자리를 새로 만들고는 일어난 지 겨우 두세 시간 후에 다시 눕곤 했다. 밤에 몹시 춥고 축축해서 제대로 잠을 못 자 아침에 몹시 피곤했기 때문인 것 같았다. 이런 날이면 그들은 대개 조금 일찍 저녁 잠자리에 들곤 했다. 때때로 늦은 오후 폭풍으로 흠뻑 젖은 채 잠자리에 든 침팬지들을 남겨 두고 따뜻한 저녁과 마른 옷들이 기다리고 있는 텐트로 혼자 돌아올 때면, 나는 미안하다 못해 죄책감마저 느끼곤 했다. 특히 한밤중에 깨어 텐트에 내려치는 빗소리를 들을 때에는 내가 따뜻한 침대에서 편안하게 몸을 쉬고 있는 동안 나뭇잎 바닥 위에서 잔뜩 웅크린 채 추위에 떨고 있을 불쌍한 침팬지들 생각에 죄책감은 더욱더 심했다.

폭우가 막 시작될 때에는 침팬지들이 툭 불거져 나온 나무둥치 아래나 빽빽한 숲에서 비를 피하지만, 비가 굵어지기 시작하면 그들은 탁 트인 공간으로 나와 몸을 구부린 채 불쌍한 모습으로 앉아 비를 맞는다. 심한 폭풍우 속에서 가장 편하게 있는 것은 조그만 새끼 침팬지들인 것 같았다. 그 당시 모든 암컷 침팬지 중에서 나를 가장 덜 두려워했던 나이 든 플로가 두살박이 딸 피피 FiFi 위로 등을 굽혀 앉아 있는 모습을 나는 꽤 자주 보았다. 폭우가 그쳤을 때 피피는 비 한 방울도 맞지 않은 모습으로 엄마 품을 빠져 나오곤 했다. 그런 경우에 피피보다 네 살 정도 많은 플로의 아들 피건 Figan 은 한 손으로 가지에 매달려 발을 구르며 이 가지에서 저 가지로 펄쩍 뛰거나 플로의 머리 위를 위아래로 뛰어다녔고, 그 때문에 플로는 잔가지들을 흠뻑 뒤집어쓰거나 뺨을 스치는 나뭇가지들을 피하기 위해 더욱 낮게 몸을 움츠리곤 했다. 피건의 행동은 나이 든 수컷들이 종종 폭우가 시작될 때 행하는 광란의 비춤이라기보다는 오히려 체온을 유지하는 좋은 방편인 듯 싶었다.

침팬지들은 비를 피하지 않는다.

몇 주가 지나자 나는 건조한 날보다는 춥고 축축한 날 침팬지 무리에 더 가까이 다가갈 수 있다는 것을 알게 되었다. 그들은 그런 조건에 너무 지쳐 있어 나까지 신경 쓸 여유가 없는 듯했다. 어느 날 나는 빗방울이 떨어지고 있는 숲 속을 조용히 가로질러 가고 있었다. 머리 위에서 빗방울이 나뭇잎 위로 후두둑 떨어졌고 다시 잎에서 잎으로, 그리고 땅으로 떨어졌다. 썩은 나무 냄새와 풀 냄새가 코를 찌르는 듯했다. 내 손에 느껴지는 나무둥치들은 차갑고 미끄러웠으며 생동감이 있었다. 나는 빗물이 머리카락을 타고 방울방울 떨어져 내리며 내 목으로 따뜻하게 흘러 들어오는 것을 느낄 수 있었다. 나는 비가 시작되기 전에 소리를 냈던 침팬지 무리를 찾고 있던 중이었다.

뜻밖에도 고작 몇 미터 앞쪽에서 검은 물체가 등을 내 쪽으로 돌린 채 몸을 굽히고 땅 위에 앉아 있는 것을 발견했다. 나는 땅에 납작 엎드렸다. 그 침팬지는 나를 보지 못했다. 몇 분 동안 빗방울이 후두둑 떨어지는 소리말고는 아무 소리도 들리지 않았다. 그런 후 내 오른쪽에서 부스럭거리는 소리와 부드러운 〈후우〉 소리가 들렸다. 나는 천천히 고개를 돌렸지만 두꺼운 덤불에 가려 아무것도 볼 수가 없었다. 위에서 어떤 소리가 들려 고개를 들어보니, 바로 내 머리 위에 커다란 수컷이 있었다. 골리앗이었다. 그는 긴장된 표정으로 나를 내려다보며 나뭇가지를 조금씩 흔들어댔다. 오랫동안 빤히 쳐다보는 것은 위협의 뜻이므로 나는 고개를 돌렸다. 그러자 내 왼쪽에서 또다른 부스럭 소리가 들렸고 나는 빽빽한 넝쿨 뒤로 또 하나의 침팬지 형체를 발견할 수 있었다. 내 앞에는 나를 쳐다보고 있는 두 개의 눈과 덩굴식물을 거머쥐고 있는 커다란 검은 손이 있었다. 이번에는 또다른 부드러운 〈후우〉 소리가 뒤쪽에서 들려 왔다. 나는 완전히 포위되어 버린 것이었다.

갑자기 골리앗이 〈우라아〉 하고 길게 소리를 질렀고 그가 나를 위협하려고 흔들어댄 나뭇가지로부터 나는 빗방울과 잔가지들을 흠뻑 뒤집어썼다. 어렴풋이 보이는 다른 침팬지들도 이 소리를 따라했다. 그것은 아프리카 숲 속에서 격분한 코끼리의 나팔소리 다음으로 가장 뚜렷한 야생의 소리였다. 내 마음은 〈도망쳐!〉라고 외치고 있었지만 나는 애써 관심 없는 듯 땅에 있는 뿌리들을 집어먹느라 바쁜 척했다. 내 위에 있는 나뭇가지에 머리가 부딪혔다. 검은 형체가 땅을 발로 구르고 손바닥으로 치면서 내 앞의 덤불을 가로질러 돌진해 오더니, 마지막 순간에 숲 쪽으로 방향을 바꿨다. 당시 나는 갈가리 찢겨질 거라고 생각하며 거기에 웅크리고 앉아 있었다. 내가 얼마나 오랫동안 그렇게 있었는지는 모르겠다. 한참이 지나서 주변이 잠잠하며 정적 속에 빗방울만 톡톡 떨어지고 있다는 것을 깨달았다. 나는 조심스럽게 고개를 들어 주위를 둘러보았다. 검은 손이나 날카롭게 응시하는 눈들은 더 이상 없었다. 골리앗이 앉아 있던 나뭇가지는 텅 비어 있었으며 침팬지들은 모두 가 버리고 없었다. 다리는 비록 후들거렸지만 위험 속에서 살아남았다는 사실에 기분은 들떠 있었다. 확실히 침팬지들은 나를 그렇게까지 두려워하는 게 아니었다.

침팬지들은 처음에는 나를 볼 때마다 두려워하고 재빨리 도망치곤 하더니 그 후 다섯 달 동안은 나에 대해 적대적이고 공격적으로 바뀌었다. 내 기억에 아직도 생생히 남아 있는 사건이 또 하나 있는데, 그것은 위의 사건이 있은 후 3주 후에 일어났다. 나는 협곡에 앉아서 반대편 언덕 위의 과일이 산뜩 매달린 나무에 침팬지들이 오기를 기다리고 있었다. 내 뒤쪽에서 느릿느릿 다가오는 침팬지들의 발자국 소리를 듣고는 나는 납작 엎드린 채 꼼짝 않고 있었다. 침팬지들이 먹이를 먹으러 가는 도중에 나를 보고는 마음이 변해서 다른 장소로 가버리는 경우가 종종 있었기 때문이었다. 그러나 그들이 일단 먹기 시작해서 과일의 달콤한 맛과 향기에 휩싸이면 나에 대한 불신은 그들의 배고픔 밑바닥에 묻혀 버린다. 이번에는 발자국 소리가 가까이 다가와서는 갑자기 멈췄다. 조금은 두렵고 당황한 침팬지의 부드러운 〈후우〉 소리가 들렸다. 나는 들킨 것이다. 나는 가만히 있었고 곧 그 발자국 소리는 더 접근해 왔다. 곧이어 침팬지 한 마리가 몇 미터를 달려가는 소리에 뒤이어 큰 비명 소리가 들렸다.

갑자기 약 2미터쯤 떨어진 곳에서 커다란 수컷 침팬지가 나무 위로 올라가고 있는 것이 보였다. 그는 내 머리 위에 있는 가지들을 헤집고 움직이면서 입을 벌린 채 나를 향해 짧고 높은 음조의 비명을 크게 질러대기 시작했다. 나는 눈을 들어 그의 검은 얼굴과 갈색 눈을 뚫어지게 바라보았다. 그는 나무에서 내려와 내 머리 위 겨우 3미터 정도에서 멈춰 섰고, 나는 그의 노란 이빨과 입 안의 핑크색 혀를 볼 수 있었다. 그가 나뭇가지를 흔들어대자 내 위로 잔가지들이 쏟아져 내렸다. 그런 후 그는 나무둥치를 때리고 가지들을 더욱 세게 흔들었으며 계속 비명을 지르며 극도의 흥분 속으로 빠져들기 시작했다. 그러더니 갑자기 나무에서 내려와 내 뒤쪽으로 모습을 감추었다.

그때 나는 조그만 아기 침팬지 그리고 좀더 나이를 먹은 꼬마 침팬지와 함께 암컷 침팬지 한 마리가 다른 나무에 앉아서 눈을 크게 뜨고 나를 쳐다보고 있는 것을 발견했다. 그들은 소리도 내지 않고 꼼짝도 하지 않은 채 거기 앉아 있었다. 내 뒤에서 나이 든 수컷이 돌아다니는 발자국 소리가 들리더니 갑자기 멈췄다. 그는 숨소리가 들릴 만큼 가까이 서 있었다.

경고도 없이 나뭇잎 속에서 크게 짖는 소리와 쾅쾅치는 소리가 들렸고 뭔가가 내 머리를 강타했다. 그 순간 나는 몸을 움직여 똑바로 앉아야 했다. 그 수컷은 나를 뚫어지게 쳐다보며 서 있었고 순간 나는 이놈이 나에게 돌진해 올 것이라고 생각했다. 그러나 그는 방향을 바꿔 다른 곳으로 가 버렸고 가끔 몸을 돌려 나를 쳐다볼 뿐이었다. 암컷 침팬지도 아기와 꼬마를 데리고 조용히 나무에서 내려와 수컷 침팬지를 뒤따랐다. 몇 분 후에 나는 다시 혼자가 되었다. 나는 내가 야생 침팬지와 정말로 접촉했다는 사실에 일종의 승리감마저 느꼈다. 아니 어쩌면 그들이 나와 접촉한 것인지도 모른다.

몇 년이 지난 후 나는 그 수컷에 대해 기술한 것을 다시 읽어보았다. 그 수컷은 분명히 아주 성질이 못되고 화를 잘 내며 배가 똥똥한 제이비J.B.였던 것 같다. 그 행동이 그 후에 내가 잘 알게 되었던 화를 잘 내고 겁이 없는 제이비의 성격에 딱 들어맞기 때문이다. 내 생각에 그는 내가 가랑비를 피하려고 뒤집어쓰고 있던 플라스틱 판과 옴짝달싹 않는 내 모습에 당황했던 것 같다. 그는 단지 내 정체가 무엇인지 알고 싶었고 나를 움직이게 하려 했던 것이다. 그는 틀림없이 내 눈을 보고 내가 살아 있다는 것을 알아냈을 것이다.

이 일련의 사건 후에 나는 빨리 캠프로 돌아가서 어머니에게 이 사건의 공포감와 기쁨을 이야기해 주고 싶었다. 나는 도미니크와 핫산에게 내가 그 수컷 침팬지와 마주쳤던 일을 이야기했고 그들은 다시 이것을 이디 마타타에게 말했다. 다음날 저녁 이디는 나를 찾아와 어떤 아프리카 사람의 이야기를 자세히 들려주었다. 그 아프리카 사람은 야자나무 꼭대기에서 수컷 침팬지 한 마리가 열매를 먹고 있는 것을 모른 채 익은 열매를 따기 위해 야자나무로 반쯤 올라갔는데, 갑자기 그 침팬지가 그를 발견하고는 아래로 서둘러 내려오다가 그를 지나치면서 얼굴을 쳤다는 것이었다. 그는 한쪽 눈을 실명했다. 이윽고 내가 마법을 지녔기 때문에 다른 사람은 다쳤어도 나는 무사했다는 소문이 떠돌았다. 이런 일들 덕택에 나는 아프리카 이웃들과 좀더 친하게 지낼 수 있었다.

사람들 이야기로는 지겨운 우기가 사월에 이미 끝났어야 한다고 했다. 그 해에는 횟수는 적었지만 유월까지 계속 비가 내리고 있었다. 춥고 회색으로 찌푸린 날들이 계속되는 동안 모든 지역이 마치 거대한 열대성 온실처럼 보였다. 햇볕을 받아 무성하게 우거진 나무들이 뿜어대는 습기가 계곡들 사이에, 그리고 높게 자란 풀줄기들 사이에 갇혀 있었다. 가파른 언덕을 오르는 일은 종종 악몽과도 같았다. 때로는 단지 숨을 쉬기 위해서 나무 위로 올라가고 싶었고, 일단 나무 위에 올라가면 도대체 우리 조상들이 왜 나무에서 내려와 땅에서 살게 되었는지 의구심이 들곤 했다. 그 해 오월과 유월은 내 연구 초기 중 최악의 기간이었다. 내가 접근하기만 해도 침팬지들이 도망쳤던 때보다도 더 좋지 않았다. 나는 몇 차례나 열병에 걸렸고 너무 습해서 산을 오르기는커녕 손을 들어올리는 것조차 힘겨워했다. 게다가 커다란 무리를 지어 떠들썩하게 열매를 먹던 침팬지 무리들이 둘 내지 여섯 마리 정도의 소규모 그룹으로 나뉘기 시작했다. 이런 소규모의 무리들은 소리도 내지 않고 하루 종일 숲 속을 돌아다니며 야생 커스터드 사과로 알려진 흔한 음불라mbula나무 열매를 따먹었다.

그러나 지독했던 습도는 점차 수그러들었고 연일 강한 바람이 계곡 아래쪽으로 불었으며 나의 건강과 기력도 차츰 회복되었다. 야생 무화과의 계절이 다시 돌아왔으며, 이번에는 그 봉우리에서 관찰하는 대신 계곡 아래로 내려가 침팬지들이 매일 열매를 따먹는 나무

마이크

가까이에 앉아 있을 수 있었다.

한번은 내가 약 30미터 떨어진 나무 위에 앉아 있는 침팬지 무리를 지켜보고 있는데 뒤에 있는 나뭇잎 속에서 가벼운 바스락 소리가 들렸다. 나는 두리번거리며 주위를 살폈다. 약 4미터 정도 떨어진 곳에 침팬지 한 마리가 내게 등을 돌린 채 앉아 있었다. 나는 그가 나를 보지 못했을 거라고 생각하면서 꼼짝 않고 있었다. 그러나 몇 분이 지나자 그는 문득 어깨 너머로 나를 흘끗 쳐다보고는 입을 오물거리며 무언가를 계속 씹었다. 그는 가끔 나를 흘끗흘끗 쳐다보며 십 분 정도 더 있다가 결국에는 일어나 가버렸다. 그는 데이비드 그레이비어드처럼 잘생긴 얼굴을 가진 수컷 마이크Mike였다. 이 사건은 이 책 처음에 묘사한 결코 잊을 수 없던 날, 즉 데이비드 그레이비어드와 골리앗이 내 바로 앞에서 조용히 앉아 있던 그 날 이후 몇 주 만에 일어난 사건이었다. 나에 대한 침팬지들의 두려움은 점차

결국 침팬지들이 내 존재를 받아들이기 시작했다.

공격과 적대감으로 바뀌어 갔고 이제는 많은 침팬지들이 그들의 일상 풍경의 일부분으로 나를 받아들이기 시작했다. 그들에게 나는 〈지독히도 놀라지 않는 하얀 낯선 원숭이〉였던 것 같다.

8월 말쯤 여동생 주디 Judy가 영국에서 곰비로 날 찾아왔다. 당시

내 연구에 재정적 지원을 해주던 내셔널 지오그래픽 협회는 《내셔널 지오그래픽 National Geographic》에 실을 사진을 얻고 싶어했다. 그 협회는 전문 사진작가를 보내려고 했지만, 낯선 사람이 나타나 내가 어렵게 얻은 침팬지와의 관계가 무너질 것이라는 생각에 나는 주디가 와야만 한다고 루이스에게 제안했다. 그녀는 사진을 찍은 경험이 있을 뿐 아니라 생김새가 나와 비슷하고 때로는 내 연구를 위해 사진 찍을 기회를 기꺼이 양보해 줄 수 있을 거라고 생각했기 때문이었다. 내셔널 지오그래픽 협회는 주디의 여행 경비를 지원해주지 않았지만, 영국 주간 신문사 르베일 Reveille은 도박하는 셈치고 내가 영국에 돌아갈 때 일련의 인터뷰를 한다는 조건으로 주디의 비용 일체를 지불했다.

불쌍한 주디. 주디가 도착했을 때는 6주 동안 지속된 건기가 그나마 거의 끝나갈 무렵이었다. 나는 구월과 시월에 걸쳐 열매가 열릴 것이라 생각되는 나무들 근처에 조그만 은신처를 만들었지만 그 해에는 열매가 많이 열리지 않았고 거의 매일 비가 왔다. 주디는 플라스틱 판 아래에서 자신과 사진 장비들을 보호하면서 쏟아지는 폭우 속에 몇 시간이고 침팬지들을 기다렸다. 침팬지들은 거의 나타나지 않았으며 오더라도 비가 억수같이 쏟아져 주디는 단 한 장의 사진도 찍을 수가 없었다. 그러나 십일월에는 사정이 조금 나아져 주디는 침팬지들이 도구를 써서 흰개미를 낚는 사진을 최초로 몇 장 찍을 수 있었다. 또한 내 모습이나 내 캠프 생활, 어부들에 관한 사진들도 몇 장 찍었기 때문에 적어도 그녀의 후원자에게는 그런 대로 만족스러운 편이었다.

곰비에 처음 도착했을 때 주디는 나의 수척해진 모습에 무척 놀랐다. 일년 반 동안 키고마에 있었을 때나 열병에 걸려 누워 있었던 기간을 제외하면 나는 온종일 산 속에서 일했다. 내 자명종은 항상 아침 다섯시 삼십분에 고정되어 있었고, 나는 빵 한 조각과 커피 한 잔을 먹고 서둘러서 침팬지들을 찾아 나서곤 했다. 나는 숲 속을 돌아다니면서도 음식이나 물이 부족하다고 느낀 적은 별로 없었다. 그 봉우리에서 커피를 끓여 마시는 것은 사치스런 일이었다. 어둠이 깔린 후 캠프로 돌아오면 항상 관찰한 것을 옮겨 적는 일이 기다리고 있었다. 종종 나는 밤이 꽤 이슥해질 때까지 일을 했다. 이런 일상 생활 때문에 체중이 감소했던 것이다.

주디는 나를 살찌우는 일이 자신의 임무라고 느꼈던지 오트밀 죽과 커스터드 같은 것들을 주문했다. 그러나 나는 어쩐지 그런 것들을 먹고 싶지 않았고 주디는 음식이 버려지는 것을 참다 못해 내대신 모두 먹어 버렸다.

십이월에는 억수 같은 폭우 속에서 캠프를 정리하여 모든 장비들을 키고마에 보관해야 했다. 루이스는 내가 케임브리지 대학교에 입학해 동물행동학 박사학위 과정을 이수할 수 있도록 조처해주었다. 루이스는 나이로비에서 나와 주디를 만난 후 어머니에게 다음과 같은 국제전보를 보냈다. 〈비쩍 마른 소녀 하나와 통통하게 살찐 소녀 하나가 무사히 도착했습니다〉.

캠프를 찾아온 침팬지들

1961년 영국 케임브리지의 겨울은 매우 추웠다. 노르웨이의 빙하로부터 평평한 영국 땅으로 불어닥친 찬 바람에 수도관은 눈과 서리에 얼어붙어 녹을 줄 몰랐다. 나는 아프리카와 침팬지들, 그러니까 내가 그 당시 가장 그리워했던 모든 것들로부터 완전히 격리되어 있는 것 같았다. 물론 나는 케임브리지 대학교로 가게 된 것과 로버트 하인드Robert Hinde 교수의 지도 아래서 연구하게 된 특권에 대해 매우 감사해 하고 있었다. 그러나 그동안 데이비드 그레이비어드는 무엇을 하고 있었을까? 골리앗과 플로는 잘 있을까? 내가 놓치고 있는 것들이 얼마나 많을까?

드디어 봄이 얼어붙은 땅을 녹이기 시작했다. 두 달 후면 나는 아프리카에 돌아갈 것이다. 그러나 그전에 마주쳐야 할 시련이 두 가지 남아 있었다. 그걸 생각하면 화난 침팬지들을 마주쳤을 때보다 더 두려웠다. 나는 런던과 뉴욕에서 열릴 두 과학 협회에서 강연을 해야 했다. 다른 과학자들이 내가 침팬지를 연구하는 방법에 대해 직접 정보를 얻고 싶어했기 때문이었다. 이 중대한 시련은 결국 지나갔고, 놀랍게도 6개월 간의 타향 생활은 끝이 났다. 나는 으스스한 붉은 새벽빛에 비친 광활한 사하라 사막을 비행기로 건너 다시 아프리카로 향했다.

침팬지들이 나를 잊어버렸을까? 그들이 나에게 익숙해지게 하려면 처음부터 다시 해야 하는 걸까? 나의 걱정은 그저 기우에 지나지 않았다. 내가 곰비 침팬지 보호구역에 돌아왔을 때, 침팬지들은 이전보다 오히려 더 나에 대해 관대한 것 같았다.

어느 날 밤 내가 캠프로 돌아와 보니 도미니크와 핫산이 매우 흥분해 있었다. 큰 수컷 침팬지가 캠프장으로 곧장 걸어 들어와 내 텐트에 그늘을 드리워 주던 야자나무에서 한 시간 남짓 열매를 따먹었다는 것이다. 다음날 저녁 바로 그 침팬지가 또 캠프를 방문했다. 나는 그 침팬지가 다시 올지도 모른다는 생각에 밤을 새기로 결심했다.

침대에 누워 날이 밝아오는 것을 보는 것과 캠프에서 아침을 먹는 것, 텐트에 앉아 〈햇빛〉을 쬐며 영국에서 사온 타자기로 전날 기록한 것을 치는 일이 낯설게만 느껴졌다. 놀랍게도, 열시쯤 데이비드 그레이비어드가 조용히 내 텐트 앞을 지나쳐 야자나무로 올라가는 것이었다. 나는 빠끔히 열린 텐트 사이로 밖을 내다보며 그가 가시가 있는 껍질을 쑤셔 빨간 열매를 끄집어내면서는 기쁨에 찬 낮은 음조의 웅얼거림을 들었다. 한 시간쯤 지나자 그는 나무에서 내려와 잠깐 서서 꽤 신중하게 텐트 안을 들여다보다 사라졌다. 침팬지들이 5백 미터 밖에 있는 나를 발견하기만 해도 도망쳐 버렸던 그 절망적인 때가 불과 몇 달 전인데, 이젠 우리 캠프에서 편안하게 먹이를 먹는 침팬지가 생긴 것이다!

 데이비드 그레이비어드는 계속 우리 캠프에 들리다가 야자나무 열매가 더 이상 열리지 않자 발길을 끊었다. 그러나 이 야자나무들은 모두가 한꺼번에 열매를 맺지는 않기 때문에 몇 주가 지난 후에 캠프장에 있는 다른 야자나무가 빨갛게 무르익은 열매를 매달게 되었고 데이비드 그레이비어드는 다시 매일 캠프를 찾아왔다.

 나는 그리 자주 캠프에 머물며 그를 관찰하지는 않았다. 야자 열매를 꾸역꾸역 먹고 있는 한 마리의 수컷 침팬지를 관찰해서 얻을 수 있는 정보의 양에는 한계가 있기 때문이다. 그러나 가끔은 그를 가까운 곳에서 두려워하지 않고 쳐다볼 수 있는 짜릿한 즐거움에 그가 오기를 기다리기도 했다. 어느 날 내가 텐트의 베란다에 앉아 있을 때, 데이비드는 나무에서 내려와 그 특유의 신중한 자세로 곧장 나를 향해 다가왔다. 그는 내 앞 2미터 거리에 와서 멈춰 섰다. 천천히 그의 털이 곤두서더니 그는 매우 크고 화가 나 보이기 시작했다. 침팬지는 화가 나거나, 좌절하거나, 불안할 때 털을 세운다. 데이비드는 왜 털을 곤두세웠을까? 갑자기 그는 나에게 달려와 테이블 위에 있는 바나나를 낚아채더니 허둥지둥 멀리 뛰어가 바나나를 먹었다. 차츰 그의 털은 정상의 안정상태로 돌아왔다.

 그 사건 이후에 나는 도미니크를 불러 데이비드를 볼 때마다 바나나를 꺼내 주라고 말했다. 그리하여 잘 익은 야자열매가 없어도 침팬지가 바나나를 찾아 종종 캠프 주위를 서성거릴 수 있도록 말이다. 그러나 데이비드는 드문드문 불규칙하게 방문했기 때문에 나는 더 이상 텐트에서 데이비드를 기다리지 않았다.

 곰비에 돌아온 지 8주쯤 지났을 때 나는 가벼운 말라리아에 걸렸다. 나는 침대에 누워서도 데이비드 그레이비어드가 지나갈지도 모른다는 희망에 도미니크에게 바나나를 꺼내 달라고 부탁했다. 그 날 아침 늦게 데이비드가 텐트로 걸어와 바나나를 먹었다. 데이비드가 수풀로 걸어나갈 때 나는 다른 침팬지 한 마리가 나무 속에 반쯤 숨은 채 서 있는 것을 발견했다. 그것은 골리앗이었다. 데이비드가 앉아서 먹기 시작하자, 골리앗은 데이비드 곁으로 다가가 데이비드의 얼굴을 들여다보았다. 데이비드는 아랫입술에 묻은 바나나 껍질 뭉치를 입 안으로 말아 넣고 마지막 단물까지 짜 먹더니 앞으로 내밀어 코 아래로 쳐다보았다. 그러자 골리앗은 바나나 덩어리를 달라는 식으로 한 손을 친구의 입으로 뻗었다. 곧 데이비드는 잘게 씹은 바나나 덩어리를 골리앗의 손에 뱉었고 골리앗은 이내 그것을 핥아 먹었다.

다음날 골리앗은 다시 데이비드를 따라 캠프에 왔다. 나는 텐트 안에 숨어 입구를 닫은 채 작은 구멍으로 밖을 내다보고 있었다. 이번에는 골리앗이 털을 곤두세우고 주저하면서 데이비드를 따라 텐트에 와서 바나나를 잡았다.

그러나 그보다 더 중요한 것은 그 다음 몇 주 동안의 일이었다. 나는 핫산을 보호구역 북쪽에 있는 음왐공고 Mwamgongo 마을에 바나나를 사오라고 보내 매일 텐트 근처에 바나나 더미를 쌓아 두었다. 우리 캠프가 있는 계곡에 무화과 열매가 다시 무르익었기 때문에 침팬지들이 큰 무리를 지어 캠프 근처를 항상 지나다니게 되었다. 나는 계곡을 올라 무화과나무들 곁에서 시간을 보냈고 남는 시간에는 캠프에서 데이비드 그레이비어드를 기다렸다. 데이비드는 거의 매일같이 캠프에 왔는데, 골리앗뿐만 아니라 윌리엄 William 과 어떨 때는 어린 침팬지까지 데이비드를 따라왔다.

어느 날 데이비드가 혼자 왔을 때, 나는 손으로 그에게 바나나를

바나나를 건네받는 데이비드

건네주었다. 그는 털을 세우고 갑작스럽게 기침을 하듯 가녀린 숨을 내뱉으며 턱을 곧추 들고 내 쪽으로 다가왔다. 그는 점잖게 나를 위협했던 것이다. 갑자기 그는 똑바로 서서 한 손으로는 옆에 있는 야자나무 줄기를 치며 뽐내듯 걸어오더니 아주 점잖게 바나나를 집어갔다.

내가 처음으로 손으로 골리앗에게 바나나를 건네주었던 때는 매우 달랐다. 그는 털을 바짝 세우더니 의자를 붙잡고 나를 지나 돌진해서 거의 나를 넘어뜨릴 뻔했다. 그런 다음 그는 관목숲 사이에 앉아 밖을 노려보았다. 그가 데이비드처럼 내가 있어도 얌전하게 행동하게 된 것은 오랜 시간이 지난 후였다. 만약 내가 갑자기 움직이거나 그를 놀라게 하면, 그는 한 팔을 재빨리 들거나 빠르고 움찔대는 듯한 몸동작으로 나뭇가지들을 흔들어 대며 종종 나를 사납게 위협했다.

한 침팬지를 꽤 정기적으로 관찰할 수 있다는 것은 매우 흥미로운 일이다. 전에는 이런 것이 불가능할 줄로만 생각했었다. 침팬지들은 매일매일 다니는 정해진 길이 없기 때문에 특별히 잘 익은 열매가 달린 나무가 없는 한, 같은 침팬지를 한 달에 몇 번 보는 것도 우연이라고 생각할 정도였다. 그러나 캠프에서는 데이비드, 골리앗, 그리고 윌리엄 간의 사회적 상호관계를 한 주에 몇 차례, 그것도 상세히 관찰할 수 있었다. 게다가, 내가 우리 캠프가 있는 계곡에서 무화과 열매를 따먹고 있는 침팬지 무리들을 관찰하고 있었을 때 그들 셋 간에 벌어지는 일들을 여러 번 보았다.

그 지역에서 가장 서열이 높은 수컷 침팬지는 아마도 골리앗일 것이라고 생각하기 시작한 것도 바로 이때다. 나중에야 그것이 사실임을 확인할 수 있었지만 말이다. 윌리엄과 골리앗이 동시에 같은 바나나를 보고 움직이려고 할 때, 포기하는 것은 윌리엄이고 바나나를 가지는 것은 골리앗이다. 골리앗이 좁은 오솔길을 가다가 다른 수컷 침팬지를 만나도 마찬가지로 다른 침팬지가 물러난다. 신참자가 무화과나무에 올라 침팬지 무리에 합류하려 할 때 제일 처음 인사해야 하는 것도 거의 항상 골리앗이었다. 어느 날 나는 골리앗이 자기가 자려고 다른 침팬지의 잠자리를 〈빼앗는〉 것을 보기도 했다. 내가 이 광경을 봉우리에서 관찰한 것은 거의 어두워졌을 때였다. 한 젊은 암컷 침팬지가 나뭇잎을 모아 큰 잠자리를 만들고 평화롭게 누워 밤을 지내려고 몸을 웅크리고 있었다. 갑자기 골리앗이 그녀 옆 나뭇가지에 휙 올라가더니, 조금 지나자 똑바로 서서 머리 위의

서열이 높은 골리앗에게 인사하는 마이크

나뭇가지를 붙잡고 그녀 머리 위로 그 나뭇가지를 마구 흔들어대는 것이다. 큰 비명을 지르면서 그녀는 잠자리에서 뛰쳐나와 어두운 덤불 속으로 사라졌다. 곧 골리앗은 진정을 찾았고 빈 잠자리에 들어가 새 나뭇가지를 몇 개 구부리더니 누웠다. 5분이 지난 후 쫓겨난 암컷은 어둑어둑한 빛 속에서 새로운 잠자리를 만들고 있었다.

 길고 상처가 난 윗입술과 축 늘어진 아랫입술을 가진 윌리엄은 가장 서열이 낮은 침팬지들 중 하나였다. 다른 수컷이 그에게 공격적인 신호를 보내면, 윌리엄은 재빨리 손을 다른 침팬지에게 뻗거나 서열이 높은 침팬지 앞에서 헐떡이며 웅얼거리는 소리를 내며 엎드려 유화와 복종의 몸짓을 했다. 그런 일이 있을 때면 그는 종종 입술 구석을 내밀고 신경질적인 표정을 지으며 이빨을 드러내곤 했다. 윌리엄은 캠프에 처음 왔을 때도 상당히 겁을 냈다. 내가 손으로 바나나를 건네주었을 때 그는 그것을 몇 초 동안 바라보더니 좌절감에서인지 나뭇가지를 점잖게 흔들고는 그를 가여워하며 내가 바나나를 땅에 놓을 때까지 바닥에 주저앉아 훌쩍훌쩍 우는 소리를 내는 것이었다.

우위 서열에서 데이비드 그레이비어드의 위치를 결정하는 데에는 시간이 더 오래 걸렸다. 처음에 나는 그가 매우 침착하고 점잖은 행동을 한다고만 생각했다. 윌리엄이나 다른 젊은 침팬지가 복종하는 자세로 다가오면 데이비드는 손을 그들의 몸이나 머리에 얹어 안심시키거나 잠깐 동안 털손질을 해준다. 종종 골리앗이 캠프에서 흥분된 신호를 보낼 때에도, 예를 들어 내가 너무 가까이 접근했을 때에도 데이비드는 손을 뻗어 친구의 피부를 만져 주거나 골리앗의 팔을 몇 번 털고르기 해준다. 그런 몸짓들은 거의 항상 우위의 수컷을 진정시키는 행동들 같았다.

이때쯤 휴고 Hugo가 곰비에 도착했다. 나는 결국 전문적인 사진사가 와서 침팬지들을 찍는데 동의했고, 루이스가 휴고를 추천했던 것이다. 내셔널 지오그래픽 협회는 그 의견을 받아들여 휴고에게 침팬지를 찍는 자금을 대주었다. 그 목적은 부분적으로는 침팬지들의 행동을 다큐멘터리 필름에 담는 것이고, 또 협회원들에게 강의할 때 쓸 자료를 준비한다는 것이었다.

휴고는 인도네시아에서 태어나 영국과 네덜란드에서 학교를 다녔고, 나만큼이나 동물들을 사랑했다. 그는 언젠가, 어떻게 해서든지 아프리카에 가서 야생동물들을 찍겠다는 결심 하에 사진 작가를 직업으로 택했다고 한다. 암스테르담에 있는 사진 스튜디오에서 2년간 일한 후에, 그는 아르만드 Armand와 미카엘라 데니스 Michaela Denis의 유명한 텔레비전 프로그램 「사파리에서 On Safari」를 찍는

데 조수로 발탁되었다. 그는 내가 아프리카에 온 지 꼭 일년 후에 아프리카에 온 것이다.

데니스 부부를 돕는 동안 휴고는 실제로 이웃이나 마찬가지였던 리키를 알게 되었고, 2년 후에 리키가 올두바이 계곡에서 작업한 것에 대해 내셔널 지오그래픽 협회에서 강의할 때 쓸 사진을 만들어 주는 데 동의했다. 이 기간 동안 루이스는 휴고가 곰비로 보내기에 적격이라고 생각했다. 루이스는 휴고가 뛰어난 사진 작가일 뿐 아니라 동물에 대해 진실한 애정과 이해심을 가지고 있다는 것을 알았던 것이다. 루이스는 내게는 휴고와 그의 능력에 관한 글을 써 보냈고, 동시에 어머니에게는 나에게 꼭 어울릴 만한 남편감을 찾았다는 편지를 보냈다.

나는 침팬지들이 사진 장비를 잔뜩 짊어진 사람을 어떻게 받아들일까에 대해 약간 걱정스러웠지만, 침팬지 행동에 관한 다큐멘터리 영화 자료를 만드는 것이 얼마나 중요한지는 알고 있었다. 또 내게는 데이비드 그레이비어드가 있었다. 데이비드는 낯선 사람이 온다는 것에 대해 그다지 화를 낼 것 같지 않았던 것이다.

휴고가 곰비에서 맞은 첫 아침에 데이비드 그레이비어드는 근처에서 잠을 갔기 때문에 캠프에 매우 일찍 왔다. 나는 데이비드가 새로운 텐트에 익숙해지고 난 후 그 텐트의 주인에 익숙해지는 것이 좋을 것이라고 생각했다. 그래서 데이비드가 바나나를 먹고 있는 동안 휴고는 텐트 안에서 밖을 내다보고 있었다. 데이비드는 바나나를 다 먹고 난 후에야 텐트를 힐끗 쳐다보더니 조심스레 다가가서 텐트 문을 열고 휴고를 뚫어지게 쳐다본 후 웅얼거리며 평상시처럼 느긋하게 사라져버렸다.

놀랍게도 조금 지나 캠프에 나타난 골리앗과 겁 많은 윌리엄마저도 휴고를 법석도 떨지 않고 받아들이는 것이 아닌가! 마치 휴고를 캠프의 일부분으로 생각하는 듯했다. 그래서 온 첫날부터 휴고는 세 수컷들 간의 인사, 털고르기, 먹이 구하기 등 상호관계에 관한 훌륭한 사진들을 찍을 수 있었다. 그리고 둘쨋날에는 더 놀라운 사진을 찍었다. 바로 침팬지들이 원숭이를 잡아먹는 광경이었다.

내가 데이비드 그레이비어드가 새끼 수풀돼지 시체를 먹는 것을 본 그 잊지 못할 날 이래로 나는 침팬지들이 고기를 먹는 것을 단 한 번 보았다. 그때 먹이는 새끼 수풀영양이었지만 나는 침팬지들이 그들 손으로 그것을 잡았으리라고는 믿지 않았다. 이 세번째에는 휴고와 내가 사실상 사냥과 살육을 목격한 것이었다.

그 일은 예기치 않게 일어났다. 나와 휴고는 봉우리로 올라가 무리로부터 상당히 떨어진 붉은콜로부스원숭이 네 마리를 관찰하고 있었다. 갑자기 청년기의 수컷 침팬지가 원숭이들 바로 옆에 있는 나무 위로 조심스레 올라가서 나뭇가지를 타고 천천히 움직이더니 조용히 앉았다. 조금 지나서 침팬지가 조용히 모습을 드러내자 원숭이들 중 세 마리는 도망쳐 버렸고, 나머지 한 마리는 침팬지 쪽으로 머리를 돌린 채 남아 있었다. 조금 더 지나자 또다른 청년기 수컷 침팬지 하나가 그 나무 주위의 두터운 숲 속에서 뛰쳐나와 원숭이가 앉아 있는 나뭇가지로 돌진하더니 그 원숭이를 붙잡았다. 그 즉시 다른 침팬지 몇 마리가 흥분에 가득 찬 비명을 지르며 그 나무 위로 올라가서는 그들의 희생물을 갈기갈기 찢어 버렸다. 그 원숭이가 잡힌 후로 일 분도 지나지 않아 모든 것이 다 끝났다.

휴고는 그 사냥 광경을 찍기에 너무 멀리 있었다. 우리가 가까이 있었다 하더라도, 그 일은 너무 갑작스럽게 벌어져 촬영을 하지는 못했을 것이다. 비록 멀리서지만 침팬지들이 살육의 몫을 처분하는 광경은 몇 장 찍을 수 있었다.

그러나 그런 운이 따랐던 시작에도 불구하고 휴고의 행운은 내리막길을 걸었다. 그가 데이비드, 윌리엄, 골리앗의 사진과 영화 필름을 많이 찍을 수 있었던 것은 사실이다. 그러나 그는 다큐멘터리 영화 이상의 것이 필요했다. 그는 가능한 한 침팬지 생활의 보다 많은 면을 찍고 싶어했다. 산과 숲 속의 생활 자체를 원했던 것이다. 그리고 침팬지들 대부분은 2년 전에 나를 보고 도망쳤던 것처럼 휴고를 보고 줄행랑을 쳐 버렸다. 골리앗과 윌리엄까지도 숲에서는 휴고를 믿지 못하는 듯했다.

주디가 오기 전에 내가 했던 것처럼, 나는 휴고에게 열매를 맺을 것이라 생각되는 나무들 가까이 몇 군데에 엉성하나마 은신처를 만들어 주었다. 나는 벽 사이에 빈 병을 꽂아 두어 침팬지들이 카메라 렌즈에 익숙해지도록 했다. 그러나 침팬지들은 나무 근처에 와서 즉시 진짜 렌즈를 눈치채고는 은신처를 쳐다본 다음 조용히 사라져 버렸다. 불쌍한 휴고. 그는 아프리카인 짐꾼을 붙이는 번거로움을 피하려고 카메라 장비 대부분을 직접 짊어지고 가파른 언덕을 오르내렸다. 그는 가파른 언덕 바위나, 땅은 평평해도 항상 물어뜯는 개미가 득실거리던 계곡 바닥에 앉아 많은 시간을 보냈다. 침팬지가 한 마리도 나타나지 않을 때도 많았고, 나타나더라도 그가 미처 필름을 꺼내기도 전에 도망쳐 버렸다.

그러나 침팬지들은 아주 천천히 그 지역에 사는 흰 피부를 가진 원숭이 한 마리에 익숙해졌고 그와 흡사한 두번째 흰 원숭이인 내 동생도 이미 마주쳤기 때문에, 세번째를 받아늘이는 데에는 비교적 시간이 덜 걸리는 듯했다. 그리고 데이비드 그레이비어드가 그 시간을 단축시키는 데 한몫을 했다. 때때로 데이비드가 휴고나 나를 보

캠프를 찾아온 침팬지들　135

내 텐트를 뒤져 두꺼운 종이를 씹고 있는 데이비드와 골리앗 그리고 윌리엄

면, 그는 무리를 떠나 우리에게 와서 우리가 바나나를 가지고 있는지를 살펴보곤 했던 것이다. 다른 침팬지들은 그런 광경을 쳐다보기만 했다.

데이비드와 골리앗 그리고 윌리엄이 캠프를 방문하기 시작했을 때, 나는 그들이 옷이나 두꺼운 종이 같은 것들을 씹기 좋아한다는 것을 알게 되었다. 그중에서도 그들이 가장 좋아했던 것은 아마 짠 것을 좋아하는 입맛 때문인지 땀냄새가 나는 긴 옷이었다. 어느 날 휴고가 큰 과실나무 옆 작은 은신처에 엎드리고 있을 때, 침팬지 무리가 나무 위로 올라가 열매를 따먹기 시작했다. 그들은 휴고를 전혀 눈치채지 못한 것 같았다. 그가 막 사진을 찍으려고 할 순간 누군가 그의 카메라를 당기는 것이 느껴졌다. 잠시 동안 그는 도대체 무슨 일이 벌어지고 있는 건지 상상조차 할 수 없었다. 자세히 보니 까만 털이 부숭부숭한 손이 그가 렌즈가 빛에 반사되는 것을 막으려고 카메라를 둘둘 감았던 낡은 셔츠를 잡아당기고 있는 것이 아닌가. 물론 그것은 데이비드 그레이비어드였다. 데이비드는 계곡 길을 따라 휴고의 뒤를 쫓아와 휴고가 은신처에 몸을 숨길 때까지 줄곧 그 낡은 셔츠를 지켜보고 있었던 것이었다. 휴고는 한쪽 끝을 붙잡고 격렬한 줄다리기를 벌였다. 결국 셔츠가 찢어졌고 데이비드는 찢어진 셔츠 조각을 한 손에 들고는 나무 위로 올라가 침팬지 무리에 합류했다. 다른 침팬지들은 이런 광경을 재미있다는 듯이 지켜보았고, 그 줄다리기 덕에 은신처는 거의 무너져 버렸다. 그러나 그 일이 있은 후 침팬지들은 휴고가 사진 찍는 것을 피하지 않았다.

사실 휴고가 도착해서 대부분의 침팬지들이 휴고 뿐 아니라 그의 찰칵거리고 윙 소리가 나는 카메라마저 받아들일 때까지는——단 그가 움직이지·않고 가만히 있는다면——한 달 남짓이 걸렸을 뿐이었다. 우기가 또다시 일찍 시작되었고, 일년 전에 날씨 때문에 주디가 사진을 몇 번 못 찍었던 것과 마찬가지로 휴고도 별수 없었다. 날마다 햇빛은 빛나고 빛 조건은 완벽했지만 사진 찍을 침팬지가 없어서 휴고는 은신처에 앉아 있기만 했다. 그러다가 침팬지 무리가 와서 모든 것이 갖춰지면 약속이나 한 듯 비가 내리기 시작했던 것이다.

그렇지만 그 몇 주 동안에도 휴고는 산 속에서 아주 멋진 침팬지 사진 몇 장을 찍었다. 그리고 그는 캠프에서도 데이비드, 골리앗, 윌리엄 간의 상호관계를 계속해서 촬영했다.

내가 데이비드와 다른 침팬지들을 캠프에 오도록 바나나로 유인

전천후 사진 작가 휴고

하기 시작했을 때부터 내 골칫거리 중 하나는 바로 비비들이었다. 비비 떼가 캠프를 지나쳐 가지 않는 날이 없었으며, 수컷 몇 마리들은 종종 늙은 샤이타이가 그랬던 것처럼 바나나가 나타나길 기다리며 멋대로 앉아 있곤 했다. 어느 날 데이비드, 골리앗, 윌리엄이 큰 바나나 더미 주위에 앉아 있었을 때 특히 공격적인 수컷 비비가 달려들었다. 윌리엄은 입술을 덜덜 떨며 그 즉시 싸움에서 물러나 가까스로 붙잡은 바나나 몇 개를 쥐고 안전한 거리에서 그 전투를 지켜보았다. 데이비드는 비비가 처음에 그를 위협했을 때에는 도망쳤지만, 이 난동을 무시하고 침착하게 바나나를 먹어치우는 골리앗 곁에 다가가 팔로 어깨동무를 했다. 그러더니 그 접촉으로 용기를 얻은 듯 돌아서서 비명을 지르며 비비를 향해 팔을 흔들어댔다. 다시 비비가 앞으로 돌진하며 데이비드를 위협하자, 데이비드는 다시 골리앗에게 달려가 껴안았다. 이번에는 골리앗이 일어났다. 비비 쪽으로 몇 발짝 달려간 다음 팔을 휘두르고 맹렬하게 짖거나 우아아 소리를 지르며 똑바로 선 자세로 몇 차례 펄쩍펄쩍 뛰었다. 데이비드 그레이비어드가 합류했지만, 데이비드는 처음부터 골리앗과 몇 발짝 거리를 유지하고 있었다. 비비는 잠시 물러섰다가 이내 골리앗을 피해 정면으로 데이비드에게 달려들었다.

이 같은 싸움은 계속해서 되풀이되었다. 골리앗은 비비를 향해 펄쩍 뛰었고, 그 비비는 매번 그를 피해 골리앗 뒤에서 몸을 숨기고 있는 데이비드를 때리려고 달려들었다. 결국 후퇴한 것은 데이비드와 골리앗이었다. 비비는 승리의 약탈물을 거머쥔 채 안전거리를 벗어났다. 휴고는 사건의 전모를 가까스로 카메라에 담았고, 이것은 아직도 침팬지와 비비 사이의 공격적인 만남에 대한 최고의 자료들 중 하나로 남아 있다.

내셔널 지오그래픽 협회가 곰비에서 휴고가 할 작업에 대해 십일월 말까지 자금을 대주기로 했기 때문에 흰개미 계절에 침팬지가 도구를 사용하는 것을 촬영할 수 있게 되었다. 이 행동은 이전에

▼

▼

데이비드가 비비에게 공격당했을 때, 그는 곧바로 골리앗에게 가서 도움을 청했다. 이어지는 싸움에서 골리앗은 여러 번에 걸쳐 비비에게 대항했고 데이비드는 골리앗 등 뒤에 숨었다.

그랬듯이 시월 중에 시작되리라 예측했었다. 그러나 휴고와 내가 여러 흰개미집들을 매일매일 조사해도 십일월 초까지 아무런 흔적도 발견하지 못했다. 결국 휴고가 곰비에 온 지 두 주가 갓 지났을 때 흰개미들이 협조하기 시작했다. 어느 날 휴고가 캠프 근처 그가 가장 좋아하는 흰개미집에 들렀을 때, 그는 물방울 흔적을 몇 군데 발견했다. 그가 새로 만든 뚜껑을 긁어 없앤 후 풀줄기를 하나 쑤셔 넣었더니 다행히도 안쪽에서 흰개미들이 그것을 잡는 것이 느껴졌다. 그러나 침팬지들은 이상하게도 흰개미에는 식욕이 당겨지지 않는 모양이었다. 그 다음주 내내 데이비드, 윌리엄, 골리앗은 그 흰개미 무덤을 여러 번 지나갔지만 한번도 멈춰서 쑤시지는 않았다.

휴고는 점점 낙심했다. 하루는 휴고가 한 손에 바나나를 들고 앞서 가면서 데이비드 그레이비어드를 흰개미집까지 유인하여 데이비드가 앉아서 바나나를 먹고 있는 동안 풀줄기 가득 매달린 흰개미들을 주기까지 했는데도, 데이비드는 흘끗 쳐다보더니 부드럽게 위협하는 듯한 기침 소리를 내며 휴고가 손에 든 풀줄기를 쳐버리고 말았다.

그러나 휴고가 가기 전 열흘 동안 침팬지들은 결국 도구를 만들고 사용하는 실력을 보여주었다. 휴고는 캠프에 있는 흰개미집에서 열심히 먹고 있는 데이비드, 골리앗, 윌리엄의 사진과 영화를 촬영할 수 있었다. 그것은 매우 흥미로운 소재였고, 휴고는 내셔널 지오그래픽 협회를 설득하여 그 다음해에도 침팬지 촬영을 계속할 수 있게 되길 기대했다.

십일월 말 휴고가 떠나자 나는 다시 혼자가 되었다. 나는 완전히 혼자는 아니었지만, 그가 오기 전에 내가 내 고독을 즐기던 만큼 행복하지는 않았다. 나는 휴고에게서 내 일의 환희와 좌절을 함께했을 뿐만 아니라 침팬지, 숲과 산, 그리고 이 황량한 곳의 생명체에 대한 사랑까지도 함께 나눌 수 있는 동료를 발견했던 것이다. 그는 이전에 어떤 백인도 밟지 못했을 비밀스런 야생 속에 나와 함께 있었다. 우리는 내리쬐는 햇빛 속에도 함께 있었고, 비가 내리치는 플라스틱 판 밑에서 함께 떨기도 했다. 휴고는 나와 같은 영혼을 지녔다는 것을 나는 알았다. 그도 동물에게 깊은 이해심을 지닌 사람이었던 것이다. 아니나 다를까 그가 떠나자 나는 그를 그리워하게 되었다.

곰비에서 보낸 그 해 크리스마스는 잊혀지지 않는 날이었다. 나는 특히 바나나를 많이 사서 내가 은종이와 솜으로 장식해 둔 작은 나무 주위에 두었다. 크리스마스 아침에 골리앗과 윌리엄이 같이 와서는 커다란 바나나 더미를 보더니 흥분하여 큰 비명 소리를 질렀

나와 같은 영혼을 지닌 휴고

다. 그들은 서로 팔로 어깨동무를 했고, 골리앗은 입을 크게 벌려 소리를 지르면서 윌리엄을 계속 툭툭 쳤으며 윌리엄은 골리앗의 등에 한 팔을 올려놓고 있었다. 그들은 결국 진정을 찾았고, 입에 가득 바나나를 넣어 소리가 잘 나지 않는데도 기쁜 듯이 작게 꽥꽥거리거나 웅얼거리며 그들만의 파티를 즐겼다.

데이비드는 한참 후에 혼자 도착했다. 나는 그가 바나나를 먹을 때 그의 곁에 가까이 앉았다. 그는 매우 침착한 것 같았고, 좀 지나서 나는 손을 아주 천천히 그의 어깨에 올려 털손질을 해주었다. 그는 내 손을 뿌리쳤지만 무심코 하는 것 같아서 조금 지나 나는 다시 시도했다. 이번에 그는 일 분 남짓 내가 그에게 털고르기를 하도록 내버려두었다. 그러더니 다시 내 손을 점잖게 뿌리쳤다. 그러나 그는 인간의 신체 접촉을 용인했고 내가 그를 만지도록 한 것이다. 그는 야생에서만 살아온 어른 수컷 침팬지였다. 그 사건은 소중히 간직할 만한 크리스마스 선물이었다.

나는 아프리카 사람들 몇 명과 그들의 아이들을 초대해서 차를 대접했다. 처음에는 아이들이 매우 불안하고 불편해 했지만, 내가 종이 모자와 풍선과 장난감 몇 개를 만들어주자 그들은 떨 듯이 기뻐했고 곧 웃고 뛰어다니며 즐거워했다. 이디 마타타 역시 그의 위풍당당함을 유지하면서도 풍선에 넋이 나간 듯했다.

파티가 끝날 무렵 나는 봉우리에 올라가 어둠이 깔리기 전에 한 시간 정도 혼자 있었다. 그런 후에는 서둘러 내려와 도미니크가 며칠 동안 준비해 온 크리스마스 만찬을 즐기게 되어 있었다. 도미니크와 휴고는 휴고가 떠나기 전에 닭 속에 무엇을 넣을 것인지 계획했고 자두 푸딩에 쓸 커스터드 소스까지 아주 자세하게 준비해 두었던 것이다. 내가 돌아왔을 때는 이미 어두웠고, 내 입 속에는 맛있는 음식들 생각에 침이 가득 고여 있었다. 그러나 와보니 도미니크가 이미 크리스마스를 그 나름대로의 방식으로 축하하고 있는 중이었다. 탁자에는 따지 않은 소고기 깡통 하나, 빈 접시, 나이프, 포크가 놓여져 있었고, 그것이 나의 크리스마스 만찬이었다. 도미니크에게 통닭과 다른 것들은 어떻게 됐느냐고 묻자, 그는 단지 재미있다는 듯 웃더니 여러 번 〈내일이에요〉를 반복했다. 그러더니 그는 여전히 키득거리며 산꼭대기 부방고 마을의 누군가가 보내주었다는 15리터짜리 맥주캔을 찾아 가버렸다. 도미니크는 다음날 식사 때 전날 마신 술로 인한 엄청난 숙취에도 불구하고 자신의 말에 책임을 졌다.

크리스마스가 지난 지 얼마 되지 않아 나는 케임브리지 대학교에서 강의를 듣기 위해 곰비를 떠나야 했다. 마지막 두 주 동안은 윌리엄이 아팠기 때문에 내내 슬펐다. 코에서는 콧물이 줄줄 흐르고, 눈에는 눈물이 흘렀으며, 계속 몸이 흔들릴 정도로 심하게 기침을 해댔다. 윌리엄이 아픈 첫날, 나는 그가 캠프를 떠날 때부터 따라갔다. 그 당시에는 골리앗은 아직도 내가 따라가면 나를 위협했지만 데이비드와 윌리엄을 뒤따라 숲을 돌아다닐 수는 있었다. 윌리엄은 계곡을 따라 몇 백 미터를 가더니 나무 위에 올라가 크고 잎이 무성한 잠자리를 만들었다. 거기서 오후 세시가 다 되도록 씨근거리며 기침을 하고 가끔 졸기도 하면서 누워 있었다. 몇 번이나 윌리엄은 누워 있는 채로 오줌을 쌌다. 이런 행동은 아주 드문 것이어서 나는 그가 매우 몸이 좋지 않다는 것을 알 수 있었다. 일어나서는 나뭇잎과 넝쿨을 몇 번 물어 씹어 먹고는 전천히 설어 캠프로 가서 바나나 몇 개를 먹고 내 텐트 옆에 있는 나무 위로 올라가더니 또 잠자리를 만들었다.

마침내 나의 동행을 허락한 침팬지

그 날 밤에는 달이 떴기 때문에 나는 밖에서 밤을 샜다. 새벽 한 시가 되자 구름이 몰려들어 달을 가리더니 결국 비가 내리기 시작했다. 나는 윌리엄의 잠자리보다 약간 더 높은 위치인 산의 가파른 언덕으로 기어 올라갔고 그가 있는 쪽으로 불빛을 비추자 젖은 침대에 무릎을 턱에 붙이고 팔로 다리를 감싼 채 잔뜩 웅크린 윌리엄의 모습이 눈에 들어왔다. 밤새 비가 오락가락했고, 빗방울 떨어지는 소리가 들리지 않을 때에는 윌리엄의 마른 기침 소리가 들렸다. 한번은 큰 비가 내리기 시작했을 때 윌리엄이 약간 겁난 듯이 헐떡이며 우우거리더니 이내 조용해졌다.

아침에 나무에서 내려온 윌리엄은 내가 보기에도 몇 분마다 한 번씩 몸을 심하게 떨었다. 그가 몸을 떨 때 길고 늘어진 입술이 심하게 흔들렸지만 전혀 재미있지 않았다. 나는 그에게 따뜻한 이불을 걸쳐주고 뜨거운 토디toddy(위스키에 뜨거운 물, 설탕, 레몬을 탄 음료——옮긴이)를 주고 싶었다. 그렇지만 내가 줄 수 있는 것은 차가운 바나나 몇 개뿐이었다.

일주일 내내 나는 계속 윌리엄과 같이 있었다. 그는 많은 시간을 캠프 근처 몇 군데의 잠자리에 누워 있었다. 몇 번이나 그는 잠깐씩 데이비드나 골리앗과 같이 있었지만 그들이 산으로 올라갈 때면 긴 여행은 감당할 수 없다는 듯 돌아오곤 했다.

어느 날 아침 나는 캠프 조금 위쪽에서 윌리엄 근처에 앉아 있었는데, 보트 하나가 키고마에서 오는 손님 몇 명을 태우고 도착했다. 당시에는 데이비드 그레이비어드의 명성이 자자해서 사람들이 그를 보러 일요일 오후에 찾아오곤 했다. 물론 내가 가서 인사라도 했어야 했지만, 윌리엄과 같이 있다 보니 침팬지들의 낯선 이들에 대한 본능적인 불신을 나도 느끼는 것 같았다. 윌리엄이 산에서 내려와 텐트로 향했을 때에도 나는 윌리엄을 따랐고, 윌리엄이 캠프 반대편의 수풀에 앉았을 때에도 그의 옆에 앉았다. 우리는 함께 방문객들을 쳐다보았다. 그들은 잠시 동안 커피를 마시고 떠들더니 데이비드가 그림자도 안 비치자 떠나갔다. 만약 내가 윌리엄과 함께 앉아서 그들이 미지의 세계에서 온 외계인이라는 듯 쳐다보고 있었음을 알았다면 그들은 과연 뭐라고 했을까?

내가 떠나기로 한 이틀 전 아침, 윌리엄은 도미니크의 텐트에서 이불 한 장을 훔쳐냈다. 그는 앉아서 그 이불을 씹고 있었는데, 잠시 후에 데이비드 그레이비어드가 와서 바나나 몇 개를 집어먹더니 윌리엄과 같이 이불을 씹기 시작했다. 삼십분이 지나도록 그 둘은 평화롭게 나란히 앉아서 시끄럽게, 그리고 흡족하다는 듯 다른쪽 귀퉁이를 씹고 있었다. 그러더니 윌리엄은 그가 종종 그랬듯이 광대처럼 이불 조각을 머리 위에 얹고는 마치 스스로 만들어낸 어둠 속에서 데이비드를 만지려고 하는 것처럼 손으로 더듬는 동작을 했다. 데이비드는 잠시 동안 쳐다보더니 윌리엄의 손을 쳤다. 이내 그 둘은 숲 속으로 사라졌고 그 뒤로는 땅에 떨어진 이불과 마른 기침 소리의 메아리만 남아 있었다. 이후로 나는 윌리엄을 다시 보지 못했다.

플로의 성생활

　이상한 수수께끼인 〈성적 매력 sex appeal〉은 사람에서와 마찬가지로 침팬지에서도 설명하기 어렵지만 명백한 현상이다. 보기 흉할 정도로 불룩한 코와 깔쭉깔쭉한 귀를 가진, 그래서 인간의 기준으로는 지독히도 못생긴 늙은 플로는 의심할 여지없이 자기 분수 이상을 누리고 있었다. 한때 나는 그게 당연하다고 여겨서 그녀는 늙고 경험이 많으므로 발정기에 수컷들이 그만큼 더 흥분을 느끼게 되기 때문이라 생각했다. 하지만 지금은 더 잘 알게 되었다. 그 나이에 거의 무시 당하는 늙은 암컷들도 있고, 플로만큼 열광적으로 구애받는 몇몇 젊은 암컷들도 있기 때문이다.
　암컷 침팬지에게서 암내가 나기 시작하거나, 또는 과학자들이 말하듯 발정기에 들어서면 생식기 부위의 피부가 부풀어 오른다. 그런 팽창 부위의 크기는 침팬지마다 다르다. 어떤 암컷들은 3파인트(부피의 단위, 약 140cm³ —— 옮긴이)짜리 그릇만큼 연분홍빛의 피부가 팽창하는 반면, 다른 암컷들은 그보다 작다. 그 팽창은 대개 약 열흘 간 계속되다가 그 이후에는 늘어지고 주름이 잡히고 쪼그라들기 시작하여 정상의 상태로 돌아온다. 보통 그 현상은 암컷 침팬지에서 약 35일마다 일어나는 월경 주기의 중간 지점에서 일어난다. 수컷이 암컷에게 구애하여 짝짓기를 할 때는, 내가 재미삼아 〈핑크 레이디〉라고 부르는 것처럼 암컷의 생식기가 부풀어오르는 이 기간 동안이다.

    케임브리지 대학교에 두번째로 체류하는 동안 나는 휴고와 함께 침팬지의 행동에 관한 필름이 더 필요하다고 내셔널 지오그래픽 협회를 결국 설득해 냈다. 내가 영국 체류를 마치고 곰비로 돌아왔을 때 플로와 그녀의 세 아이 중 둘은 캠프에 아주 정기적인 방문객이 되었다. 그때 플로의 딸인 피피는 세 살 반쯤 되었고 그때까지도 두세 시간마다 몇 분 동안은 엄마로부터 젖을 받아 먹었으며, 특히 신경이 곤두서거나 깜짝 놀라면 플로의 등으로 뛰어오르곤 했다. 피피는 그때까지도 밤에 엄마와 같은 잠자리를 썼다. 피피보다 한 다섯 살쯤 많은 피건은 이때 막 사춘기로 접어들었다. 이 나이쯤 되면 자기 엄마에게 전혀 의존하지 않는 수컷들도 있건만 피건은 낮 시간의 대부분을 플로 및 피피와 함께 보냈다. 플로의 가장 큰 아들인 페이븐Faben은 그 해에 그의 가족들과 함께 있는 것이 거의 관찰되지 않았다. 그는 그때 약 열한 살의 청년이었다.

    휴고와 내가 곰비로 처음 돌아왔을 때 플로, 피피, 피건은 아직 캠프에 오면 조금 불안해 했다. 그들은 대부분의 시간을 개간지 주위의 무성한 수풀 속에서 숨어 지냈으며, 우리가 그들에게 바나나를 줄 때만 모습을 드러냈다. 그러나 그들은 점차 긴장을 풀었으며, 특히 데이비드나 골리앗이 그들과 함께 있을 때는 더욱 그랬다.

그런 후에는 점점 더 밖에 나와서 지내는 시간이 많아졌다. 나는 아직껏 산에 올라가 많은 시간을 보냈으나 대부분의 침팬지들이 북쪽이나 남쪽으로 너무 멀리 가버렸을 때에는 플로가 오지 않을까 기대를 하며 종종 캠프에 머물렀다.

그 당시에도 플로는 매우 늙어 보였다. 뼈에는 살이 거의 붙어 있지 않고 검은색이라기보다는 갈색의 털이 듬성듬성 나 있었으며 허약해 보였다. 그녀가 하품을 할 때에는 이빨이 닳아서 잇몸이 내려앉아 있는 것을 볼 수 있을 정도였다. 우리는 곧 그녀의 성격이 그녀의 외모와 비슷하다는 것을 알게 되었다. 그녀는 공격적이고 못처럼 거칠었으며 그 당시 모든 암컷들 중 가장 우위를 지키고 있었다.

그때 역시 캠프에 오기 시작하던 또다른 늙은 암컷인 올리 Olly의 성격과 대조해 보면, 플로의 성격을 더 생생하게 알 수 있을 것이다. 애처로워 보였던 윌리엄을 떠오르게 하는 긴 얼굴과 늘어져 흔들거리는 입술을 가진 올리는 플로와는 아주 딴판이었다. 플로는 어른 수컷들과 있을 때 대부분 마음을 놓았다. 나는 숲 속에서 그녀가 수컷 두세 마리와 친한 듯 모여 앉아 털을 고르고 있는 것을 몇 번 본 적이 있었고, 캠프에서도 데이비드나 골리앗에게 주저 않고 두꺼운 종이나 바나나를 달라고 요구하곤 했다. 반면 올리는 다른 침팬지들과 있으면 긴장하고 신경질적이었다. 올리는 특히 어른 수컷과 가깝게 있을 때 불안해 했으며, 서열이 높은 골리앗이 그녀에게 다가가면 올리의 숨소리는 귀에 거슬릴 만큼 요란하게 커져 히스테리라고 느껴질 지경이었다. 올리는 목 앞쪽에 갑상선종 비슷한 커다란 혹을 디룽디룽 매달고 있었다. 갑상선종은 이 지역의 아프리카 여인들 사이에도 드물지 않았으므로 올리도 아마 그 병을 앓고 있었을 것이다. 그리고 만일 그것이 정말 갑상선종이라면 이는 그녀의

길카를 동반한 올리가 리키의 구애에 반응을 보이고 있다.

신경질적인 행동을 어느 정도 설명해 줄 수 있었다.
올리는 큰 무리를 지은 침팬지들을 대부분 피했고 종종 두살박이 딸인 길카 Gilka와 함께 돌아다녔다. 때때로 그녀는 여덟 살 된 아들 에버레드 Evered와 함께 다니기도 했다. 사실 에버레드는 데이비드 및 골리앗과 함께 몇 번이고 우리 캠프에 온 후 올리를 처음 우리 캠프로 데려온 장본인이었다. 또 종종 올리와 플로는 숲 속에서 함께 다녔고, 자식 넷은 서로 오래전부터 알아온 소꿉친구들이었다. 플로와 올리의 관계는 대부분 아주 평화로웠지만 그들 사이에 바나나 한 개가 놓여 있게 되면 서로의 사회적 서열의 상대적인 차이가 매우 또렷이 드러났다. 플로는 낡은 털 몇 가닥만 곤추세우면 올리를 굴복시킬 수 있었고 올리는 순종의 표시로 헐떡이며 웅얼거리는 소리를 내며 이빨을 드러냈다.

 한번은 플로의 아들인 피건과 올리의 아들인 에버레드 사이의 놀이가 심각한 싸움으로 번졌다. 사내아이들이 함께 놀다보면 흔히 있는 일이지만 플로는 피건의 시끄러운 비명을 듣고 털을 곧추 세운 채 한 걸음에 달려갔다. 그녀는 에버레드를 덮쳤고 그를 계속 굴려 버렸다. 에버레드는 간신히 몸을 피하곤 시끄럽게 울부짖으며 줄행랑을 쳤다. 올리도 서둘러 달려와 위협적인 고함을 질러대고 대단히 화가 난 것처럼 보였지만 감히 끼어 들지는 못했다. 다만 모든 것이 끝난 다음 힘센 플로를 달래려는 양 다가가서 손을 넌지시 올려놓는 것으로 만족해야 했다.

 플로는 올리보다 훨씬 더 태평하고 관대한 엄마였다. 피피가 훌쩍거리면서 손을 내밀어 먹이를 달라고 할 때, 플로는 거의 항상 아이에게 바나나를 쥐어 주었다. 때때로 그녀는 딱 하나 남은 것도 주었다. 사실 피피가 엄마에게 마지막 남은 바나나를 얻으려고 애써도 플로가 거절하는 경우가 몇 번 있었다. 그런 경우에는 엄마와 딸이 마치 그 과일 때문에 싸우는 것처럼 소리를 지르고 서로의 털을 잡아당기면서 땅 위를 굴렀지만 그런 경우는 드물었다. 반면 길카는 그런 짓을 감히 시도도 하지 못했다. 우리는 길카가 올리에게 바나나를 달라고 하는 것조차 몇 번 보지 못했고, 길카가 그러는 것은 대개 무시당했다. 길카가 우리 앞에 다가와서 우리가 온전한 바나나를 몰래 넘길 수 있을 만큼 길들여지기 전까지 그녀는 껍질 냄새 이상은 거의 맛보지 못했다. 그리고 그럴 때조차도 올리가 종종 달려와서 자기 딸에게서 바나나를 가로채 갔다.

 플로는 어른 수컷들과 보통 원만하게 지냈지만, 대개 바나나를 두고 데이비드나 골리앗과 경쟁하지 않았다. 그들이 양껏 가져갈 때까지 기다렸다. 그래서 1963년 7월의 어느 날 아침, 휴고와 나는 바나나 더미에 다가가는 골리앗과 데이비드에 합류하려고 플로가 뛰어가는 것을 보고 놀랐다. 플로의 생식기 주위가 분홍색으로 커다랗게 부풀어 올라 있었다.

바나나 한 더미를 얻었지만 한번 깨물어 보기도 전에, 골리앗이 털을 온통 곤두세운 채 똑바로 서서 플로를 바라보고 어슬렁어슬렁 걸어왔다. 플로가 다가와서 바나나 몇 개를 잡아채자, 골리앗은 한 손을 허공에 들고, 그 바나나를 가득 쥔 손으로 허공을 쓸어버리는 동작을 했다. 플로는 땅에다 몸을 웅크리고 골리앗에게 그녀의 분홍빛 엉덩이를 들이댔다. 골리앗은 과일을 든 손을 플로의 등 위에 얹고 다른 손으로는 땅을 짚은 채, 침팬지의 전형적인 태연한 방식, 즉 똑바로 서서 다리를 구부린 자세로 플로와 짝짓기를 했다.

침팬지들은 정말 짧은 짝짓기를 한다. 수컷들은 보통 고작해야 10 내지 15초간 올라 타 있을 뿐이다. 그럼에도 불구하고, 골리앗이 플로와 다 끝내기도 전에 피피가 그곳에 와 있었다. 피피는 전속력으로 질주하여 골리앗을 향해 몸을 내던지더니 양손으로 그의 머리를 떠밀어 그를 플로로부터 떼어놓으려 했다. 나는 골리앗이 피피를 위협하거나 때리거나 아니면 적어도 떨어내 버리리라고 생각했다. 그러나 그는 그냥 고개를 돌리고 피피를 완전히 무시하려는 것처럼 보였다. 플로가 가버리자, 피피도 한 손을 엄마의 분홍색 둔부 위에 올려놓고는 바나나를 먹으며 앉아 있는 골리앗을 어깨 너머로 뒤돌아보면서 뒤따라갔다. 얼마간 피피는 플로 가까이에 있다가 바나나 한 개를 슬쩍 훔쳐서 도망갔다.

몇 분 후에는 데이비드 그레이비어드가 털을 곤추세운 채 플로에게 다가갔다. 데이비드는 땅바닥에 앉아서 작은 나뭇가지를 흔들어

대면서 그녀를 바라보았다. 즉시 플로는 그를 향해 달려들었고, 뒤를 들이댄 채 땅에 몸을 웅크렸다. 다시 피피가 전속력으로 달려와 있는 힘을 다해 데이비드를 밀어 쫓아냈다. 데이비드 역시 피피의 방해를 그냥 참아 주었다.

　이 사건 이후 그 무리는 안정을 되찾았다. 데이비드는 플로의 털을 고르고 나더니, 더워서 그런지 아침인데도 드러누워서 졸았다. 골리앗도 그렇게 따라서 했고 모든 게 평화로웠다. 그 후 오래지 않아 에버레드가 그 무리에서부터 약간 떨어져 나와 그를 보고 있었던 플로를 어깨 너머로 바라봤다. 그리고 그는 어깨를 활처럼 구부리고 팔을 몸통에서 약간 뻗은 채 몸을 웅크렸다. 이는 젊은 수컷의 전형적인 구애 자세였으며, 플로는 즉시 어른 수컷들에게 했던 것처럼 다가가서 몸을 디밀었다. 골리앗과 데이비드 둘 다 보고 있었지만 별로 신경을 쓰지 않는 듯했다. 피피는 그전처럼 달려와서 에버레드를 떠밀었지만 그 역시 피피를 무시했다.

　다음날 아침, 플로는 매우 일찍 도착했다. 전날의 구애자들이 그녀와 함께 있었다. 다시 한번 그들은 바나나를 먹기 전에 그녀에게 구애하고 짝짓기를 했고, 어김없이 피피가 매번 달려들어 그들을 떠밀어내려 했다. 그런 다음 휴고는 수풀 속에 또다른 형체가 있는 것을 눈치챘다. 하나, 또 하나, 그리고 또 하나……. 재빨리 우리는 텐트 안으로 철수했고 쌍안경으로 숲 속을 지켜보았다. 단번에 그중 하나가 늙은 맥그리거 씨라는 것을 알 수 있었다. 그리고 마이크와 제이비, 헉슬리 Huxley, 리키 Leakey, 휴 Hugh, 로돌프 Rodolf, 험프리 Humphrey 등 내가 아는 거의 모든 어른 수컷들이 거기 있었다. 그리고 그 무리에는 몇몇 젊은 침팬지들, 암컷 침팬지들, 새끼 침팬지들도 있었다.

플로의 성생활

우리는 계속 텐트 안에 있었다. 곧 플로가 그 수풀 속으로 다가가더니 모든 수컷과 차례로 짝짓기를 했다. 그리고 매번 피피는 구애자를 밀어 버리려 했다. 피피는 딱 한 번 성공했다. 맥그리거 씨가 엄마와 짝짓기를 하는 동안 피피는 엄마의 등 위로 제대로 뛰어올랐고, 매우 세게 맥그리거 씨를 밀어젖히는 바람에 그는 균형을 잃고 언덕 아래로 굴러 떨어졌다.

그 다음주에 플로는 어디든지 그녀의 많은 수컷 수행원들을 거느리고 다녔다. 그녀가 움직이는 방향으로 쉼 없이 회전하고 있는 몇 쌍의 눈들이 그녀의 일거수일투족을 지켜보았고, 어쩌다 그녀가 일어나서 움직이면 수컷들은 즉시 발을 놀렸다. 매번 그 무리에는 어떤 흥분이 뒤따랐다. 그들이 먹이 더미에 도달했을 때나 아침에 잠자리를 떠날 때, 그리고 다른 침팬지들이 그들과 합류할 때, 모든 수컷들이 하나씩 차례로 플로와 짝짓기를 했다. 우리는 이 대단히 인기 있는 이 암컷을 두고 수컷들이 다투는 것을 한번도 보지 못했다. 각각의 수컷들은 단지 자기 차례를 얻을 뿐이었다. 오직 한번, 데이비드 그레이비어드가 플로와 짝짓기를 하고 있을 때, 다른 수컷들 중에 하나가 못 참겠다는 표시를 냈다. 평소 화를 잘 내는 제이비가 껑충껑충 뛰기 시작했고 커다란 나뭇가지를 뒤흔들어 그 끝이 데이비드의 머리를 때렸다. 그러나 데이비드는 좀더 자신을 플로에게 밀착시키고 두 눈을 감았을 뿐이었으며, 제이비도 더 이상은 그를 공격하지 않았다.

그 무리 중 몇 마리의 젊은 수컷들은 기회를 얻지 못했다. 성적 흥분의 파도가 가라앉고 어른 수컷들이 만족해서 잠잠해질 때까지 그들이 기다리면 대개 이 젊은이들도 자기 차례를 찾을 수 있었다. 그런 경우 한 젊은 침팬지가 일정한 거리를 두고 그 암컷에게 어깨를 활처럼 구부리거나 나뭇가지를 흔들어대면 그녀는 대개 그에 응해서 그에게 다가왔다. 늙은 수컷들은 설령 짝짓는 한 쌍을 바라보게 되어도 이러한 젊은 열정의 표현에 대해서 거의 개의치 않는다. 그러나 플로는 지나치다 싶을 정도로 인기 있는 암컷이었다. 때로 우리는 젊은 수컷이 나무 뒤로부터 플로를 향해 어깨를 둥글게 구부리는 걸 보았다. 플로는 대개 일어나 직접 그쪽으로 다가가려 하지만 어른 수컷 몇 마리가 지체 없이 뒤를 따랐다. 마치 그들은 플로가 도망칠까봐 두려워하는 것 같았다. 자기보다 나이 많은 수컷들이 가까이 오면 젊은 수컷의 감정은 수그러들기 마련이고 보통 안전한 거리에서 플로를 보기 위해 급히 달아났다.

한번은 에버레드가 플로로부터 얼마간 떨어져 앉아 그녀를 바라보다가 꽤 자주 어른 수컷들을 곁눈질했다. 그는 욕망과 조심 사이에서 무척 심란해 하는 것 같았다. 그는 플로를 향해주저하면서 몇 걸음 내딛다가 갑자기 90도 각도로 방향을 틀더니 바위를 두드리며 풀을 한 줌 쥐어 허공으로 던져 버리고 돌을 발로 걷어찼다. 그런 다음 그는 바닥에 주저앉아 한 10분 동안 기분을 달래려는 듯 나뭇가지 하나를 이따금 흔들어댔다.

플로의 외부 생식기가 팽창한 지 8일째 되는 날이었다. 플로가 아랫도리를 갈기갈기 찢겨 피가 흐르는 채로 캠프에 왔다. 금방 상처를 입은 게 분명했다. 두세 시간이 더 지나자 그녀의 팽창은 사라졌다. 그때 플로는 좀 맥이 없고 지친 듯이 보였다. 우리는 플로를 위하는 마음에서 모든 게 끝나 다행이라고 생각했다. 적어도 우리는 끝났다고 생각했다. 왜냐하면 팽창은 대개 기껏해야 열흘 정도만 지속되기 때문이다. 그러나 5일 후 정말 놀랍게도 플로의 생식기는 다시 분홍색으로 부풀어 올랐다. 그전처럼 그녀는 많은 수컷들을 거느

로돌프는 플로를 호위하고 다녔지만 그녀가 다른 수컷들과 짝짓기하는 것을 막지는 않았다.

린 채 캠프에 왔다. 이번에 그녀의 팽창은 3주간 지속되었고 그 동안 구애자들의 열성은 무슨 수로도 잠재울 수 없을 듯했다.

두번째로 팽창했을 때 우리는 플로와 구애자들 중 하나 사이에 이전에는 한번도 관찰되지 않은 이상한 관계가 이루어졌음을 알게 되었다. 그 수컷은 로돌프였다(그의 진짜 이름은 휴고였지만 한 책에서 휴고가 두 명이나 나오면 너무 혼란스러우므로 나는 그의 이름에 휴고의 성을 붙였다). 당시 로돌프는 서열이 높고 매우 힘센 침팬지였으며 플로의 충실한 수행원이었다. 그는 그녀 바로 옆이나 뒤에 붙어 어디든지 따라다녔으며, 그녀가 멈추면 그도 멈췄다. 그는 그녀 가장 가까이에서 잤다. 그리고 그 기간 동안 플로는 다치거나 깜짝 놀라면 로돌프에게 달려가곤 했다. 그러면 그는 안심시키듯 손을 그녀에게 올려놓거나 때때로 한 손을 그녀 주변에 놓곤 하였다. 그러나 그는 다른 수컷들이 플로와 짝짓기를 하는 것에 대해서는 어떤 식으로도 반대하지 않았다.

　마지막 주에는 피피가 점점 더 수컷들을 경계하게 되었다. 아마도 마침내 플로의 구애자들 중 하나가 피피를 위협했거나 공격했기 때문이었을 것이다. 이유가 무엇이건 간에 피피의 발랄하던 성격은 당분간 사라졌다. 그녀는 조금이라도 흥분되면 무리의 중심으로부터 점점 더 멀리 있었으며, 엄마의 성생활을 방해하는 걸 완전히 그만두었다. 그녀는 캠프에서 바나나를 가져가는 무리에게도 감히 합류하지 못했다. 몇 주 전만 해도 플로로부터 떼어내려 했던 수컷들에게서 과일을 뺏어 갔던 그녀가 말이다.

　발정기와 더불어 플로의 젖이 말라 버린 것도 틀림없이 피피의 행동에 영향을 끼쳤을 것이다. 재빠르게 한번이라도 젖을 물리는 것은 다른 무엇보다도 어린 침팬지를 빨리 진정시키는 듯하다. 수컷들 중의 하나가 피피를 위협하기라도 하면, 그녀는 아직껏 플로에게 달려갈 수 있었고 아직 그녀의 엄마에게 안길 수 있었다. 그러나 따뜻한 젖이 금방 나올 때의 그 만족감은 어디서 얻는단 말인가? 이 격양된 3주 동안 그 무리들이 평화롭게 쉬고 있을 때면 언제나 피피는 플로에게 가까이 다가가 한 손을 엄마의 몸에 얹은 채 그 옆에 가만히 앉아 있었다. 그리고 무리가 이동할 때면, 플로의 바로 옆에서 명랑하게 달리거나 뒤에서 깡충깡충 따라가는 대신, 마치 아기처럼 플로의 등에 타고 가겠다고 고집했다. 피피는 자주 엄마의 등 위에 우스꽝스럽게 올라타거나 플로의 배에 배를 댄 자세로 붙어 등이 땅에 끌리는 채 가기도 했다.

　어느 날 피피를 등에 업은 채 플로가 혼자 캠프에 찾아왔다. 그녀의 엄청난 팽창은 가라앉았고 주름진 피부들이 축 쳐져 늘어진 상태로 오그라들어 있었다. 그녀는 고된 5주일에 지쳐서 창백하고 후줄

플로가 발정기에 접어들며 젖을 떼려 하자, 피피가 다시 어린애처럼 행동하기 시작했다.

근해 보였다. 그녀의 귀는 두 군데나 더 찢겨 나갔고 몸 전체에 수많은 찢긴 자국과 긁힌 자국들이 있었다. 그 날 그녀는 완전히 지친 모습으로 캠프 주위에서 몇 시간 동안 누워 있기만 했다. 그녀와 피피는 올 때처럼 조용히 떠났다.

그 다음날 한 무리의 수컷들이 캠프에 와 있을 때 플로가 길을 따라 터벅터벅 걸어오는 것이 보였다. 수컷들은 그녀를 보자마자 펄쩍펄쩍 뛰면서 털을 곤두세우고 그녀를 맞이하려 뛰어나갔다. 플로는 거칠게 비명을 지르며 가장 가까운 야자나무로 달려갔다. 수컷들은 계속 달려갔고 데이비드 그레이비어드가 한때 선두에 있었다. 그들은 그녀가 있는 나무 아래 멈췄고 얼마 동안 올려다 보았다. 데이비드가 느리게 그러나 끈기 있게 나무둥치를 오르기 시작했다. 잎들이 그 둘을 가렸기 때문에 무슨 일이 일어났는지는 알 수 없었다. 조금 후 데이비드가 다시 나타나 나무둥치를 천천히 내려왔다. 조금 지나자 플로가 다시 나타났고 그녀를 기다리는 무리를 향해 나무를 내려왔다. 그녀는 잠시 주저하다가 마침내 땅을 디뎠다. 그러고 나서 가만히 웅크린 채 뒤로 돌아서서 이전의 구애자들에게 오그라든 엉덩이 부분을 보여주었다. 골리앗은 그 늘어진 피부를 주의 깊게 조사하고 얼마 동안 그 주변을 살펴보더니 손가락 끝의 냄새를 맡느라 킁킁거렸다. 그런 다음 데이비드를 따라 캠프로 돌아갔고, 그 다음은 리키의 차례였다. 리키 다음에 마이크와 로돌프가 왔고, 끝으로 늙은 맥그리거 씨가 조사했다. 그런 다음 그들은 그 길에 서서 자신들을 바라보고 있는 플로를 남겨둔 채 식사를 계속하러 캠프로 되돌아왔다. 그녀가 무얼 생각하고 있었는지 그 누가 알겠는가?

로돌프는 다시 늙은 암컷 플로에게 달라붙어 다음 2주 동안 그와 그 가족들과 계속 함께 다녔다. 발정기 동안 플로와 떨어져 지냈던 피건 역시 그녀에게 되돌아왔다. 플로의 발정기 흔적이 깨끗이 가라앉은 지 약 1주가 지난 어느 날, 플로의 털을 고르던 로돌프가 갑자기 거칠게 플로를 밀어서 자빠뜨리고는 열망의 눈을 반짝이며 계속하여 킁킁 손끝의 냄새를 맡으며 그녀의 아랫도리를 맹렬하게 조사했다. 그녀의 호르몬 분비물은 발정기가 곧 온다는 것을 나타내지 않고 있었고 몇 분 후 그는 플로를 앉힌 다음 털고르기를 계속했다. 우리는 그가 그렇게 행동하는 것을 세 번이나 더 보았다. 그러나 로돌프는 플로가 다시 달아오르기까지 5년은 더 기다려야 할 것이다.

플로의 성생활

결혼 그리고 새로운 시작

그 대단했던 플로의 발정은 두 가지 중요한 결과를 낳았다. 첫째 그녀가 임신을 했고, 둘째 그 5주 동안 그녀와 함께 다닌 수많은 침팬지들 모두가 캠프와 바나나에 익숙해지게 되었다. 그들은 더 이상 플로를 미끼로 쓰지 않아도 우리 캠프를 계속 방문하게 되었다. 따라서 우리는 몇몇 다른 개체에 대해 정기적인 관찰을 할 수 있도록 캠프 주위를 배회하는 침팬지가 근처에 나타날 때마다 유인할 수 있는 상설 급식소를 설립하는 것이 좋겠다고 생각하게 되었다.

무엇보다도 우리는 그들에게 바나나를 줄 때 땅바닥에 바나나를 던져 주는 것보다는 더 나은 방법을 생각해내야 했다. 첫째로 어른 수컷 침팬지는 기회가 있으면 앉은 자리에서 50개 이상의 바나나를 먹어치울 수 있고, 둘째로 비비 떼가 살수록 골칫거리가 되고 있었기 때문이었다. 이런 문제들을 해결하는 데에는 결국 6년이 넘게 걸렸지만, 그 해 말 휴고와 내가 그곳을 떠나야 했을 때에는 적어도 이 작업에 착수한 상태였다. 핫산의 도움으로 우리는 뚜껑이 강철로 된 콘크리트 상자를 몇 개 만들었다. 이 상자를 땅에 묻고, 뚜껑을 달아 전선으로 조금 떨어져 있는 손잡이에 연결해 두었다. 손잡이를 붙들고 있는 핀을 풀면 전선이 느슨해져 뚜껑이 열리게 되어 있었다.

이 상자들 몇 개는 크리스 피로진스키 Kris Pirozynski가 설치했는데, 그는 젊은 폴란드인 미생물학자로 십이월 초에 곰비 유역의 미생물을 연구하러 왔다. 크리스는 휴고와 내가 없는 4개월 동안 캠프를 돌보고 침팬지들을 지켜주기로 했다. 핫산과 도미니크도 남아 크리스를 돕기로 했고, 도미니크는 매일 침팬지에 대한 일지를 쓴다는 사실에 들떠 있었다.

이때쯤 휴고와 나는 사랑에 깊이 빠져 있었다. 우리의 사랑이 단순히 우리가 유럽 사회에서 멀리 떨어진 야생에 함께 던져졌기 때문인가? 우리가 문명으로 되돌아가면 우리의 감정이 변할 것인가? 우리는 스스로 이런 질문들을 해보았지만 그렇지 않다고 생각했다. 그러나 우리 둘 모두는 결혼을 가장 마지막 단계로 생각했기 때문에 우리의 사랑을 시험해 보기로 했다. 나는 세번째 학기를 위해 케임브리지에 가기로 했고, 휴고는 나중에 나와 만나 함께 워싱턴에 있는 내셔널 지오그래픽 협회에서 침팬지 영화를 상영하기로 했다. 우리는 영장류의 세계가 아닌 인간의 세계에서 다시 만나기로 했다. 그러면 알 것 같았다. 우리는 헤어지는 그 순간 우리가 서로 사랑하고 있음을 깨달았다.

나는 크리스마스를 1주일 남겨놓고 휴고와 헤어졌다. 크리스마스 다음날 (영국에서는 이 날을 〈복싱 데이 Boxing Day〉라 부르는데, 고용인이나 우체부 등에게 선물을 하는 날이다――옮긴이) 번머스에 있는 우리 집으로 전보가 도착했다. 거기에는 〈나와 결혼해 주오.

사랑하오. 휴고)라 쓰여 있었다. 사실 그 전보는 크리스마스 전날 도착했어야 했고, 내가 즉시 답신을 했는데도 휴고가 나이로비를 지나 전화할 수 있는 곳에 이르는 닷새 동안은 답신을 받지 못했다.

우리는 케임브리지 대학교의 학기가 끝나고 워싱턴에서 강의가 끝난 후 런던에서 결혼하기로 결정했다. 하객들이 케임브리지, 나이로비, 네덜란드의 아머스포르트Amersfort, 번머스에 흩어져 있었기 때문에 결혼식을 준비하기가 쉽지 않았으나, 휴고와 나는 이후에 우리의 결혼식보다 더 즐거운 결혼식에는 가보지 못할 것이라 생각했다. 데이비드 그레이비어드의 진흙 인형이 웨딩 케이크의 꼭대기를 장식했고, 데이비드와 골리앗, 플로와 피피, 그리고 다른 침팬지들의 커다란 초상화가 연회장을 굽어보고 있었다. 내 드레스, 두 명의 꼬마 들러리, 그리고 칼라와 수선화에 이르기까지 모든 것들은 하얀 솜털구름 사이로 보일락말락하는 봄 햇살처럼 화사했다. 루이스가 우리를 결혼시키려는 그의 책략에도 불구하고 불참했다는 사실은 유감이었으나, 그는 우리에게 그의 말을 담은 테이프와 함께 그의 딸과 들러리를 섰던 그의 손녀를 대신 보냈다.

결혼식 3주 전에 우리는 플로가 아들을 낳았다는 편지를 받았다. 우리는 결혼식 계획을 바꾸는 대신 3일 만의 신혼여행을 마치고 가능한 한 빨리 곰비로 돌아갔다.

홍수 때문에 넘쳐흐르는 강을 우회하여 가까스로 건너 마침내 랜드로버를 기차에 싣고 침팬지들에게로 돌아갔을 때, 플린트Flint라고 부르기로 한 플로의 새 아기는 이미 생후 7주가 지나 있었다. 그는 아직 아주 작았고 분홍색 배와 가슴 아래쪽에는 털이 나 있지 않았다. 플린트를 매달고 플로가 우리에게 가까이 왔던 그 첫 순간의 긴장감은 6년이 지난 지금도 생생히 떠오른다. 엄마가 앉자 플린트

결혼 그리고 새로운 시작

는 우리 쪽을 두리번거렸다. 그의 작고 창백하고 주름진 얼굴은 완벽했고, 초롱초롱 빛나는 까만 눈, 동그랗고 분홍빛 귀, 한쪽으로 약간 기울어진 입 등 모두 윤기 있는 까만 머리털로 둘러싸여 있었다. 그는 한쪽 팔을 뻗어 작은 분홍색 손가락을 구부려 플로의 털을 다시 잡고는 코를 비비며 젖꼭지를 찾기 시작했다. 플로가 그를 젖을 빨기 좋게 몇 인치 위로 당겨 주었다. 그는 3분 정도 동안 젖을 빨더니 이내 잠이 든 것 같았다. 플로는 움직일 때 플린트의 등을 한 손으로 잡고 세 발로 걸으며 조심스럽게 아들을 보호했다.

플로가 새로 낳은 아기를 매달고 다니는 것을 처음 본 것은 도미니크이었다. 2월 28일 그녀는 여전히 임신한 채로 캠프에 나타났었다. 그 다음날 그녀는 작은 아이와 함께 나타났다. 여느 때처럼 피피와 피건을 동행한 채로 말이다. 피피와 피건은 앉아서 아기를 쳐다보았고, 피피는 오랫동안 엄마의 털을 다듬었다. 그 후에 피건은 점점 동생에 대한 흥미를 잃는 듯했고, 피피는 점점 더 매료되는 듯했다.

도미니크와 크리스는 우리에게 또다른 재미있는 소식을 전해주었다. 암컷 몇 마리를 포함한 새로운 침팬지들이 캠프를 정기적으로 방문하게 되었다는 것과, 골리앗이 마이크에게 최고 우위 자격을 빼앗겼다는 것, 젊은 암컷 중 한 마리인 멜리사 Melissa가 임신한 듯하다는 것, 그리고 침팬지들이 캠프에 있는 것이 점점 더 견디기 어려워진다는 것 등이다. 제이비가 땅에서 상자와 전선을 파 꺼내는 것을 알아냈기 때문에 핫산은 상자를 콘크리트로 싸고 상자와 핸들을 잇는 전선을 비싼 파이프로 싸 두어야 했다. 하지만 제이비가 파이프도 파냈기 때문에 그것 역시 콘크리트에 넣어야 했다. 피건과 에버레드는 딱딱한 막대기를 지레로 사용하여 강철 뚜껑을 열려 했

바라보는 방법도 가지가지

고, 전선이 느슨하게 늘어져 있을 때면 그들의 작전이 성공하기도 했다. 크리스의 입장에서 볼 때 더 나쁜 것은, 데이비드를 따라다니는 침팬지들이 점점 많아져서 그들이 자신의 텐트를 드나들며 옷과 침구를 가져간다는 것이다. 결국 크리스는 양철 트렁크나 단단한 나무 상자에 물건들을 집어넣었다. 그러자 골리앗은 두꺼운 종이나 천을 씹는 것을 매우 좋아하게 되었다. 침팬지들이 작은 그룹을 지어 둘러앉아 의자 시트, 텐트의 덮개를 찢어 씹었고, 심지어는 크리스의 캠프 침대까지도 망가뜨렸다. 그리고 지난 몇 주 동안은 나무를 씹는 것이 대유행이었다고 크리스가 말해 주었다. 핫산이 손수 만든 찬장 하나는 아예 뒷판이 없어졌고, 나무 의자의 다리도 없어졌다고 한다.

그뿐 아니라 다소 놀라운 소식도 있었다. 대담한 침팬지 몇 마리가 아프리카 어부의 오두막을 습격하여 옷을 가져갔다는 것이다. 우리는 사람들이 자신의 재산을 지키려고 큰 수컷 중 하나를 화나게 하거나 겁을 주어 결국 다치게 되지나 않을까 걱정스러웠다. 왜냐하면 어부들은 침팬지가 얼마나 쉽게 인간에 대한 공포심을 잃을 수 있는 지를 알지 못하기 때문이다. 우리는 하룻밤 내내 그 문제에 대해 토의했고 마침내 가능한 한 급식소를 계곡 위쪽으로 옮기기로 결정했다.

이사는 놀랍게도 쉽게 진행되었다. 우리는 처음에 핫산의 도움을 받아 이사할 곳에 콘크리트 바나나 상자를 더 설치했고, 상자들이 설치될 무렵에 텐트와 장비를 운반했다. 오가는 아프리카 짐꾼들이 침팬지를 가능한 한 방해하지 않도록 이 작업은 모두 땅거미가 진 후에 이루어졌다.

한 가지 남은 일은 침팬지들이 새로운 장치에 익숙하게 되는 것

휴고와 나의 무전기를 통한 교신

이다. 어느 날 아침 나는 침팬지 몇 마리가 지나갈지도 모른다는 희망을 안고, 지나가는 침팬지에게 바나나를 주려고 새 캠프에서 기다렸다. 휴고는 강가의 캠프에 내려가 있었고, 우리는 무전기로 서로 교신했다. 열한시쯤 거기에 큰 무리가 있으며 새로운 지역 쪽으로 1킬로미터 정도 데려가려고 한다는 휴고의 목소리가 들려왔다. 잠시 동안 아무 소리도 들리지 않다가 다시 목소리가 들려왔는데 휴고는 몹시 가쁘게 숨을 몰아쉬고 있었다. 그가 뭐라고 하는지 알아듣기 어려울 정도였다. 휴고는 나에게 바나나를 강가 캠프로 난 길을 따라 가능한 한 빨리, 그리고 가능한 한 널리 많이 넌지라고 말했다.

나는 휴고가 나타날 때까지 과일을 한아름 안고 뛰어다녀야 했

결혼 그리고 새로운 시작

다. 휴고는 한 손에는 상자를, 다른 손에는 바나나 한 개를 들고 뛰어오고 있었다. 그는 손에 쥔 바나나 한 개를 길 뒤로 던지고 난 후 내 옆에 숨을 헐떡이며 주저앉았다. 그를 따라오던 침팬지들은 갑자기 길 여기저기에 놓인 바나나를 보고, 기대하지 않은 축제를 맞은 것처럼 고막을 찢을 듯한 흥분의 비명을 지르면서 서로 껴안고 키스를 하며 툭툭 치기도 했다. 입 안 가득 끈적끈적한 바나나 때문에 그들의 소리는 점점 둔해졌다.

그러고 나서 휴고는 그 무리의 어른 수컷 여섯 마리 중 하나인 데이비드 그레이비어드에게 우리가 바나나를 저장해 두던 상자에서 마지막 바나나 한 개를 꺼내 보여 준 후 새로운 캠프로 난 미끄럽고 가파른 길로 뛰기 시작했다고 말해 주었다. 그는 그 계획이 정말 성공할 것이라 기대하지는 않았지만, 그가 믿던 데이비드는 환희에 찬 목소리로 으르렁대며 그를 따라오기 시작했고, 다른 침팬지들도 즉시 그 뒤를 따랐다. 휴고는 흥분한 침팬지들이 그를 따라잡아 그의 팔에 있던 상자를 낚아챈 후 상자가 비었다는 것을 알게 될까봐 두려웠다고 말했다.

얼마 지나지 않아 침팬지들 모두가 새 급식소에 나타났다. 사실 이 방랑자들은 먹이를 구하는 장소가 변하는 데에 익숙해져 있었다. 예를 들어 한 계곡의 무화과가 익으면 곧 또다른 계곡의 무화과가 익기 때문이다. 그들은 아마도 한 지역에서 너무 오랫동안 바나나를 먹었기 때문에 다른 곳의 땅 밑에 묻힌 이상한 상자 안에서 바나나가 익고 있을 것이라 이미 생각하고 있었는지도 모른다.

어부들이 강가에서 내는 소음이나 소란이 없는 새로운 캠프에서는 전에는 긴장하고 걱정하는 듯 했던 많은 침팬지들이 퍽 편안해 하는 것 같았다. 게다가 새로운 침팬지 몇 마리가 바나나를 찾으러

오기 시작했다. 그 당시에 우리가 관찰하던 그룹은 일부 연령층이 좀 빈약하던 참이었다. 예를 들어 어린 침팬지가 두 마리, 그리고 젊은 암컷은 그저 몇 마리뿐이었기 때문에 이것은 반가운 일이었다. 나무 사이로 이쪽을 쳐다보는 낯선 얼굴이 눈에 띄자마자 우리는 텐트 안으로 재빨리 숨어 방충망이 쳐진 창문 사이로 관찰했다. 그래야 낯선 침팬지들이 사람을 걱정할 것 없이 그저 신기한 텐트와 상자만을 보게 될 뿐이다. 우리는 텐트 바깥쪽의 저장 상자 안에 바나나를 많이 쌓아 두었고, 낯선 침팬지들이 우리의 침팬지들에게 먹이를 달라고 간청하거나 손이나 발이라도 움츠리기를 바랐다.

　종종 이 새 침팬지들은 우리 캠프 주위의 나무에서 내려와 실제로 캠프장에 모습을 드러내기 전에 다른 동료들의 이상한 행동을 지켜보았다. 때로 우리는 몇 시간을 계속하여 덥고 숨막힐 듯한 텐트 안에 갇혀 있곤 했다. 그러나 그럴 만한 가치가 있었다.

　어느 날 골리앗이 전에 본 적이 없는 발정기의 암컷을 데리고 언덕 위 저편에 나타났다. 휴고와 나는 재빨리 두 마리의 침팬지가 볼 수 있는 곳에 바나나를 쌓아둔 후 텐트 안에 숨어 관찰하기 시작했다. 암컷은 우리 캠프를 보자마자 나무 위로 잽싸게 올라가 아래를 내려다보았다. 골리앗도 즉시 멈춰 그녀를 쳐다본 후 바나나를 힐끗 보았다. 그는 언덕을 조금 내려와 멈춰 서서 다시 암컷을 돌아보았으나 그녀는 조금도 움직이지 않았다. 골리앗은 계속 천천히 내려왔고, 이때 암컷은 조용히 나무를 타고 올라가 버렸기 때문에 우리는 덤불에 가린 그녀를 볼 수 없었다. 골리앗이 주위를 둘러보고 그녀가 가버렸다는 사실을 알고는 다시 돌아갔다. 잠시 후 암컷은 털을 바짝 세운 골리앗을 따라 나무에서 내려왔다. 그는 잠시 그녀의 털을 쓰다듬으며 캠프 쪽을 힐끔거렸다. 그는 바나나를 더 이상 볼 수 없었으나 바나나가 거기 있다는 것을 알고 있었고, 한 열흘 정도는 캠프에 오지 않았기 때문에 아마도 군침을 흘리고 있었을 것이다.

이윽고 골리앗은 나무에서 내려와 한번 더 우리 쪽으로 다가오며 몇 걸음 걸을 때마다 멈춰서 암컷 쪽을 쳐다보았다. 그녀는 움직이지 않고 앉아 있었지만, 휴고와 나는 그녀가 골리앗으로부터 도망치고 싶어하는 뚜렷한 인상을 받았다. 골리앗은 언덕 아래로 더 내려와 암컷이 나무에 가려 보이지 않자 다시 재빨리 나무 위로 올라갔다. 아직도 그녀는 거기에 있었다. 그는 나무에서 내려와 몇 미터를 더 걷다가 다시 다른 나무 위로 올라갔다. 아직도 있었다. 골리앗은 바나나 쪽으로 가면서 이런 과정을 5분 동안 계속 반복했다.

캠프장에 도착했을 때 골리앗은 또다른 문제에 봉착했다. 캠프에는 올라갈 만한 나무가 없었고 땅에서는 그 암컷을 볼 수 없었다. 그는 캠프장으로 발을 디뎠다가 다시 돌아서 마지막 나무로 뛰어 올라가기를 세 번이나 반복했다. 암컷은 움직이지 않은 채로 있었다. 골리앗은 갑자기 무언가를 결심한 듯 보이더니, 재빨리 바나나 쪽으로 달려갔다. 바나나 하나를 잡고 그는 다시 돌아와 나무로 올라가 보았다. 아직도 암컷은 같은 나뭇가지에 앉아 있었다. 골리앗은 약간 안심이 되었는지 손에 쥔 바나나를 먹고, 서둘러 바나나 더미로 가서 한아름을 안고 나무로 서둘러 돌아왔다. 그러나 이때 암컷은 가고 없었다. 골리앗이 바나나를 주워 담는 동안, 그녀는 나뭇가지에서 내려와서 어깨너머로 골리앗 쪽을 여러 번 훔쳐보면서 조용히 사라졌던 것이다.

골리앗이 당황하는 모습은 정말 볼 만했다. 바나나를 떨어뜨리고 그는 그녀를 남겨 두었던 나무로 뛰어 올라가 주위를 살펴보더니 덤불 속으로 사라졌다. 20분 동안 그는 그 암컷을 찾아 헤맸다. 몇 분마다 그가 다른 나무로 올라가서는 주위를 열심히 살피는 것이 보였다. 그러나 그는 그녀를 찾지 못한 채 다시 캠프로 돌아와서는 퍽 지친 듯한 모습으로 주저앉아 천천히 바나나를 먹었다. 그러면서도 그는 언덕 쪽으로 머리를 돌려 계속 응시하곤 했다.

숲에서 내가 많이 보던 늙은 어미 침팬지가 우리 캠프 주변에 처음으로 나타났을 때도 생각난다. 그녀가 나무에서 쳐다보고 있는 가운데 그녀의 네 살 난 아들이 그룹의 다른 침팬지들과 함께 캠프로 왔다. 놀랍게도 그는 텐트의 베란다 위로 왔고, 우리가 그를 놀라게 하지 않으려고 숨도 못 쉬며 웅크리고 있는 텐트 구석의 접혀진 부분을 들어올려서 작은 얼굴을 디밀고 우리를 쳐다보았다. 그러고 나서 꽤 침착하게 텐트를 다시 내리고 바나나 껍질을 찾기 시작했다. 그는 우리가 마주쳤던 젊은 침팬지들 중에서 가장 대담한 친구였다.

이 시기에 우리는 피건이 유난히 재능이 많은 침팬지라는 것을 처음 깨달았다. 급식소 주변으로 침팬지들이 점점 더 많이 모여들면서 우리는 콘크리트 상자가 부족하다고 생각했다. 키고마에서 만든 뚜껑을 가져오는 데는 시간이 오래 걸렸고, 암컷들과 어린 침팬지들이 각자의 몫을 챙겨 먹는지 확인하는 것도 점점 어려워졌다. 그래서 우리는 여기저기 나무 위에 열매들을 숨겨두기 시작했다. 어른 수컷들이 상자에서 열매들을 주워 먹느라 바쁜 동안, 피건과 같은 어린 침팬지들은 재빨리 이런 열매들을 찾는 방법을 익히게 되었다. 어느 날 침팬지 무리가 식사를 마친 후 피건이 빠뜨린 바나나 한 개를 발견했다. 하지만 골리앗이 그 바나나 바로 아래쪽에서 쉬고 있있다. 바나나로부터 골리앗으로 시선이 옮겨지자 피건은 바나나가 보이지 않는 텐트 다른쪽으로 가서 앉았다. 15분이 지나 골리앗이 일어나 가버리자, 피건은 일 초도 주저하지 않고 다시 와서 바나나

결혼 그리고 새로운 시작

를 주웠다. 그는 분명히 이 모든 상황을 짐작하고 있었을 것이다. 그가 더 일찍 바나나를 주우러 갔다면 골리앗이 분명 그것을 낚아챘을 것이다. 만약 그가 바나나 근처에 앉아 있었다면, 그는 수시로 그것을 쳐다봤을 것이다. 침팬지들은 동료의 눈 움직임을 재빨리 알아차리고 해석할 수 있기 때문에, 골리앗도 아마 그 바나나를 보게 되었을 것이다. 그래서 피건은 순간적으로 자신의 욕구를 만족시키는 것을 억제하였을 뿐 아니라, 바나나를 쳐다봄으로써 〈먹이를 놓치는〉 일을 저지르지 않도록 멀리 가버렸던 것이다. 휴고와 나는 매우 큰 감명을 받았다. 그러나 그보다 더한 일이 우리를 기다리고 있었다.

  무리가 쉬고 있는 동안 어떤 침팬지가 주저 없이 일어나 가버릴 때에는 대개 다른 침팬지들도 일어나서 따라간다. 종종 암컷이나 어린 침팬지가 그런 이동을 이끄는 것을 보면 반드시 서열이 높은 개체일 필요는 없는 것 같다. 어느 날 피건이 큰 무리의 일원으로서 바나나를 그저 몇 개밖에 얻지 못하자, 그는 갑자기 일어나 걸어갔고 다른 침팬지들은 그를 따랐다. 10분이 지난 후, 그는 혼자 돌아왔고, 당연히 바나나는 그의 차지가 되었다. 우리는 이것이 우연의 일치로 처음 일어난 일이라 생각했다. 그러나 이후에도 같은 일이 여러 번 일어났다. 피건은 무리를 다른 데로 이끌어 놓고 나중에 돌아와 바나나를 챙겼던 것이다. 의심의 여지없이 그는 계획적으로 이런 일을 했던 것이다. 어느 날 아침에는 피건이 그런 책략을 쓴 후에 특유의 의기양양한 걸음으로 돌아왔는데 서열이 높은 수컷 한 마리가 그동안 캠프에 돌아와 바나나를 먹고 있었다. 피건은 그를 몇 분 동안 뚫어져라 쳐다본 후 발끈 화를 내며 땅을 치면서 소리를 질러댔다. 결국 그는 그가 전에 멀리 떠나보냈던 무리를 서둘러 따라갔고, 그의 고함 소리도 점차 멀어져갔다.

　캠프는 새로 결혼한 부부에게는 완벽한 장소였다. 우리 텐트는 키가 작은 야자나무 그늘에 자리잡고 있었고, 밖을 내다보면 풀이 돋은 캠프장 주위로 열 그루가 넘는 칸델라브라 candelabra 나무가 넉 달이 지나도록 진홍색 꽃을 피우고 있었다. 금속처럼 반짝이는 태양조 sunbird 여러 종류가 그 꿀을 먹으며 하루종일 훨훨 날아다녔으며, 밤에는 종종 수풀영양이 캠프장에 난 풀을 밟으며 고상하게 지나가기도 하였다. 캠프장의 끝 쪽 멀리로 강이 흘렀고, 거기서 우리는 밤에 차가운 산수로 몸을 씻었다. 우리는 아침을 직접 요리해 먹었고, 점심으로는 빵 몇 조각을 먹었다. 휴고는 내가 이제 그의 부인이니 만큼 뼈만 앙상하게 남을 정도로 마르면 안되겠다고 생각했던 모양이다. 어둑어둑해지면, 캠프의 일을 돕도록 고용한 도미니크와 사디키 Sadiki가 와서 저녁을 요리하고 캠프를 정리해주었다.

　우리의 사랑은 날이 갈수록 깊어갔고, 주위를 둘러싼 산과 숲의 아름다움 속에서 그 무엇보다도 우리를 즐겁게 했던 동물들을 관찰하는 일과 그들에 대해 배우는 경험을 나누어 갔다. 그 해에 우리는 두 아이인 길카와 에버레드를 데리고 있는 늙은 어미 올리를 지켜보다가 새로운 침팬지 도구를 발견했다. 에버레드가 나무를 타다가 갑자기 멈춰 얼굴을 나무껍질에 가까이 대고, 작은 구멍같이 보이는 것 안을 들여다보았다. 그리고는 나뭇잎 한 줌을 집어 잠시 씹다가 꺼내어 구멍 안으로 밀어넣었다. 그가 잎 덩어리를 꺼낼 때 우리는 번득이는 물을 보았다. 에버레드는 새빨리 그가 손수 만든 스펀지에서 액체를 빨아먹고 그것을 한번 더 구멍으로 찔러넣었다. 그때 길카가 와서 그를 유심히 쳐다보았다. 그가 가버렸을 때 그녀도 작은 스펀지를 만들어 구멍으로 집어넣어 보았으나, 벌써 물이 다 빠져 나간 후였기 때문인지 그녀는 스펀지를 떨어뜨리고 떠나버렸다. 캠프에 넘어져 있던 나무둥치 안에 인위적으로 물그릇을 넣어두자 그 후에도 우리는 같은 행동을 여러 번 볼 수 있었다. 번번이 침팬지들은 먼저 나뭇잎들을 아작아작 씹었고 그것은 물론 스펀지의 흡수력을 좋게 만드는 것이었다. 사실 이것은 도구를 〈만드는〉 예 중의 하나였다.

그 해 가장 흥미로웠던 것은 의심할 여지도 없이 야생 침팬지 새끼인 플린트의 성장 과정을 글과 영화로 매주 기록할 수 있었던 일이었다. 플로와 그 가족은 이전부터 우리에게 잘 알려져 있었고 우리 생활에서 빠뜨릴 수 없는 부분이 되어 있었다. 우리는 사실을 객관적으로 기록함으로써 그들의 행동을 많이 배울 수 있었으나, 동시에 그들을 점점 개개의 존재로서 인식하게 되었다. 우리는 과학적으로 정의를 내리기 전에 직관적으로 그들에 대한 것들을 알 수 있었다. 우리는 비록 〈유리창 너머 어렴풋이〉나마 침팬지가 정말로 어떤 존재인지 이해하기 시작했던 것이다.

그 해에 단 한 가지 실망스러웠던 일은 우리가 플린트의 생활을 기록하는데 첫 몇 주를 놓쳤다는 것이지만, 멜리사가 새끼를 낳은 것으로 그걸 대체할 수 있었다. 낮 동안의 열기가 가시고 태양이 하늘에 낮게 누웠을 때, 그 작은 아기를 우리는 처음 보았다. 멜리사는 언덕 아래 우리 캠프 쪽으로 오면서 세 다리로 걸으며 한 손으로는 갓 태어난 아기를 받치고 있었다. 그녀는 자주 멈춰 아래쪽의 무언가를 푸는 듯 보였다. 그녀가 가까이 왔을 때, 우리는 그것이 아직도 탯줄로 연결되어 아기에게 붙어 있는 태반이라는 것을 알 수 있었다.

멜리사는 그녀의 아기 걱정은 별로 하지 않는 듯 우리 쪽으로 곧장 걸어왔다. 그녀는 눈의 초점이 잘 맞지 않았고 움직임은 느리고 불확실했으며 멍한 듯 보였다. 어른 수컷 한 마리가 도착했을 때, 평소에는 다른 침팬지에게 재빨리 인사하고 서열이 높은 침팬지들에게 그렇게 알랑거리던 멜리사가 그를 완전히 무시해 버렸다. 그녀는 그가 떠날 때 따라가지도 않았다. 그녀는 아기를 허벅지 사이에 바짝 붙이고 아기의 작은 엉덩이 밑에 다리를 놓고는 팔을 아기 머리 뒤로 놓은 채 계속 앉아 있었다. 얼마 동안 아기는 팔에 가려 전혀 보이지 않았고 바나나 몇 개를 먹고 난 후에야 그녀는 아이를 싸고 있던 팔을 풀었다.

아기의 머리는 그녀의 무릎 너머로 걸쳐져 있었다. 멜리사는 아기의 작은 얼굴을 오랫동안 내려다보았다. 그렇게 작고 우습게 뒤틀린 얼굴은 정말 처음 보았다. 큰 귀, 작고 조금 오므린 듯한 입술, 그리고 분홍색이라기보다 푸른빛이 감도는 까맣고 엄청 주름져 있는 피부 등, 정말 못생겼고 우스웠다. 그의 눈은 저무는 햇볕에 찡그린 채 꼭 닫혀 있었고, 몹시 야윈 난쟁이나 장난꾸러기 꼬마 도깨비처럼 보였다. 우리는 그 자리에서 그에게 고블린 Goblin(〈도깨비〉라는 뜻――옮긴이)이라는 이름을 붙여주었다. 멜리사는 20분 동안 아들을 바라보다가 한 손으로 등을 감싸고 밤을 지내러 그녀의 잠자리로 돌아갔다.

휴고와 나는 뒤를 따라갔다. 한 열댓 걸음마다 멜리사는 멈춰서 몇 분 쉰 후 아기를 한 손으로 받치고 태반을 질질 끌며 계속 걸어갔다. 그녀가 크고 잎이 많은 나무에 도착하여 나무를 올라갔을 때에는 이미 어둑어둑해져 있었으므로 우리는 그녀가 잠자리 준비를 마치는 동안 거의 볼 수 없었다. 그녀는 다리와 한 손으로 매우 큰

결혼 그리고 새로운 시작

멜리사와 고블린

잠자리를 만들었다. 잠자리를 만드는 데는 여느 때의 3 내지 5분이 아닌 8분이나 걸렸다. 마침내 그녀는 누웠고 모든 것이 조용해졌다.

　우리는 그녀를 남겨두고 산에서 내려와 집으로 돌아왔다. 돌아오면서 우리는 조용히 수세기 동안에 걸쳐 동물이나 인간이나 할 것 없이 수많은 어머니들이 맞았던 출산의 기적에 당황했던 젊은 암컷을 생각했다. 자기 엄마를 떠난 이래 멜리사는 처음으로 다른 침팬지와 잠자리를 같이 쓰게 되었던 것이다.

플로의 가족

　이른 아침 햇살 아래 야자 열매로 배를 잔뜩 채운 늙은 플로는 땅바닥에 드러누워 뿌리처럼 생긴 커다란 발로 플린트의 작은 손목을 잡고 공중에서 흔들고 있었다. 플린트가 매달린 채 나머지 한 팔을 부드럽게 흔들면서 양다리를 버둥거리면 플로는 팔을 뻗어 플린트가 입을 열어 장난스런 미소를 지을 때까지 목과 사타구니를 간질였다. 근처에서 플린트를 응시하고 있던 피피도 가끔 팔을 뻗어 그녀의 10주 된 남동생을 부드럽게 쓰다듬어 주었다.
　플로의 나이 든 아들 페이븐과 피건은 그리 멀지 않은 곳에서 서로 장난을 치고 있었다. 두 달 반 전에 플린트가 태어난 이후로 페이븐은 꽤 자주 가족들과 함께 돌아다니기 시작했다. 매번 그들의 놀이가 격틸해시던 헐떡이며 낄낄거리는 웃음소리가 들려왔다. 갑자기 페이븐이 바닥에 앉으며 서너 살 아래인 피건의 숙인 머리를 발바닥으로 차면서 꽤 격렬하게 장난치기 시작했다. 몇 분이 지나자

플로와 플린트 주위에서 노는 페이븐, 피건, 피피

장난이 지겨워진 피건은 페이븐을 떠나 의기양양한 걸음걸이로 피피에게 다가가 그녀와 장난을 치려고 했다. 그때 플로는 플린트를 가슴에 끌어당기며 그늘로 가기 위해 일어났고, 피피는 피건을 밀어내고 엄마를 따라갔다. 휴고와 내가 곰비에 도착한, 그러니까 플린트가 태어난 지 7주가 지났을 때부터 피피는 줄곧 그녀의 새 동생에게 점점 더 빠져들기 시작했다.

플로는 그늘에 앉아 닳아빠진 이빨로 조금씩 잘근잘근 플린트의 목을 간질이기 시작했고, 피피는 다시 그 곁에 앉아 가끔씩 손을 뻗어 플린트의 등을 쓰다듬곤 했다. 플로는 피피가 이렇게 하는 것을 못 본 척했다. 그러나 처음에 플린트가 두 달도 안 되었을 때에는 피피가 플린트를 만지려고 할 때마다 플로는 피피의 손을 멀찌감치

계속하여 어린 동생을 만지려 하는 피피

밀쳐 내버렸기 때문에, 피피가 아기를 잠깐이나마 만져볼 수 있는 유일한 방법은 털고르기에 열중해 있는 플로 가까운 곳에서 플린트가 엄마의 털을 거머쥐고 있는 쪽에 바짝 접근해서 털을 고를 때뿐이었다. 피피는 손에 난 털을 손질했고, 가끔은 유난히 귀여운 조그만 손가락들을 잠깐씩 쓰다듬고는 플로를 흘끗 쳐다보면서 서둘러 다른 곳의 털을 손질하곤 했다.

그러나 지금은 플린트가 자랐으므로 대부분의 경우 피피는 플린트를 만질 수 있도록 허락받았다. 내가 보았을 때 피피는 플린트의 한 손을 집고 손가락들을 잘근잘근 깨물며 장난을 치고 있었다. 피피가 아프게 했는지 플린트가 조금 칭얼대기 시작하자 플로는 즉시 딸의 손을 밀쳐내고는 아기를 꼭 껴안았다. 당황한 피피는 이리저리

플로의 가족

피피가 휴고의 렌즈에 비친 자신의 모습을 보고 있다.

몸을 흔들며 머리 뒤로 팔을 꼬고는 입을 삐죽이며 플린트를 쳐다보았다. 그러나 얼마 지나지 않아 조심스럽게 팔을 뻗어 그를 만지기 시작했다.

나는 항상 아기들이 무기력한 단계를 벗어나 점점 사람들과 사물들에 대해 반응을 보이기 시작하게 되면서 점점 더 흥미로운 존재가 된다고 생각해왔다. 이것은 침팬지 새끼에게도 어김없이 적용되는 것 같다. 침팬지 새끼도 커감에 따라 엄마나 형제들뿐만 아니라 무리의 다른 구성원들, 그리고 단순한 관찰자인 우리에게조차도 더 매력적인 존재가 되었다. 그 해에 휴고와 내가 플린트를 관찰할 수 있었던 특권은 먼 훗날 우리 자신의 아들이 자라나는 것을 지켜보는 기쁨에 비유할 수 있을 정도로 우리의 경험에서 가장 유쾌했던 일 중 하나로 남아 있다.

세 달쯤 되자 플린트는 플로의 몸 위에서 그녀의 털을 잔뜩 움켜쥔 채 손을 당기고 발을 밀면서 이리저리 기어다닐 수 있게 되었다. 그리고 피피가 접근하면 팔을 뻗어 반응하기 시작했다. 피피는 점점 더 플린트에게 빠져들기 시작했다. 피피는 여러 번이나 엄마로부터 플린트를 떼어놓으려 했다. 처음에는 플로가 단호하게 이것을 막았지만 피피가 계속해서 그녀의 남동생을 끌어당기며 고집을 피우더라도 피피를 벌주지 않았다. 가끔은 피피의 손을 밀쳐내기도 했고, 가끔은 손발을 꼰 채 조금씩 몸을 움직이고 있는 피피를 남겨두고 걸어가 버리기도 했다. 그리고 때때로 피피가 특히 못되게 말썽을 피울 때에는 피피를 밀쳐내는 대신 털을 고르거나 상당히 활기차게 같이 놀아 주었다. 이런 행동은 대개 일시적이나마 피피의 관심을 남동생에게서 돌리게 하는 데 도움을 주었다.

두 아이들과 자주 장난을 쳐서인지 플로는 날이 갈수록 훨씬 더 쾌활해졌다. 몇 주가 지났을 때 그녀가 종종 피건과 열두 살인 페이븐을 간질이거나, 애지중지하는 플린트를 매단 채 나무둥치 둘레로 그들을 쫓아다니며 장난치는 것이 목격되기도 했다. 한번은 페이븐과 장난치는 도중에 피피가 털이 얼마 없는 머리를 땅에 숙이고 앙상한 엉덩이를 들어올려 실제로 공중회전을 했다. 그러고 나서는 좀 겸연쩍었는지 한쪽으로 걸어가 앉아 플린트의 털을 조심스럽게 손질하기 시작했다.

플린트가 13주 되었을 때, 우리는 피피가 엄마에게서 플린트를

플로의 가족

빼내오는 데 성공하는 모습을 목격하였다. 플로가 피건의 털을 손질하고 있을 때, 피피는 몹시 조심스럽게 그리고 여러 번에 걸쳐 엄마의 얼굴을 힐끗힐끗 곁눈질하며 플린트의 발을 잡아당기기 시작했다. 조금씩 조금씩 아기를 끌어당기는가 싶더니 졸지에 플린트는 피피의 품에 안기게 되었다. 피피는 땅바닥에 누운 채 팔과 다리로 플린트를 배에 꼭 껴안았다. 그리고 아주 조용히 누워 있었다.

놀랍게도 플로는 처음 얼마 동안 전혀 눈치를 채지 못한 것 같았다. 그러나 엄마 곁에서 결코 떨어져본 적이 없는 플린트가 플로 쪽으로 팔을 내밀면서 입술을 삐쭉거리며 〈후우〉하고 연한 비탄의 소리를 내자마자, 플로는 즉시 플린트를 가슴으로 끌어당기곤 고개를 숙여 이마에 뽀뽀를 해주었다. 플린트는 엄마의 가슴이라는 것을 확인하고서 잠시 동안 젖을 빤 후 고개를 돌려 피피를 쳐다보았다. 피피는 머리 뒤로 팔꿈치를 올리고 손을 꽉 잡은 채 플린트를 응시하고 있었다. 십 분 후 피피는 다시 잠시 동안 플린트를 안을 수 있었지만 플린트가 다시 낮고 슬프게 칭얼거리자 플로가 그를 데려갔고 플린트는 전처럼 엄마 품이라는 확신이 들자 잠시 동안 젖을 빨았다.

이 사건 이후 피피는 매일같이 플로에게서 어린 남동생을 떼어내려 시도했다. 시간이 지남에 따라 플린트가 점점 누나의 품에 익숙해졌기 때문에 이후 아홉 달 동안 플로가 재빨리 그를 구출하게 만들었던 칭얼거림은 점점 수그러들었다. 심지어 플로는 가족이 숲 속을 돌아다닐 때에도 피피가 플린트를 데리고 다니게 허락했다.

그러나 플로와 그 가족이 커다란 무리에 속해 있을 경우에는 플로는 아기에 대해 훨씬 더 강한 집착을 나타냈다. 만약 피피가 플린트를 데리고 가면, 플로는 이 아기 납치범을 잡아 아기를 되찾을 때까지 나지막하게 으르렁거리며 쫓아다녔다. 그러나 이런 경우에도

낮에 쓰는 둥지에 앉아 있는 플로와 플린트. 대개 거의 10미터 높이에 있다.

플린트가 태어난 후 플로는 점점 더 함께 놀기를 좋아했다.

피피를 꾸중하지는 않았다. 플로는 단지 손을 뻗어 딸의 발목을 잽싸게 움켜쥐고는 플린트를 품 안으로 끌어올 따름이다. 가끔씩 피피는 이 나이 든 엄마를 나무둥치 둘레나, 거의 기어서 포복해야 할 정도로 낮은 숲 속, 그리고 심지어는 나무 위까지 재미있다는 듯이 끌고 다녔다. 또 어떤 때는 플로가 자신을 잡지 못하게 하려는 듯 엄마 면전에서 뒷걸음질치면서 낮게 툴툴거리며 복종의 표시처럼 아래위로 고개를 끄덕이곤 했다. 그렇다 해도 피피는 강제로 플린트를 빼앗기기 전까지는 결코 포기하지 않았다.

플린트가 매우 어렸을 때 그의 형들은 이따금씩 그를 쳐다볼 뿐 거의 주의를 기울이지 않았다. 엄마와 함께 털을 고르고 있는 동안 페이븐은 가끔씩 아주 부드럽게 아기를 쓰다듬어 주었다. 피건은 그가 분명히 가족의 한 구성원이었음에도 그 당시 플린트를 만지는 걸 두려워하는 것 같았다. 피건과 플로가 털을 고르고 있을 때 우연히 아기가 팔을 흔들다 피건을 건드리면, 피건은 플로의 얼굴을 흘깃 본 후 애써 플린트를 외면하려는 것 같았다. 또한 피건은 비록 혈기 왕성한 젊은 수컷이었지만 여전히 나이 든 어머니에게는 커다란 존경심을 보였다.

내 기억속에 지금도 생생히 떠오르는 사건이 있다. 피피가 플린트를 데리고 플로로부터 약 9미터 떨어진 곳에 앉아 털을 다듬어주고 있었다. 피건이 피피에게 다가가서 앉자, 플린트는 그를 향해 고개를 돌렸다. 그리고 눈을 커다랗게 떠 피건의 얼굴에 고정시키고는 피건의 가슴털을 잡으려고 손을 내밀었다. 피건은 움찔했고, 플로 쪽을 새빨리 흘깃한 후 팔을 위로 들어 올려 아기로부터 밀리했다. 그리고 나서 입술을 삐죽이면서 플린트를 쳐다보며 가만히 앉아 있었다. 아기는 피건의 가슴을 더 가까이 당겨 코를 비벼대더니 갑자

플로의 가족

플린트가 피피로부터 피건에게로 가고 있다.

기 낯선 느낌에 두려워하는 것 같았다. 대개 플린트는 단지 플로나 피피하고만 접촉했으며, 만약 그들에게 손을 뻗으면 플로나 피피는 항상 플린트를 좀더 가까이 안아주곤 했었다. 플린트는 입을 삐죽이며 다시 피피를 향해 몸을 틀었지만, 헷갈린 듯 다시 칭얼거리며 피건에게 손을 내밀었다. 이때 플로가 서둘러 다가와 플린트를 구해내곤 피건에게 접근했고 피건 역시 걱정되는 듯 낮은 소리를 내며 예로부터 전해 오는 항복의 몸짓인 듯, 그의 손을 훨씬 더 높이 들었다. 플로가 아기를 데리고 가자 피건은 어리둥절해 하며 그의 손을 서서히 내렸다.

플린트가 다섯 달이 되기 바로 전 어느 날, 플로는 이동하기 위해 일어섰고 예전처럼 배 위에 플린트를 끌어안는 대신 한 손으로

플로가 다가오자 피건은 자신이 아기를 다치지 않았다는 듯 손을 들어 보인다.

플린트의 팔을 잡은 후 어깨 위로 끌어 등에 올렸다. 몇 미터 정도까지 플린트는 그 위에서 그대로 있다가 미끄러져 내려와 플로의 팔에 매달렸다. 플로는 그를 팔에 매단 채 얼마쯤 걸어간 후 플린트가 배 아래쪽에 오도록 안쪽으로 밀었다. 그 다음날 플로가 캠프에 도착했을 때, 플린트는 플로의 드문드문한 털을 손과 발로 움켜쥔 채 그녀의 등에 아슬아슬하게 매달려 있었다. 떠날 때 플로가 다시 등 뒤로 아들을 밀어올리자 플린트는 잠시 그곳에 매달렸다가 다시 미끄러져 내려와 한 손으로 그녀의 옆구리 쪽에 매달렸다. 27미터 정도 걸어간 후 플로는 다시 한번 더 등 뒤로 플린트를 밀어 올렸다. 이 사건 이후부터 플로가 산 속을 돌아다닐 때면 플린트는 거의 항상 그 등이나 옆구리에 매달려 있었다. 일정한 나이가 되면 모든 아

플로의 가족   191

기들이 엄마 배 쪽에 매달리기보다는 등을 타기 시작하기 때문에 이런 모습은 그리 놀랄 일은 아니었다. 그러나 그 후에 우리는 피피 또한 플린트를 데리고 다닐 때면 등 뒤에 태우려고 애쓰는 것을 목격하고는 깜짝 놀랐다. 이것은 틀림없이 엄마의 행동을 직접 관찰함으로써 배우게 된 학습의 일례였던 것이다.

다섯 달째 될 무렵 플린트는 플로를 능숙하게 올라탈 수 있게 되었다. 다만 가끔씩 플로가 걸어다닐 때 미끄러져 내려와 옆쪽에 매달리곤 했다. 만약 무리 중에서 어떤 흥분된 신호가 발생하거나 무성한 덤불 아래로 이동할 때면 플로는 항상 등 뒤로 손을 뻗쳐 플린트를 잡아당겼고 전처럼 아래쪽에 매달리게 했다. 얼마 후부터 플린트는 플로가 살짝 건드리기만 해도 이것에 반응하여 자연스레 아래로 몸을 움직이는 것을 배웠다.

플린트는 플로의 등을 타고 오르기 시작하는 것과 거의 동시에 처음으로 혼자서 걸음마를 시작했다. 그전 몇 주 동안 플린트는 한 손으로는 플로의 털을 잡고 나머지 손발로는 균형을 잡은 채 땅 위에 서 있었다. 가끔은 몇 발짝씩 걷기도 했다. 이 경사스런 날 아침, 플린트는 갑자기 플로에게서 떨어져 네 발로 땅을 짚은 채 혼자 일어섰다. 그러고는 아주 조심스럽게 한 손을 땅에서 떼어 안전하게 앞쪽으로 옮기더니 멈췄다. 이어 한 발을 땅에서 뗐다. 그러나 곧 옆으로 기울어지면서 비틀거리는 듯하더니 으르렁거리며 코를 땅에 처박았다. 그러자 즉시 플로가 팔을 뻗어 플린트를 일으켜 품에 안았다. 그러나 이것은 단지 시작일 뿐이었다. 비록 몇 달 동안은 아주 불안하게 비틀거렸지만 이 사건 이후 플린트는 매일 한 걸음 두 걸음씩 더 멀리 걸었다. 플린트는 계속 넘어지며 손발을 허우적거렸고, 그럴 때마다 플로가 그를 재빨리 품에 안았다. 종종 그녀는 뒤

결국 플로는 피피에게 플린트를 업게 했다.

뚱거리며 걷는 플린트 배 아래에 한 손을 갖다 대고 있기도 했다.

플린트는 걸음마를 시작하자마자 곧바로 나무에 오르려고 했다. 어느 날 우리는 그가 똑바로 서서 작은 나무에 한 손으로 매달려 처음에는 한 발로 그 다음에는 다른 발로 나무를 거머쥐는 것을 목격했다. 그러나 그는 결코 두 발을 동시에 땅에서 떼어놓지는 않았고 잠시 후에는 땅 위에 거꾸러져 떨어졌다. 플린트는 몇 차례나 이것을 반복했고, 플로는 피피의 털을 다듬어주며 플린트가 더 이상 넘어지지 않도록 팔로 그의 등을 편안하게 받치고 있었다. 이 첫번째 시도가 있은 지 일주일 만에 플린트는 제법 쉽게 나무를 오르게 되었다. 그러나 어린 아이의 경우와 마찬가지로 플린트에게 더 어려운 것은 혼자 힘으로 나무에서 내려오는 것이었다. 물론 플로가 바짝 신경을 곤두세우고 있었고 피피도 만만치 않았기 때문에 플린트가

8개월 된 플린트가 플로의 등에서 매우 편안해 하고 있다.

낮게 칭얼대기만 하면 보호자들 중 누군가가 그를 구조하기 위해 손을 내밀었다. 실제로 플로는 나뭇가지의 끝이 부러지려고 하는 것도 모른 채 플린트가 계속 나뭇가지에 매달려 있었을 적에도 플린트를 구해냈다. 플로는 무리의 구성원들 사이에서 어떤 사회적 흥분이나 공격 신호를 목격했을 때에도 그 즉시 플린트를 붙잡았다.

이곳저곳으로 이동해 다닐 때 플린트는 균형 있게 걸어가기보다는 달음질쳐 갔지만, 점점 능숙하게 손발을 조절하는 법을 배웠다.

그는 플로에게서 몇 미터씩이나 떨어지는 모험을 하기도 했다. 엄마를 떠나 움직이는 것이 퍽 긴장되었는지 털은 곤두섰고, 커다란 눈은 그의 앞에 있는 물체들과 다른 침팬지들을 뚫어져라 쳐다보았다. 그는 그렇게 복실복실한 까만 공처럼 뒤뚱뒤뚱 걸어다녔다.

피피는 여전히 아기 남동생에게 매료되어 있었다. 피피는 하루종일, 아기와 놀아주거나 아기가 잠잘 때 털을 다듬어 주거나 동생을 데리고 돌아다니면서 시간을 보냈다. 플로도 가끔씩은 어머니의 책임감에서 벗어나는 것을 언짢게 생각하지 않는 듯했다. 피피가 플린트를 보이지 않는 곳으로 데려가지 않는 한, 그리고 사나운 수컷들이 근처에 없는 한 플로는 피피가 플린트를 납치해 가는 것을 더 이상 막지 않았다. 플로는 다른 젊은 침팬지들이 플린트에게 접근해서 다정하게 놀아주는 것에 신경 쓰는 것 같지 않았다. 반면 피피는 그에 대해 심한 거부 반응을 보였다. 플린트 주위에서 길카나 옛날 소꿉친구들을 목격하면, 피피는 하고 있던 것을 즉시 중단하고 털을 곤두세운 채 팔을 홰홰 휘두르고 발로 땅을 쾅쾅 차며 돌진해가서 그 침팬지를 쫓아버렸다. 플로에게 복종하는 침팬지들이라면 그들이 설사 피피보다 나이가 훨씬 많을지라도 사나운 피피에게 위협받거나 심지어 공격을 당하기도 했다. 아마 그녀의 이러한 행동은 일이 잘못되더라도 플로가 재빨리 도와주리라는 생각에 행해지는 것인 듯했고, 분노의 희생자들 역시 이 점을 분명히 알고 있었다.

그러나 피피도 페이븐과 피건만은 플린트로부터 쫓아낼 수 없었다. 아기가 자라면서 두 손위 형제들은 아기에게 점점 더 많은 관심을 보였다. 그들은 종종 플린트에게 접근하여 장난을 치거나, 플린트가 낮은 가지에 매달려 다리를 탁탁 찰 때면 그를 간질이거나 살며시 앞뒤로 밀곤 했다. 때때로 피건이 플린트와 놀고 있으면 피피가 서둘러 다가가 피건과 놀이를 하려고 애썼고 이러한 시도는 늘 먹혀 들어갔다. 그 놀이가 끝나면 피피는 자기가 먼저 플린트와 놀려고 재빨리 그에게 달려왔다. 이것은 혹 플로가 피피에게 종종 써먹었던, 상대의 정신을 분산시키는 기술을 피피가 연습하고 있었던 것이 아니었을까?

플린트가 어른 수컷들 중 하나에게 아장아장 다가갈 때에는 피피는 거의 간섭하지 못했다. 데이비드나 골리앗 또는 마이크가 손을 뻗어 플린트를 이리저리 쓰다듬거나 부드럽게 포옹할 때면 그녀는 단지 앉아서 쳐다 보고만 있었다. 그리고 몇 주일이 지나자 플린트는 버르장머리 없는 아기처럼 점점 더 많은 관심을 원했다. 어느 날 플린트가 아장아장 걸어서 맥그리거 씨에게 다가갔지만 맥그리거 씨는 그냥 일어나 떠나 버렸다. 내 생각에 그의 행동은 고의적인 것은 아니었으며 그는 그때 마침 막 떠나려 하고 있었던 것 같다. 플린트는 커다란 눈으로 그 수컷 침팬지의 떠나가는 뒷모습을 응시하며 죽은 듯 멈춰서 있더니, 잠시 후 비틀거리며 여러 번씩 땅에 얼굴을 처박으며 계속 뒤쫓아갔다. 플린트는 계속 부드럽게 칭얼거리고 있었다. 그러자 금방 플로가 쫓아와 그를 데리고 갔다. 이 사건은 단지 시작일 뿐이었다. 그 이후 몇 주 동안 플린트는 항상 어른 수컷 침팬지들을 따라다니며 칭얼거렸고, 수컷들은 플린트를 본체만체하거나 어떤 이유에서든지 플린트의 곁을 떠나가 버렸다. 종종 수컷들은 뒤에서 들려오는 작은 울음소리가 걱정이 되었던지 멈춰 뒤돌아 서서는 플린트를 쓰다듬어 주곤 했다.

플린트가 여덟 달이 되었을 즈음에는 가끔씩 놀거나 주위를 조사할 때 15분 정도 플로 곁을 떠나 있기도 했지만, 그렇다고 해서 플로에게서 아주 멀리 떨어지지는 않았다. 그는 다소 오랫동안 일어서

플린트의 털을 고르는 플로

서 있을 수도 있었고, 피피와 약간은 거친 놀이도 할 수 있었다. 작은 풀숲 주위로 쫓아다니거나, 피피가 누워 있을 때 그녀의 위로 올라타거나, 손과 입으로 피피를 간질이곤 했다. 그러던 중 흰개미 낚시철이 시작되었다.

어느 날 플로가 흰개미를 낚고 있을 때 똑같은 흙더미 위에서 흰개미를 먹고 있던 피건과 피피가 그곳을 떠나고 싶어 안달했다. 늙은 플로는 이미 거의 두 시간 동안이나 흰개미를 낚고 있었고 5분에 2마리 정도밖에 낚지 못했지만 그만두려는 기색을 보이지 않고 있었다. 플로와 같이 늙은 암컷에게는 그 시점에서 최소한 한 시간 정도 더 낚시를 하는 일은 아무것도 아니었다. 피건은 몇 차례나 강쪽으로 난 길로 단호하게 떠나는 척했지만, 그때마다 플로를 뒤돌아보고는 가는 길을 포기하고 되돌아와 엄마를 기다렸다.

플린트는 너무 어려 자기가 있는 곳이 어디인지 별 관심을 갖지 않았다. 플린트는 가끔씩 흰개미를 톡톡 가볍게 두드리며 작은 흙둔덕 위에서 이리저리 기어다녔다. 갑자기 피건이 다시 일어나 플린트에게 다가갔다. 피건은 플로가 아기에게 등에 올라타라고 할 때의 몸짓을 흉내내며 한쪽 다리를 굽히고 부드럽게 호소하듯 킁킁거리면서 그의 팔을 뒤로 뻗었다. 플린트는 곧장 그에게 아장아장 걸어왔으며, 피건은 여전히 킁킁거리며 플린트 아래에 손을 받쳐 등 위로 밀어올렸다. 플린트가 안전하게 업히자 피건은 플로를 재빨리 흘깃 쳐다본 후 서둘러 길을 떠났다. 조금 지나자 플로도 낚시 도구를 버리고 피건을 쫓아갔다.

휴고와 나는 피건이 자기가 원하는 걸 얻기 위해 발휘한 영리한 행동에 깜짝 놀랐다. 이것은 정말로 고의적인 행동이었을까? 확신할 수는 없었다. 며칠 후 피피가 다시 한번 똑같은 행동을 했고 몇

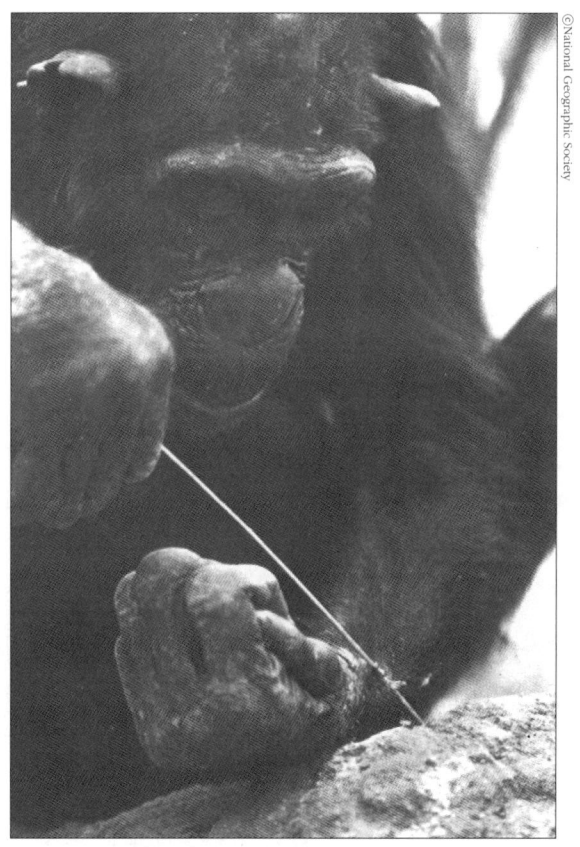

풀줄기 도구를 사용하여 흰개미를 낚는 플로

주 후에는 페이븐도 똑같은 행동을 하는 것이 관찰되었다. 그는 플로를 설득해 흰개미 둔덕에서 벗어나려고 몇 차례나 시도하더니 가슴에 플린트를 안고 가버렸다. 페이븐이 플린트를 데리고 가는 것은 그전에는 한번도 관찰되지 않았다.

흰개미 낚시철이 지나감에 따라, 플로의 새끼들 중 나이가 든 침

플로의 가족

팬지들이 어머니의 그칠 줄 모르는 흰개미 낚시를 잠시 동안이라도 멈추게 하려고 고의적으로 플린트를 납치한다는 것은 의심할 여지 없는 사실로 드러났다. 그들 셋 모두 다른 몇몇 경우에도 이 방법을 본떠 플린트를 데리고 갔다. 그들이 항상 성공한 것은 아니었다. 플린트가 종종 스스로 등에서 내려와 엄마에게 되돌아갔기 때문이었다. 그리고 이따금씩 흰개미 낚시가 잘되는 경우에는 플로가 재빨리 플린트를 그들에게서 빼앗아 다시 흰개미 둔덕으로 되돌아갔다. 그러면 실패한 납치꾼들은 다시 플로를 따라왔고 대개 나중에 다시 납치를 시도했다.

물론 플린트는 너무 어려 흰개미를 먹는 것에는 아무런 흥미도 보이지 않았다. 이따금씩 무화과나 바나나를 한 입 가득 먹어 보기도 했지만 여전히 엄마 젖에서 영양분의 대부분을 받았으며 이것은 앞으로 일년은 더 지속될 것이다. 플린트는 이따금씩 기어다니는 흰개미를 손가락으로 쿡쿡 찔러보기도 하고, 흰개미 둔덕 위로 어슬렁거리면서 버려진 풀줄기 낚시 도구들을 가지고 놀았다. 또 플린트는 깨끗이 쓸어모아 청소하는 것도 배웠다. 흰개미들이 둔덕의 표면 위로 쏟아져 나올 때면 나이 든 침팬지들은 손목의 등쪽 부분으로 그들을 쓸어 모아 흰개미들이 털 속에 뒤엉켜들게 한 후 입술로 이 잡듯이 먹어치웠다. 흰개미 계절이 시작된 직후 플린트는 물건들을 쓸어버리기 시작했다. 이를테면 땅바닥이나 자신의 다리, 그가 올라타는 엄마의 등에 있는 무엇이든 흰개미가 아닌 것은 깨끗이 쓸어버렸다. 이따금씩 그가 엄마나 형제들이 낚시하고 있는 것을 잠시 동안 뚫어져라 쳐다볼 때도 있었지만 실제로는 그의 형제들이 그렇게 몰두해 있는 흰개미 낚시에는 그다지 흥미를 느끼지 않았다.

한편 피피는 열렬한 흰개미 낚시꾼이었다. 플린트가 놀자고 등 위로 올라타거나 풀줄기에 있는 개미들을 흩뜨리면 심하게 화를 냈다. 피피는 계속 거칠게 플린트를 밀어냈다. 낚시를 하고 있지 않을 때는 여전히 플린트와 자주 놀아 주었지만, 마법이 사라져 버린 듯 전처럼 그렇게 열광적으로 플린트에게 매료되지는 않았다. 이제 피피는 더 이상 플린트를 다른 젊은 침팬지들의 사회적 접촉으로부터 보호하지 않았다.

특히 피피가 흰개미 둔덕에서 낚시하고 있을 때에는 길카나 다른 젊은 침팬지들이 플린트에게 다가가서 노는 것을 종종 허락했기 때문에, 플린트는 친구의 범위를 넓혀가기 시작했다. 피피는 사춘기의 암컷 몇 마리가 플린트를 데리고 가거나 털을 손질해주며 같이 놀아도 더 이상 공격적으로 돌진하지 않았다. 플린트는 커가고 있는 것이었다. 플린트는 자신의 생각을 가지기 시작했기 때문에 피피가 어린 동생에게 모든 관심을 쏟아 붓고 있을 때조차도 더 이상 동생을 자신의 인형처럼 다루지 않았다. 만약 피피가 어떤 방향으로 그를 데리고 가려고 하면 그는 다른 곳으로 가려고 했다. 그리곤 그녀로부터 빠져 나와 자기 길을 갔다. 플린트는 또한 점점 무거워졌다. 어느 날 플린트가 피피의 무릎 위에서 그녀의 털을 꼭 쥔 채 잠들어 버렸는데, 피피는 그것 때문에 퍽 아팠던 모양이었다. 피피는 조심스럽게 먼저 한 손을, 그리곤 다른 손을 떼어 냈지만 곧바로 플린트가 다시 꽉 움켜잡았다. 결국 피피는 사상 처음으로 플로에게 가서 동생을 들이밀었다.

플린트는 한 살이 되어서도 여전히 뒤뚱거리며 걸었지만 어디에서든 놀이가 벌어지면 재빨리 끼여들었으며, 누리에 참가한 새 친구 사귀기를 좋아했다. 사실 그는 공동체의 사회생활에 이제 막 참가하기 시작했다. 그 당시 그 공동체는 마이크가 극적으로 통치자의

플린트가 사춘기의 침팬지와 놀며 내는 웃음소리를 녹음하고 있다. 플로는 상관하지 않고 누워 있다.

서열에 오른 바람에 여전히 혼란한 상태였다. 골리앗을 패배로 이끈 투쟁에 대해서 플린트는 거의 모르고 있었는데 그것은 플린트가 태어날 무렵에 시작된 전쟁이었기 때문이다. 어쨌건 플린트는 마이크가 확고하게 최상의 권위를 누리고 있는 세계에서 자라났다.

사회적 서열 다툼

마이크가 침팬지 무리에서 서열 제1인자에 오르는 과정은 흥미롭고도 주목할 만한 일이었다. 1963년 마이크는 어른 수컷 우위 서열에서 거의 밑바닥에 자리잡고 있었다. 마이크는 바나나도 꼴찌로 먹었고, 거의 모든 다른 어른 수컷들로부터 위협당하거나 공격을 받기도 했다. 한번은 다른 침팬지들과 싸우다가 털이 몇 움큼씩이나 빠져 거의 대머리가 되어 나타난 적도 있었다.

휴고와 내가 그 해 말 결혼을 준비하기 위해 곰비를 떠날 때만 해도 마이크의 서열에는 변동이 없었다. 그러나 넉 달 후 우리가 돌아왔을 때, 마이크는 몰라보게 달라져 있었다. 크리스와 도미니크가 그 이야기의 시작부터 들려주었다. 마이크가 돌격 자세를 취할 때 15리터짜리 빈 등유 깡통들을 점점 더 자주 사용하게 되었다는 것이었다. 여러 날 지나지 않아 우리는 마이크의 기술을 직접 목격할 수 있었다.

특별히 생생하게 기억나는 사건이 하나 있다. 최고 서열의 골리앗과 데이비드 그레이비어드, 그리고 몸집이 큰 로돌프를 포함한 5마리의 어른 수컷 무리가 서로 털을 고르고 있었다. 아무런 일 없이 이 상황이 20분 정도 계속되었다. 마이크는 그들로부터 약 30미터 정도 떨어져 앉아 그들을 빈번히 쳐다보며 이따금 느릿느릿 자신의 털을 다듬고 있었다.

갑자기 마이크가 우리의 텐트 쪽으로 조용히 걸어와 빈 등유 깡통을 낚아챘다. 깡통을 하나 더 집어 들더니 똑바로 선 채 그가 앉아 있던 곳으로 돌아갔다. 두 개의 깡통으로 무장한 마이크는 계속 다른 수컷들을 노려보았다. 몇 분 후 그는 몸을 좌우로 흔들기 시작했다. 처음에는 그 움직임을 거의 눈치채지 못했지만 휴고와 나는 그를 가까운 곳에서 주시하고 있었다. 마이크는 몸을 점점 더 격렬하게 흔들었고 서서히 털들을 세우기 시작하더니 나지막하게 헐떡이며 우우거리기 시작했다. 마이크는 두 발로 서서 갑자기 소리를 지르고 깡통 두 개를 맞부딪치며 수컷 무리를 향해 돌격해 들어갔다. 점점 강해지는 우우 소리와 더불어 그 깡통들이 부딪히는 소리는 그야말로 소름끼치는 아우성을 연출했다. 평화스럽게 앉아 있던 수컷들이 죄다 달아나 버렸다. 마이크의 우우거림과 깡통 소리는 점차 줄어들어 얼마 후에는 조용해졌다. 수컷들 중에서 몇몇이 다시 모여 털을 고르기 시작했지만, 나머지는 사뭇 불안해하며 서 있었다.

짧은 휴식 시간이 끝나고 끔찍한 낮은 우우 소리가 다시 시작되더니 마이크가 그 수컷들 바로 뒤에서 깡통 두 개를 요란스레 두드리며 나타났다. 마이크는 다른 수컷들을 겨냥하여 똑바로 돌격했고 그들은 곧 도망쳤다. 이번에는 그 무리가 다시 모이기도 전에 마이크가 또 나섰다. 그는 골리앗을 향해 돌격했고 제아무리 골리앗이라

마이크가 시끄러운 등유 깡통을 사용하여 으뜸 수컷이 되었다.

도 다른 수컷들처럼 줄행랑을 치고 말았다. 그러자 마이크는 털을 잔뜩 세우고 거칠게 숨을 몰아쉬며 주저앉았다. 부릅뜬 눈은 정면을 바라보고 있었고 아랫입술은 조금 밑으로 벌어져 있어 입 안의 분홍색 살로 인해 표정이 매서워 보였다.

수컷들 중 로돌프가 처음으로 마이크에게 다가갔는데, 로돌프는 복종의 표시로 부드럽게 헐떡이고 웅얼거리며 낮게 몸을 웅크려 마이크의 넓적다리에 입술을 맞추었다. 그 다음 로돌프는 마이크의 털을 고르기 시작했고, 다른 두 수컷들도 웅얼웅얼 숨을 헐떡이며 다가와 역시 그를 손질해주기 시작했다. 마침내 데이비드 그레이비어드도 마이크에게 다가왔고 한 손을 그의 허벅지 윗부분에 올려놓은 채 털고르기에 동참하였다. 오직 골리앗만이 혼자 앉은 채로 마이크를 쳐다보며 멀리 떨어져 있었다. 지금까지 도전받지 않았던 골리앗의 왕좌에 마이크가 심각한 위협을 가했음이 분명했다.

마이크가 사람이 만든 물건들을 교묘하게 사용할 수 있었던 것은 아마도 그가 탁월한 지능을 갖추고 있다는 뜻일 것이다. 많은 어른 수컷 침팬지들도 때로 보통 잘 쓰는 나뭇가지나 바위 대신 등유 깡통을 땅에 질질 끌며 그들의 돌격행동을 보였다. 그러나 확실히 마이크만이 그 우연한 경험 덕택에 이익을 보았고, 자기에게 이익이 될 만한 깡통들을 골라내는 법을 터득한 것이다. 물론 깡통들은 나뭇가지 하나가 땅을 긁는 것보다 몇 배나 더 시끄러운 소리를 냈다. 결국 마이크는 캠프장에서 거의 50미터가 넘는 거리를 깡통 세 개를 들고 달릴 줄 알게 되었다. 예전에 마이크보다 서열이 높았던 수컷들이 줄행랑을 놓는 것은 너무도 당연했다.

돌격행동은 침팬지가 먹이를 발견했을 때, 다른 무리에 합류할 때, 아니면 좌절했을 때 등 대개 감정이 격해졌을 때 일어난다. 그러나 마이크는 실제로 돌격행동을 계획한 것처럼 보였다. 냉혈한처럼 말이다. 일어나서 깡통들을 가지러 갈 때에도 마이크는 그다지 좌절하거나 흥분해 있는 것 같지 않았다. 과시용 도구들로 무장을 하고 털을 세운 채 몸을 이리저리 흔들면서 소리를 질러댄 후에야 그는 흥분한 것처럼 보였다.

마이크의 등유 깡통 사용은 결국 다른 침팬지들에게 위협이 되었다. 마이크는 돌격의 막바지에 깡통들을 앞으로 집어던지는 것을 배웠다. 한번은 그가 내 뒷머리를 쳤고 한번은 휴고의 소중한 무비 카메라를 쳤다. 우리는 모든 깡통들을 치우기로 했고, 마이크는 어떻게 해서든지 다른 물건들이라도 잡아끌려고 시도하는 악몽 같은 기간을 보내야 했다. 한번은 그가 휴고의 삼각대를 집었지만 다행히 카메라는 얹혀 있지 않았다. 또 한번은 많은 양의 음식, 모든 질그릇과 칼들을 보관하는 큰 찬장을 움켜쥐더니 잡아 빼려고 안간힘을 쓰기도 했다. 그 소음과 파괴의 흔적은 걷잡을 수 없을 지경에 이르렀다. 우리는 결국 물건들을 땅속에 파 넣거나 멀찌감치 숨겨야 했고, 마이크도 다른 침팬지들과 마찬가지로 나뭇가지들과 바위들을 사용하게 되었다.

그러나 그 무렵 그의 최고 서열은 확고한 상태였다. 비록 마이크 자신이 자기 서열에 완전히 안심하는 것처럼 보이는 데에는 그 후에도 꼬박 일년이 걸렸지만 말이다. 그는 매우 자주 그리고 격렬하게 돌격행동을 보였고, 조금만 흥분해도 종종 암컷이나 새끼들을 공격하곤 했으므로 낮은 서열의 침팬지들은 자연히 그를 두려워하게 되어 있다. 특히 짐작하겠지만, 마이크와 예전에 우위 수컷이었던 골리앗 사이에는 긴장된 관계가 지속되었다.

골리앗이 싸워보지도 않고 그의 서열을 잃은 것은 아니다. 골리

사회적 서열 다툼

앗의 과시행동도 횟수와 강도가 계속 증가했으며 더욱 공격적이 되었다. 서열 다툼이 시작되기 전에 휴고와 나는 골리앗이 제정신이 아니라고 걱정했던 때도 있었다. 그는 한 쌍의 새끼들을 공격한 다음 커다란 나뭇가지를 끌면서 이리저리 돌격했다. 그러다가 털은 곤두서고 겨드랑이는 힘을 주어 불룩해졌으며 반쯤 벌어진 입가에는 침이 거품이 되어 번뜩거리는 채로 실성한 듯 번쩍이는 눈을 하고서 앉아 있곤 했다. 우리는 실제로 키고마에서 강철로 땜질한 우리를 만들어 캠프에 설치한 다음 골리앗이 화가 머리끝까지 났을 때 그 안으로 대피했다.

하루는 마이크가 캠프에 앉아 있을 때, 특징적으로 뒷끝이 조금씩 떨리는, 다분히 음악적이고 헐떡이며 내는 우우 소리가 들렸다. 골리앗이 돌아온 것이다. 그는 2주일 동안 보호구역의 남쪽 어딘가에 가 있었다. 마이크는 즉시 반응을 보였다. 역시 우우 소리를 내며 캠프장을 가로질러 돌격했다. 그리고 나서는 나무 한 그루에 올라앉아 털을 온통 곤두세운 채 계곡을 내려다보았다.

몇 분 후 골리앗이 캠프장 외곽에 나타나 요란스런 과시행동 중 하나를 보였다. 골리앗은 마이크를 발견하곤 커다란 나뭇가지를 끌며 그를 향해 곧장 달려갔다. 그는 마이크가 있는 나무 가까이 있는 다른 나무 위로 뛰어오른 후 움직이지 않고 가만히 앉아 있었다. 마이크는 잠시 동안 골리앗을 쳐다보더니 이내 과시행동을 시작했다. 그는 나뭇가지들을 거세게 흔들며 땅 위로 뛰어내려 돌 몇 개를 움켜쥐더니 골리앗이 있는 나무로 뛰어올라가 나뭇가지들을 흔들어댔다. 마이크가 멈추자 골리앗도 즉시 응수했다. 나뭇가지들을 건너뛰며 그들을 세게 흔들어댔다. 골리앗이 이리 뛰고 저리 뛰고 하다가 마이크 가까이 접근하자 마이크 역시 돌격행동을 보였다. 그리고 얼

돌격과시행동은 수컷의 신분 상승에 도움을 준다.

마 동안 그 두 당당한 수컷 침팬지들은 그 나무 전체가 땅으로 쓰러져 버리지 않을까 걱정될 지경으로 서로 몇 미터 거리를 유지하며 나뭇가지를 흔들어댔다. 그리곤 두 침팬지들은 땅 위로 내려와 수풀 속에서 돌격과시행동을 계속했다. 끝내 둘은 돌격을 멈추고 가지 위에 앉아 서로를 노려보았다. 골리앗이 먼저 움직였다. 골리앗은 어린 나무를 흔들며 꼿꼿이 섰다. 골리앗이 멈추자 바로 마이크가 바위를 내팽개치고 나무둥치를 발로 차며 골리앗을 지니쳐 돌격했다.

이 같은 과시는 거의 반시간 동안이나 계속되었다. 처음엔 한 수컷이, 그 다음엔 다른 수컷이 과시행동을 보였고, 과시는 상대가

사회적 서열 다툼

했던 것보다 더 격렬하고 요란해졌다. 하지만 그러는 동안 자기가 흔들던 나뭇가지의 끝으로 상대방을 이따금씩 치는 걸 제외하면 둘 중 어느 침팬지도 상대를 실제로 공격하지는 않았다. 한참 동안 멈췄다가 급작스럽게 골리앗이 폭발한 것처럼 보였다. 골리앗은 마이크에게로 달려가 크고 신경질적으로 헐떡이며 우우거리는 소리를 질러대곤 그 옆에 웅크리고 앉아 정성을 다해 털을 고르기 시작했다. 한동안 마이크는 골리앗을 완전히 무시했다. 그러다 갑자기 마이크가 몸을 돌려 골리앗이 그랬듯이 자신에게 정복당한 상대의 털을 고르기 시작했다. 그렇게 거기에 앉아 그들은 쉬지 않고 한 시간이 넘도록 서로의 털을 손질해주었다.

그것이 그 두 수컷 사이의 마지막 싸움이었다. 그때 이후로 골리앗은 마이크의 우위를 받아들인 듯했고, 그 둘 간에는 이상하리 만치 강한 유대가 형성되었다. 그들은 종종 서로 껴안거나 쓰다듬기도 하며 서로의 목에 키스를 하는가 하면 요란스레 감정을 표현하며 서로 인사를 나누곤 했다. 그리곤 대개 서로 털을 고르기 시작했다. 이렇게 털을 고르는 동안에는 둘 사이의 가깝고 다정스런 신체적 접촉으로 인해 긴장이 완화된 듯 보였다. 그런 다음 그 둘은 때때로 서로 매우 가깝게 앉아 음식을 먹거나 휴식을 취했다. 언제 심한 경쟁 상대였었냐는 듯 평화롭고 편안하게 보였다.

쉽게 화를 내며 흥분과 공격의 소용돌이로 빠지기 쉬운 개체들이 서로 매우 안정되고 친밀한 관계를 유지할 수 있다는 사실은 침팬지 사회의 가장 두드러진 특징 중 하나다. 어느 날 나는 캠프로부터 마이크의 뒤를 따라 냇물을 건너 반대편 산등성이의 울창한 숲 속으로 난 길을 걸었다. 마이크와 함께 나이 든 수컷인 제이비와 플린트, 피피, 피건을 거느린 플로가 함께 있었다. 마침내 그들은 그들이 즐겨

쉬는 나무 그늘 여러 곳 중 한 나무 아래에 멈췄다. 나도 가까이 자리를 잡았다. 피피가 그 나무 높이 올라가 작은 잠자리를 만들었다. 피건과 제이비는 땅바닥에서 졸았다. 플로는 플린트를 자기 무릎에 재운 채 마이크의 털을 고르며 앉아 있었다. 마침내 그들도 누워서 쉬기 시작했다.

곧 마이크가 플로의 손을 향해 손을 뻗쳐 슬며시 플로의 손가락을 가지고 놀기 시작했다. 곧 플로가 가만히 마이크의 손을 잡고 흔들더니 다시 손을 뻗쳐 그의 손을 잡았다. 몇 분 후 마이크가 일어나 앉더니 플로의 몸에 기대어 그녀의 목과 간지럼을 잘 타는 허벅지의 윗부분을 간질였다. 플로는 한 손으로는 플린트를 보호하고 다른 손으로는 슬그머니 마이크를 피하려 하더니 이내 몸통이 흔들릴 정도로 숨을 헐떡거리며 웃음을 터뜨렸다. 잠시 후 플로는 더 이상 참을 수 없었는지 몸을 굴려 마이크에게서 빠져 나왔다. 그러나 이뿌리만 남은 이 늙은 암컷은 상당히 흥분되어 곧 그녀의 앙상한 손가락으로 마이크의 입술을 간질였다. 이번에는 마이크가 웃음을 터뜨렸고 손을 뻗어 플로의 손을 거머쥐고 다시 그녀를 간질였다.

십 분 후 플로는 더 이상 간지러움을 참지 못하여 얼굴 가득히 만족한 표정으로 늘어져 있는 마이크를 남긴 채 가버렸다. 그러나 불과 두 시간 전만 해도 그는 큰 바나나 묶음들을 집어던지고 그 늙은 암컷을 무자비하게 때리며 격렬히 공격했던 수컷이었다. 플로가 근처에 있는 상자들로부터 바나나 몇 개를 집어갔다고 생각했기 때문이었다. 플로와 마이크는 어떻게 그렇게도 빨리 화평한 사이가 될 수 있단 말인가? 그 비밀은 아마도 수컷 침팬지가 하급자들을 쉽게 위협하고 공격하는 만큼 희생자 역시 바로 만져주고 등을 두드리며, 마음을 안정시키도록 끌어안는다는 사실에 있는 것 같다. 플로

사회적 서열 다툼

는 마이크의 격렬한 공격을 받고도, 또 바위에 긁힌 그녀의 손에서 피가 뚝뚝 떨어지는데도 마이크를 쫓아갔고 마이크가 돌아볼 때까지 쉰 목소리로 울부짖었다. 플로는 마이크에게 다가가 불안해 하며 낮게 웅크렸고 그는 그녀의 머리를 몇 번 만져주었다. 플로가 진정하자 마이크는 몸을 앞으로 숙여 그녀의 이마에 입술을 맞추며 안심시켰다.

만일 내가 곰비에 나타나지 않았고, 그래서 내 등유 깡통들이 없었다면 과연 마이크가 최고 서열의 수컷이 될 수 있었을까? 결코 알 수 없는 일이지만 나는 결국에는 그가 그렇게 됐으리라 추측한다. 마이크는 몇몇 개체들에게만 매우 뚜렷이 나타나는 특징인 높은 서열에 대한 강렬한 〈욕망〉을 가지고 있었다. 게다가 마이크는 의심할 여지없는 지능과 놀라운 용기도 가지고 있었다. 결코 편하지 않은 최고 서열의 수컷이 된 지 얼마 지나지 않아 높은 서열의 수컷들 중 몇몇이 마이크에게 맞서게 되었고, 그럴 때마다 마이크는 캠프장으로 뛰어들어와 돌 몇 개를 집어던지고 데이비드 그레이비어드 곁을 지나며 그를 슬쩍 때리곤 했다. 어떤 면에서 데이비드 그레이비어드는 겁쟁이였다. 왜냐하면 그는 거의 항상 말썽을 피하려 노력했고, 말썽에 말려들었을 때에는 대개 골리앗같이 더 높은 서열의 동료 뒤로 숨곤 했기 때문이다. 그러나 정말로 성이 나면 그는 매우 위험한 침팬지였다.

한번은 데이비드가 소리를 지르는 마이크로부터 달아난 다음 돌아서서 시끄럽고 귀가 따가운 〈우아아〉 소리를 외치기 시작했다. 데이비드는 골리앗에게 급히 달려가 그를 껴안고 몸을 돌려 마이크를 향해 다시 소리쳤다. 이때쯤 휴고와 나는 이미 데이비드를 잘 알고 있었고 그와 같은 행동은 그가 격분했다는 뜻이었다. 갑자기 데이비드가 마이크를 향해 뛰어갔고, 그 즉시 골리앗도 데이비드와 함께 소리를 지르며 달려갔다. 마이크는 다른 수컷 무리를 향하여 캠프장을 가로질러 돌격해 들어갔다. 그 수컷들은 비명 소리를 지르며 도망쳐 아직도 소리를 지르고 있는 데이비드와 골리앗에게 합류했다. 예전의 최고 서열에 있던 골리앗을 포함하여 강한 수컷 5 대 1이 되었다. 다시 마이크가 캠프장을 가로질러 나아갔고, 갑자기 데이비드를 선두로 한 다른 수컷들이 마이크를 쫓아갔다. 마이크가 비명을 지르며 나무 위로 뛰어올라갔고 다른 놈들도 뒤따랐다. 휴고와 나는 이제 막판이라고 확신했다. 골리앗이 그의 잃어버린 위치를 되찾기 일보 직전이었던 것이다.

그런데 놀랍게도 마이크가 돌아섰다. 옆의 나무로 건너뛰지 않고 그는 돌아섰다. 아직도 비명 소리를 지르며 나뭇가지들을 세게 흔들기 시작했고, 다음 순간 그 다섯을 향해 뛰어올랐다. 두려움에 질린 그 수컷들은 서둘러 나무에서 내려왔다. 내려왔다기보다는 차라리 거의 한 마리씩 차곡차곡 떨어져 줄행랑을 쳤으며 그 뒤를 마이크가 쫓았다. 마이크가 털을 곤두세우고 눈을 부릅뜬 채 멈춰 앉자 다른 수컷들도 저만치 떨어져 겁먹은 얼굴로 앉아 있었다. 마이크는 허세를 떨어 엄청난 승리를 얻은 것이다.

내가 마이크를 으뜸 수컷이라 말할 때 내가 정말로 뜻하는 바는 그가 우리가 아는 침팬지들, 즉 캠프가 있는 계곡을 포함하는 영역을 차지하고 있는 침팬지들 중 최고의 지위를 가졌다는 것이다. 내가 연구하는 무리의 침팬지들과 모두 친숙해진 다음 나는 그 공원의 북쪽과 남쪽을 돌아보고 두 무리가 더 있다는 사실을 알게 되었다. 그 남쪽과 북쪽 군집의 암컷들은 발정기 중에 가끔 중앙 계곡에 나타났다. 그러면 내가 연구하는 무리의 수컷들은 그 암컷들과 짝짓기를 했다. 생식기 팽창이 줄어들며 암컷들은 대개 사라졌지만 이따금 자기 무리로부터 우리 무리로 이주하기도 했다.

내가 연구하는 무리의 영역 남단에 인접하여 영역을 가지고 있는 작은 무리도 있는 듯했다. 아마도 이들은 예전에 같은 무리였다가 무슨 이유에선지 갈라지기 시작했을 것이다. 아무튼 이 두 무리의 침팬지들은 종종 서로 짝짓기를 했다. 때로 우리 수컷들과 함께 다니는 암컷들을 보았는데 그들은 대개 남쪽의 암컷들이었다.

남쪽 수컷들 중 한 마리가 우리 급식소를 방문하기 시작했다. 그는 근처에 나타났다가 우리 급식소에 일주일 가량 머물다 돌아가곤 했다. 그는 죽기 얼마 전에는 캠프에 정기적으로 찾아오는 침팬지가 되었지만 우리 무리의 수컷들과의 관계는 늘 약간 긴장된 것이었다.

침팬지 무리는 대단히 복잡한 사회체제다. 많은 수의 개체들이 급식소에 찾아오기 시작하며 그들 서로 간의 상호작용에 관하여 규칙적인 관찰을 할 수 있게 된 후에야 비로소 나는 그들의 사회가 얼마나 복잡한지 알게 되었다. 무리를 이루는 구성원들 간 상호관계는 항상 유동적이며, 비록 그 사회가 언뜻 아무렇게나 조직되어 있는 것처럼 보인다 하더라도 각각의 개체들은 사회구조 내에서 자기 서열을 알고 있다. 어느 날이건 마주칠 수 있는 다른 침팬지들에 대한 자신의 상대적인 서열을 잘 알고 있다. 그래서 그들 사회에 매우 다양한 종류의 인사행동이 있고, 대부분의 침팬지들이 헤어졌다 다시 만났을 때 반드시 서로 인사를 한다는 것은 그리 놀랄 일이 아니다. 나이 든 수컷을 만나 숨을 헐떡이며 복종의 우우 소리를 내는 피건은 아마도 이틀 전 호되게 등을 얻어맞았던 작은 소동을 잘 기억하고 있다고 말하고 있는 것이리라. 〈나는 네가 우위라는 것을 안다, 그것을 인정하고, 기억한다〉라는 것이 아마도 그의 복종하는 몸짓이

전달하는 메시지일 것이고, 〈나는 너의 경의를 받아들인다. 이후 너를 공격하지 않겠다〉라는 것이 복종하는 암컷과 인사할 때 마이크가 손으로 차분히 쓰다듬으며 전하는 뜻일 것이다.

휴고와 내가 마이크의 무리에 점점 친숙해지면서 우리는 서로 다른 어른 침팬지들 간에 존재하는 다양한 관계들에 대해 더 많은 것들을 배우게 되었다. 몇몇 개체들은 그들 사이에 과일나무나 성적으로 매혹적인 암컷이 나타날 때에만 서로 관계를 가지는 반면, 다른 개체들은 주로 함께 다녔고 〈우정〉이라 표현해도 괜찮을 만큼 서로에 대해 애정 어린 관용과 관심을 보였다. 연구를 계속하며 우리는 어떤 개체들의 우정 관계는 몇 년 동안 지속되고, 또 어떤 개체들의 관계는 비교적 짧게 이어짐을 알게 되었다. 우리는 또한 수컷과 암컷 침팬지가 서로 다른 특징을 가진다는 것도 알아냈다. 점점 더 많은 것을 배울수록 우리는 침팬지들의 관계와 인간들의 관계 사이에 뚜렷한 공통점들이 있다는 것을 뼈저리게 느끼게 되었다.

골리앗과 데이비드 그레이비어드 사이와 같은 강한 우정은 수컷 침팬지들 사이에 특히 널리 퍼져 있는 것 같다. 마이크와 성급하고 화를 잘 내는 나이 든 제이비도 매우 자주 같은 패거리에 속했다. 내가 처음 그들을 알았을 때에는 마이크보다 제이비가 서열이 높았으나, 마이크의 등유 깡통 전략이 다른 모든 수컷들과 마찬가지로 제이비도 굴복시켰다. 그러나 마이크가 최고 서열을 확고히 지키는 것으로 한번 매듭지어진 다음 확실히 제이비의 사회적 지위도 높아졌다. 마이크와 같은 패거리에 있을 때 제이비는 마이크의 집권 이전에 자기보다 서열이 높았던 다른 수컷들뿐만 아니라 골리앗까지 지배할 수 있게 되었다. 다른 수컷들은 제이비를 마이크 다음의 제2인자로 재빨리 받아들였지만, 골리앗은 마이크가 패거리에 없는 경우

사회적 서열 다툼

에는 제이비보다 높았던 이전의 지위를 고집했다. 나는 골리앗이 그의 바나나 상자에 접근했던 제이비를 위협했던 그 날을 잘 기억하고 있다. 제이비는 즉시 물러섰지만 마이크가 가버린 계곡 너머를 바라보며 크게 소리를 지르기 시작했다. 마이크는 아주 가까이 있었는지 몇 분 안에 나타났고, 털을 곤두세운 채 무엇이 그의 친구를 격분시켰나 주위를 살폈다. 그러자 제이비는 골리앗이 앉아 있는 상자로 뛰어갔고, 골리앗은 헐떡이며 복종의 우우 소리를 내며 서둘러 자리를 비켰다. 마이크가 그 다툼에서 더 이상 아무런 조치를 취하지 않았는데도 말이다.

제이비가 약 스무 개의 바나나를 먹어치우고 난 다음 또다른 상자를 열려고 애썼던 때도 있었다. 그는 상자를 부수는 데 선수였고 상자들은 수리하기도 힘들어 휴고와 나는 상자 위에 걸터앉아 그를 단념시키려 노력했다. 제이비는 일단 떠났지만, 근처 나무에 올라가 이번에도 마이크가 가버린 쪽을 바라보며 소리를 질러댔다. 그러나 그때에는 다행히도 마이크가 들리지 않는 곳에 있었는지 되돌아 오지 않았다.

리키와 워즐 씨 Mr. Worzle도 자주 함께 다녔다. 성질로 말하면 그 둘은 매우 달랐다. 리키는 같은 이름의 리키 박사처럼 서열도 높고 풍채도 좋으며 마음씨도 좋은 편이었다. 반면 워즐 씨는 다른 침팬지들을 대할 때나 사람을 대할 때나 항상 신경질적이었다. 그는 실제로 늙어 죽기 직전까지도 다른 모든 어른 수컷들, 그리고 심지어는 몇몇 젊은 수컷들보다 서열이 낮았다. 그럼에도 불구하고 그 둘은 서로 털을 고르고, 같이 먹고, 이곳저곳 함께 옮겨다니고, 한 나무 또는 이웃하는 나무에 잠자리를 만드는 등 동료로서 많은 시간을 함께 보냈다. 리키와 함께 있을 때 워즐 씨는 훨씬 편안하고 안정되

워즐 씨   리키

는 것처럼 보였다.

 이러한 종류의 우정이 서열이 낮은 침팬지에게만 이로운 것은 아니다. 골리앗이 그의 최고 서열을 잃어버린 기간 중 어느 날 혼자서 캠프에 왔다. 그는 긴장해 있었고 확실히 무엇인가에 대해 두려워하고 있었다. 매우 자주 그는 꼿꼿이 서서 그가 왔던 길을 뒤돌아보았고 어떤 소리에도 화들짝 놀라곤 했다.

 그때 갑자기 휴고와 나는 세 마리의 수컷을 발견했다. 그들 중 하나는 높은 서열의 휴였는데 높은 곳에 서서 골리앗을 내려다보고 있었다. 모두 털을 잔뜩 세우고 있었으며 그들이 비탈을 달려 내려오는 모습은 마치 깡패 패거리 같았다. 골리앗은 가만히 기다리며 당하지만은 않았다. 그는 조용히 그리고 재빠르게 반대 방향으로 뛰어가 캠프를 둘러싼 울창한 삼림 속으로 사라졌다. 그 셋은 그를 뒤쫓아 내달았고 이후 5분간 골리앗을 찾느라 시끄럽게 법석을 떨며 덤불 속을 돌아다녔다. 그 세 마리는 결국 골리앗을 찾지 못한 채 캠프로 돌아와 바나나를 먹기 시작했다. 갑자기 휴고가 손가락으로 무언가를 가리켰다. 비탈 위로 얼마 안 되는 장소에서 머리 하나가 나뭇등걸 뒤에서 조심스럽게 엿보고 있었다. 골리앗이었다. 그 셋 중의 하나라도 고개를 들면 골리앗은 나무 뒤로 까딱 머리를 움직여 숨었다가 잠시 후 다시 밖을 내다보곤 했다. 그러다 결국 골리앗은 조용히 비탈을 타고 올라가 버렸다.

그 침팬지들은 그 날 밤 캠프 근처에서 잤고, 새벽도 되지 않은 이른 시간에 골리앗의 잠자리 쪽에서 갑자기 헐떡이는 우우 소리가 터져 나왔다. 어둠 속에서 검은 그림자들이 나타났다. 휴와 다른 두 수컷들이었다. 그들이 바나나를 먹고 있는 동안 언덕으로부터 어떤 소리가 들려왔다. 잠시 후 골리앗이 커다란 나뭇가지를 앞에 들고 캠프장을 가로질러 돌격해 내려와 곧장 휴에게 달려가 공격을 시작했다. 그것은 무시무시한 싸움이었고 휴는 결국 만신창이가 되었다. 보통 수컷은 상대방을 그저 몇 초 동안만 때리는데, 그 둘은 서로를 붙잡고 때리며 오랫동안 계속 뒹굴었다. 그런 후 골리앗이 휴 위에 올라타더니 휴의 어깨 털을 붙잡고 계속해서 두 발로 등을 세게 짓밟았다.

휴고와 내가 어떻게 갑자기 골리앗이 용감해졌는지 깨닫게 된 것은 싸움이 막 시작된 직후였다. 우리는 깊게 헐떡이며 우우거리는 데이비드 그레이비어드의 독특한 소리를 들었고, 데이비드가 천천히 그리고 당당하게 캠프장을 가로질러 싸움을 하고 있는 수컷들 곁을 지나치는 것을 보았다. 틀림없이 데이비드는 그 날 아침 일찍 그의 친구와 동맹을 맺었을 것이고, 데이비드가 와 주었다는 것만으로도 골리앗은 휴 일당에게 맞부딪칠 용기를 얻었던 것이다.

닮은 구석이라고는 찾아볼 수 없는 데이비드와 골리앗을 제외하면, 우리는 우리가 파악한 모든 수컷 짝꿍들에서 체격이나 행동의 특징 중 하나 혹은 둘 다에서 유사성을 발견할 수 있었다. 이는 특히 리키와 워즐 씨의 경우에서 두드러졌다. 워즐 씨는 눈이 아주 특이했는데, 홍채 주위가 다른 침팬지들처럼 짙은 갈색이 아니라 흰색이었다. 그래서 그의 눈은 흡사 사람의 눈과 같았다. 리키 역시 워즐 씨보다는 정도가 덜 했지만 똑같이 색소가 결핍되어 있었다. 그래서 우리는 몇몇 수컷 짝꿍들은 형제들일 수도 있다고 추측했다.

이런 종류의 우정을 지녔다고 우리가 생각한 어른 암컷은 딱 두 마리뿐이었는데 그들은 틀림없이 자매간이었을 것이다. 얼굴이 매우 닮았을 뿐 아니라 체구도 비슷했으며, 둘 모두 땅을 구르고 어깨에 힘을 주고 걷는 등 수컷들이나 할 만한 돌격과시행동을 하는 경향이 있었다. 그들은 내가 서로 함께 노는 것을 본 유일한 어른 암컷 짝꿍이었다. 그들은 한 손에는 자기 새끼를 보듬은 채 땅 위에 뒹굴며 서로 간질이고 웃으며 숨을 헐떡거리곤 했다.

침팬지 공동체의 어른 암컷들은 거의 항상 어른 수컷들과 다른 젊은 수컷들에게 복종했다. 하지만 그들도 그들 나름대로의 우위 서열을 가지고 있었다. 플로는 여러 해 동안 최고 서열을 지켰으며 늙은 암컷들이나 젊은 암컷들 모두에게 존경과 두려움의 대상이었다. 플로는 예외적으로 동성의 개체들에게 공격적이었고 젊은 수컷들이 복종하지 않는 것도 용납하지 않았다. 그녀의 자신감은 거의 의심할 여지없이, 늠름한 두 아들과 공격적인 피피를 자주 동행하여 다니며 얻은, 그 가속이 정말 막강한 존재라는 믿음에서 온 것이다.

이미 말한 바처럼, 플로는 한때 올리와 함께 돌아다녔지만, 그들의 관계는 마이크와 제이비 또는 데이비드와 골리앗 사이와는 매우

사회적 서열 다툼

달랐다. 우선 플로는 올리에게 종종 공격적이었고, 그 둘 중 누구도 상대가 위급할 때 도와주려 나서지 않았다. 내가 그들이 협력하는 걸 본 유일한 경우는 그들이 낯선 젊은 암컷을 상대로 패거리를 지어 공격했던 때였다. 처음에 그 암컷은 핑크빛으로 부푼 생식기를 과시하며 한 떼의 수컷들을 거느린 채 캠프에 나타났다. 그녀는 열흘동안 매일 왔고, 바나나가 땅에 놓인 상자에서 그냥 저절로 자라나는 것 같은 그 이상한 곳에 꽤 익숙하게 되었다. 그녀가 플로와 올리와 같은 시간에 캠프에 오더라도 이 두 나이 든 암컷들은 그녀를 완전히 무시하는 것처럼 보였다.

어느 날 플로와 올리를 포함한 작은 무리의 침팬지들이 캠프에서 서로 털을 다듬어주고 있을 때, 휴고와 나는 이젠 생식기가 다 수그러든 채 캠프장 가장자리 나무에 앉아 우리 쪽을 불안스럽게 바라보고 있는 그 낯선 젊은 암컷을 보았다. 그것은 반가운 소식이었다. 왜냐하면 그 당시에는 아주 적은 수의 어린 암컷들만이 그 급식소를 찾아왔기 때문이다. 우리가 그녀 몫으로 바나나 몇 개를 막 준비하고 있는데, 플로와 올리가 털을 곤두세운 채 그 낯선 암컷을 뚫어지게 노려보고 있는 것이 아닌가.

첫발을 먼저 내디딘 것은 플로였고 올리가 그 뒤를 따랐다. 그들이 너무 조용히, 그리고 천천히 그 나무로 다가갔기 때문에 그 불쌍한 암컷은 그들이 매우 가까이 오고 나서야 겨우 그들의 낌새를 눈치챘다. 그런 후 그 암컷은 숨을 헐떡이며 두려움에 가득한 비명을 지르며 더 높은 나뭇가지로 올라갔다. 플로와 올리는 얼마간 그 나무 위를 올려다보았다. 곧 분노로 입술이 일그러진 플로가 비명을 질러대는 그 암컷이 매달린 가지를 양손으로 붙잡고 세게 흔들어댔다. 젊은 암컷은 떨어질듯 말듯 겨우 옆 나무로 건너뛰어 옮겨갔다.

플로는 서둘러 그녀를 쫓아갔고, 올리는 땅에서 시끄럽게 〈우아아〉 소리를 질러대고 있었다. 플로는 그 암컷을 따라잡아 두 손으로 붙잡아 땅 위에 내동댕이치고는 발을 쾅쾅 구르고 손으로 땅바닥을 치며 쫓아버렸다. 올리는 여전히 플로 뒤에서 소리를 지르며 뛰어다녔다.

그 낯선 암컷이 숲길을 따라 완전히 사라진 다음에야 플로는 멈춰 섰다. 플로의 얼굴에는 그 젊은 암컷이 엄청난 두려움을 못 이겨 뿌려댄 물똥이 튀겨져 있었고 털은 아직도 뻣뻣이 서 있었다. 올리는 그녀 옆에 서 있었다. 두 나이 든 암컷은 점차 계곡 너머로 멀어지는 비명 소리를 듣고 있었다. 그러더니 플로가 몸을 돌려 잎사귀 한 줌을 집어 얼굴에 묻은 똥을 씻어내곤, 그 난리법석 내내 피피가 8개월 된 동생 플린트를 돌보고 있던 캠프로 천천히 되돌아왔다.

젊은 암컷 방문객을 급식소로부터 쫓아버리는 데 둘 이상의 어른 암컷들이 갑자기 동맹을 맺는 경우는 이 사건 말고도 여러 번 관찰되었다. 하지만 그들이 이런 식으로 낯선 젊은 수컷들에게 패거리를 지어 공격하는 것은 관찰된 적이 없으며, 우리 무리의 어른 수컷들이 암컷이든 수컷이든 낯선 방문객들을 급식소에서 쫓아버리는 것도 관찰된 적이 없다. 그렇다면 무엇이 이 암컷들로 하여금 공격적으로 행동하게 만드는가? 어쩌면 나이 든 암컷의 영역이 보통 수컷보다 작기 때문에 더 유난히 텃세를 부리는 것은 아닐까? 아니면 더 복잡한 어떤 감정 때문인가? 다시 말해 나이 든 암컷들이 〈그들만의〉 수컷들이 낯선 암컷에게 관심을 보이는 것을 불쾌하게 여기는 것은 아닐까? 그들 역시 인간 사회에서 〈질투〉라고 불리는 감성에 의해 자극을 받는 것일까? 우리는 이 점을 확신할 수는 없었지만, 때때로 우리 눈에는 정말 그렇게 보였다.

사회적 서열 다툼

어느 날 플로가 어른 수컷 네 마리와 서로 모여 털을 다듬어주고 있을 때, 임신한 젊은 암컷이 도착했다. 최근에 북쪽으로부터 이주해와 우리 무리에 합류한 암컷이었다. 임신한 암컷들도 가끔 한 달에 한 번씩 생식기가 팽창하곤 하는데, 이 암컷의 생식기는 유난히도 짙은 핑크빛으로 부풀어 있었다. 이런 경우 수컷들은 그녀와 짝짓기를 하지는 않아도 많은 관심을 보인다. 그들은 플로를 내버려두고 급히 그 낯선 손님에게 다가가 그녀의 아랫도리를 검사하고 열심히 그녀의 털을 다듬어주기 시작했다. 몇 분 후 나는 플로를 주목해야 했다. 플로는 그 젊은 암컷을 향해 몇 미터 정도 다가간 후 털을 죄다 곤두세운 채 그녀를 바라보며 서 있었다. 만일 플로가 마음만 먹었다면 틀림없이 그 손님을 공격했을 것이다. 그러나 플로는 곧 그 무리로 천천히 걸음을 옮겨 그 암컷의 팽창된 생식기를 몸소 꼼꼼히 살펴보았다. 그런 다음 플로는 자리로 돌아가 앉아 플린트의 털을 다듬기 시작했다.

믿기지 않는 일이었지만, 그 다음날 플로의 생식기가 팽창의 기미를 보이기 시작했다. 플린트가 채 두 살도 되지 않았는데도 말이다. 젊은 암컷들은 새끼들이 고작 14개월쯤 되었을 때에도 다시 부풀어오르기도 하지만, 플로처럼 나이 든 암컷들은 출산 후 보통 사오 년은 다시 분홍색을 띠지 않는다. 그러나 플로의 생식기 주변 피부는 로돌프의 즉각적인 관심을 불러일으킬 만큼 부풀어올랐고, 로돌프는 그녀를 밀어 자빠뜨린 뒤 면밀하게 그녀의 아랫도리를 조사했다. 다른 두 수컷들 역시 플로의 부풀어오른 생식기를 조사했다. 그러고 나서 그들은 둘러앉아 그녀의 털을 손질해주었다. 다음날 그 이상스런 팽창은 줄어들었고, 플로는 그 후 4년간 전혀 발정기의 조짐을 보이지 않았다. 나는 그 일이 그저 우연히 일어난 일이라고는 생각하지 않는다.
 사람과 마찬가지로 암컷 침팬지는 사실 수컷과 매우 다르다. 하지만 어떤 암컷들은 남성적인 특징들을 보인다. 수컷들 중에도 여성적 특징을 보이는 것들이 있다. 사회적인 서열이 높은 침팬지 앞에서 자기가 원하는 것을 얻으려 할 때, 어른 암컷들은 전형적으로 새끼들이 하는 몸짓과 신호를 사용하여 애원한다. 멜리사는 수컷에게 애원할 때 손을 계속 뻗어 비위를 맞추며 그를 어루만진다. 그리고 만약 이 행동이 실패하면 훌쩍훌쩍 울거나 떼를 쓰는 아기처럼 소리를 질러댄다. 다른 암컷들과 마찬가지로 그녀도 애원하는 데에 매우 끈질겨 종종 바나나 한 조각이나 마분지 또는 그녀가 원한 것을 얻을 수 있게 된다. 한번은 맥그리거 씨가 그녀의 털을 고르고 있다가 몸을 돌려 무리에 끼어든 서열이 높은 수컷의 털을 손질하게 되었다. 멜리사는 그의 등을 바라보고 앞뒤로 몸을 흔들며 훌쩍훌쩍 울기 시작했다. 맥그리거 씨는 멜리사를 모른 척했다. 멜리사는 점점 더 크게 흐느껴 울어댔고, 자주 손을 뻗어 손가락으로 그를 쿡쿡 찔러댔다. 그래도 맥그리거 씨는 계속 다른 수컷의 털을 손질했다. 마침내 멜리사는 실망에 겨워 비명을 지르며 발을 뻗어 그에게 일격을 가했다. 그러자 그 나이 든 수컷은 결국 몸을 돌려 그 불쌍한 암컷의 털을 다시 고르기 시작했다.
 암컷들은 수컷들보다 앙심을 더 잘 품는 것처럼 보인다. 멜리사는 한때, 우위자로부터 위협을 받으면 거의 항상 더 높은 서열의 개체에게 급히 달려가 손을 내밀어 어루만지며 자기를 공격한 개체를 향해 시끄럽게 소리를 질러댔다. 확실히 그녀는 자기가 택한 챔피언이 그녀 편을 들어 보복해주도록 하려는 것이었다. 그녀가 접근한 수컷들은 사실 그 야단스런 암컷을 진정시키기 위해서가 아니면 거

사회적 서열 다툼

의 응하지 않았지만, 그녀는 결코 포기하지 않았다. 그녀는 그 다음에도 위협을 받게 되면 똑같이 행동했다. 하루는 로돌프가 멜리사를 손바닥으로 가볍게 치고 있었다. 로돌프는 당시 그 무리에서 가장 서열이 높았다. 몇 십분 뒤 마이크가 도착하자 멜리사는 놀랍게도 그에게 달려가 목에다 입을 맞춘 다음 등에 한 손을 올려 놓고, 로돌프를 계속 쳐다보며 다른 손으로는 로돌프를 향해 찰싹찰싹 때리는 시늉을 계속하며 울부짖기 시작했다. 여느 때처럼 그녀의 작전은 무시되었지만, 우리는 그녀가 다른 경우에도 똑같은 식으로 행동하는 것을 여러 번 보았다.

오랫동안 앙심을 품고 있는 암컷은 멜리사만이 아니었다. 푸치 Pooch는 확실히 대여섯 살 때 엄마를 여의고 나이 든 수컷인 헉슬리와 이상한 관계를 맺고 있었다. 때로 그들은 함께 앉아 서로 털을 고르기도 했지만, 대부분 서로에게 거의 관심을 쏟지 않는 것처럼 보였다. 하지만 헉슬리가 일어나 가 버리려 하면 푸치는 언제나 그림자처럼 그 뒤를 따랐다. 어느 날 커다란 침팬지 무리가 캠프에 찾아왔을 때, 당시 여섯 살 정도였던 푸치는 다른 이들이 다 떠나버린 뒤에도 자기보다 한 살 위인 에버레드 뒤에 계속 숨어 있었다. 둘 다 바나나를 얻지 못했다. 그 무리가 사라지자마자 우리는 그들에게 바나나 몇 개를 주었다. 곧 사소한 다툼이 벌어졌고, 에버레드가 푸치를 손바닥으로 치자 푸치는 비명을 질렀다. 그러더니 푸치는 엉덩이를 돌려 복종의 표시로 에버레드에게 내밀었고, 그는 그녀를 툭툭 두드려 주었다. 그리고 그 둘은 나란히 앉아 평화롭게 바나나를 먹었다. 그러나 우리는 푸치가 몇 분 뒤 갑자기 바나나를 내던지고 에버레드를 공격하여 그를 물어뜯고 털을 잡아당기는 것을 보고 매우 놀랐다. 에버레드도 아마 깜짝 놀랐을 것이다. 왜냐하면 암컷이 자기보다 나이 많은 수컷을 공격하는 일은 매우 드문 일이기 때문이다.

우리는 이내 무엇이 푸치로 하여금 그렇게 하도록 만들었는지 알게 되었다. 나이 든 헉슬리가 털을 곤두세운 채 가까운 거리에 서서 우리를 쳐다보고 있는 것이었다. 그의 시선은 휴고와 나로부터 그 어린 침팬지들에게 옮겨갔다. 그는 아마도 푸치의 첫 비명 소리를 우리와 함께 듣고는 그녀를 구하러 급히 달려왔던 것 같았다. 헉슬리는 1분 남짓 그렇게 서 있다가 실랑이를 벌이는 두 침팬지들을 향해 돌진했다. 그는 손바닥으로 둘 다를 때리는 것 같더니 몸을 돌려 다시 가버렸다. 에버레드는 목구멍에 경련이 일어날 지경까지 울부짖었고, 고통 때문인 듯 몸을 구부려 주저앉았다. 푸치는 즉시 그의 보호자를 따라가기 시작했고, 에버레드를 지나치며 내가 그 이전에 어느 침팬지에서도 보지 못했던 표정을 지었다. 그것은 그와 비슷한 상황에서 어린 소녀가 지으리라고 생각되는 능글맞은 웃음과 똑같아 보였다.

푸치가 두 살 어린 동생이자 오랜 소꿉친구였던 피피에게 행한 짓은 침팬지 에티켓에 완전히 어긋나는 것이었다. 언젠가 그들 둘이 함께 까불며 뛰놀고 있었는데, 피피가 아마 우연히 푸치를 친 것 같다. 푸치는 비명을 지르며 피피를 맞받아쳤다. 피피는 두려움으로 이를 드러냈고 복종의 뜻으로 엉덩이를 돌려 푸치에게 내밀었다. 푸치는 손을 뻗어 피피의 엉덩이를 쓰다듬어 주어야 했지만, 그러기는커녕 몸을 앞으로 굽혀 고의적으로 세게 피피의 작고 뾰족한 음핵을 내리쳤다.

엄마의 굳센 기상을 물려받은 피피는 몸을 돌려 자기보다 큰 푸치에게 덤벼들었다. 그 둘은 땅바닥에서 떼굴떼굴 구르며, 털이 잔뜩 선 플로가 도착할 때까지 서로의 털을 한 움큼씩 잡아 뽑으며 필사적으로 싸웠다. 푸치는 비명을 지르며 달아났다. 피피는 다시 목청이 찢어져라 외마디 소리를 지르며 엄마에게 엉덩이를 내밀었다. 플로는 피피의 엉덩이를 두드려주며 안심시켰다. 피피의 생식기는 잔뜩 부풀어 피가 많이 나는 게 매우 아파 보였다. 피피는 혼자서 땅바닥에 부드러운 잎으로 잠자리를 만든 후 그 위에 누워 잎 한 줌을 상처에 바르기 시작했다.

 침팬지의 사회관계에는 우리들로 하여금 우리 자신의 행동을 되새기게 만드는 것들이 많이 있다. 아마 우리들 대부분은 그리 흔쾌히 받아들이려 하지 않겠지만……. 우리가 앞으로도 여러 해 동안 연구를 수행하여, 서로 다른 개체들 간의 혈연관계들이 밝혀져 있는 집단 내의 사회적 구조를 규명하게 되면 침팬지 집단의 복잡하고 난해한 사회관계를 보다 잘 이해할 수 있게 될 것이다.

점점 커 가는 연구센터

곰비 침팬지 보호구역의 모래사장에 처음 발을 내디뎠을 때 나는 그것이 〈곰비 연구센터〉를 설립하는 첫 발걸음이 되리라고는 상상도 하지 못했다. 그러나 그로부터 9년 후 곰비 연구센터에서는 열 명이 넘는 학자들이 침팬지의 다양한 행동은 물론 비비나 붉은콜로부스원숭이에 대해서도 연구를 하게 되었다.

우리는 플린트가 태어난 직후 첫번째 연구조수로 에드나 코닝 Edna Koning을 고용했다. 에드나는 우리에게 스스로 자격이 있으니 고용해 달라고 애청하는 편지를 썼고, 플로가 아들을 낳기 전에도 일이 너무 많아 벅찼던 우리는 기꺼이 받아들였다. 에드나는 내 기록을 타자로 다시 치는 일 외에도 혼자서도 정확하게 관찰할 수 있는 법을 익혔다. 그래서 내가 플로와 플린트를 따라 산으로 갔을 때 캠프에서 흥미로운 사건이 일어나더라도 에드나가 기록해 줄 수 있었다.

그 당시 우리는 매일 밤늦도록 일했다. 내 주변에서 늘 벌어지는 침팬지들의 행동에서 잠시도 눈을 뗄 수 없었기 때문에 나는 녹음기를 사용하여 관찰 결과를 기록했다. 밤에 내가 박사학위 논문과 씨름하는 동안 에드나는 열심히 타자를 쳤다. 우리는 내 노트에 대한 여분의 사본을 세 개씩 만들기 시작했고, 이 사본들을 〈털고르기〉, 〈복종〉, 〈공격〉 등의 행동 양식에 따라 구분하였다. 에드나와 휴고와 함께 나는 이 사본들을 잘라 큰 공책의 적절한 곳에 붙여두었다. 말할 나위도 없이 이 방법은 분석에 큰 도움이 되었다. 세번째 사본은 매달 항상 루이스에게 보내어, 곰비의 화재나 홍수 혹은 다른 재해를 대비하여 안전하게 보관해 두도록 하였다.

아, 그리곤 잊지 못할 대변 헹구기. 휴고가 침팬지가 어떤 음식을 먹었는지 알아보기 위해 말린 대변 표본을 검사하는 대신 대변을 물에 헹구는 방법을 생각해냈다. 침팬지는 과일씨를 많이 삼키기 때문에 우리는 그걸 보고 요즘 어떤 과일이 제철인지 항상 잘 알 수 있었다. 침팬지가 먹은 많은 음식들이 소화관을 통과하며 단지 일부분만 소화된다는 것은 놀라운 사실이다. 대변 헹구기는 침팬지 무리의 구성원들이 얼마나 자주 곤충과 고기를 먹는지 알 수 있는 훌륭한 방법이었다. 이런 자료와 침팬지가 먹는 것을 관찰하여 얻은 정보로 우리는 한 해 동안 그들의 식단을 잘 파악할 수 있게 되었다. 우리는 강 하류에서 바닥에 구멍을 뚫은 큰 양철판에 각 대변 표본을 놓고, 그 위에 물을 부어 구멍 위로 소용돌이치도록 해서 대변을 헹궜다.

휴고는 내 연구를 도왔을 뿐 아니라 그 자신의 일도 많이 했다. 그는 여전히 내셔널 지오그래픽 협회에서 연구비를 받았고, 그의 일과 나의 일에 대한 모든 보고를 했다. 그는 그의 영화와 35밀리 사진에 대해 많은 것을 기재해야 했으며, 특히 우기에는 그의 사진 기구들이 제대로 작동할 수 있도록 손질하느라 끊임없는 전쟁을 치러야 했다.

그 해 우리를 방문해서 잡일을 도와준 어머니는 우리가 너무나 열심히 일하는 걸 보고, 일주일에 하룻밤은 쉬는 것이 어떻겠냐고 제안했다. 훌륭한 제안이었다. 우리는 많은 사람들이 주말을 고대하듯 우리만의 〈휴식의 밤〉을 고대했다. 이런 소중한 밤마다 우리는 텐트 안에서 음식을 억지로 삼키며 일하러 뛰어나가는 대신, 음악을 틀어놓고 모닥불 주위에서 음료수를 마시며 한가로운 저녁 식사를 즐겼다. 때때로 우리는 주사위 놀이를 하며 깔깔거리기도 했다.

이런 밤에도 우리의 대화는 거의 언제나 침팬지에 관한 것들이었다. 우리의 연구가 우리의 기쁨이 아니었다면 우리는 그만한 연구 속도를 유지할 수 없었을 것이다. 우리는 모두 침팬지 무리에서 일어나고 있는 일에 완전히 몰두해 있었다. 휴고가 종종 말했듯이 우리의 처지는 어떤 마을의 생활을 구경하는 구경꾼과 같은 것이어서, 거기에는 무한한 매혹과 기쁨과 할 일이 있었던 것이다.

그 해 말까지는 새로운 침팬지들이 급식소를 계속 정기적으로 들렀고 플린트뿐 아니라 멜리사의 아기인 고블린에 대해서도 상세한 관찰을 해야 했기 때문에 아무리 열심히 해도 모든 일을 예전 속도대로 해낼 수는 없었다. 그래서 우리는 비서를 한 명 고용했다. 우리의 비서 소니아 아이비 Sonia Ivey는 에드나처럼 일과 침팬지에 점점 매료되었다. 소니아가 내 녹음테이프 전체를 타이핑했기 때문에 나와 에드나는 숲 속에서 연구하고 관찰할 시간을 더 많이 가질 수 있었다. 침팬지는 내가 그들을 점점 가깝게 따라가도 개의치 않아 나는 점점 더 오랫동안 그들과 같이 있을 수 있었다.

이때쯤 캠프를 방문하는 침팬지 무리는 마흔다섯 마리로 구성되어 있었고, 그들 중 몇몇은 플로 가족처럼 정기적으로 들렀으며, 정상적인 활동 범위가 남쪽이나 북쪽인 다른 침팬지들은 계곡 근처를 지날 때에만 캠프에 들렀다. 아주 드물게 오는 침팬지들을 제외하고는 모두 급식소 시설에 매우 익숙해져 있어서 텐트를 드나들며 그들이 좋아하는 것들을 서슴없이 가져가곤 했다.

크리스 피로진스키 Kris Pirozynski의 경험이 우리에게 큰 도움이 되었다. 우리는 매일 아침 침구류와 모든 옷가지를 정성스레 개켜서 양철 트렁크에 넣어두었다. 한번은 동이 튼 직후 고통스러워하는 어머니의 비명 소리가 들려왔다. 달려가 보았더니 데이비드 그레이비어드가 그녀의 옷을 붙잡고 있는 것이 아닌가. 데이비드는 어머니의 옆에 앉아 있었고, 어머니는 한 손으로는 무릎 위를, 그리고 다른 손으로는 잠옷 바지자락 한쪽을 붙잡고 입으로 바지 자락 다른쪽을 문 채, 침대 위에 미친 사람처럼 반라의 상태로 앉아 있었다. 나는 가까스로 웃음을 멈춘 뒤, 바나나 한 개를 집어 텐트 바깥쪽에 섰다. 잠옷 바지를 세게 당기고 있던 데이비드는 이내 잠옷 바지 대신 바나나를 받아들었고, 어머니는 텐트를 재빨리 닫고 잠옷을 트렁크 속에 안전하게 넣었다.

산꼭대기에서 로돌프가 갑자기 동료 침팬지의 털을 고르다 그만두고 털을 곤두세운 채 나에게 다가와 내 셔츠를 붙잡아 당겼을 때에는 마침 바나나를 던져줄 사람이 없었다. 그가 너무 사나워 보여 내가 옷을 막 벗으려는 참이었는데 다행히 로돌프의 털이 점점 가라앉았다. 그는 내 옆에 앉아 셔츠 한 귀퉁이를 빨기 시작했다. 그는 15분 동안 거기 그렇게 있다가, 그가 찢어낸 작은 옷조각을 가지고 털고르기를 하기 위해 돌아갔다.

우리는 곧 그 어느것도 안전하지 않다는 걸 알게 되었다. 우리는 바나나 상자로부터 제몫을 챙기지 못하는 피피나 다른 어린 침팬지들에게 몰래 주기 위해 종종 옷 주머니에 바나나 몇 개를 숨겨 가지고 다녔다. 그러나 어른 수컷들이 우리의 의도를 알아차렸기 때문에 우리는 곧 그만둬야 했다. 침팬지들은 이렇게 숨겨둔 장소를 오랫동안 기억하고 있었다. 어느 날 아침 잠이 덜 깬 채로 옷을 입던 휴고는, 리키가 텐트 문가에 나타나 뚫어져라 쳐다보더니 가까이 다가와 셔츠를 들어올린 후 호기심에 가득 찬 손가락으로 배꼽을 찌르는 바람에 비명을 질러댔다. 또 한번은 리키가 에드나에게 다가와 셔츠 위에 가장 불룩하게 솟아오른 부위를 쳐다보더니 손을 뻗쳐 조심스레 그녀의 젖가슴을 쥐어 짜보기도 했다.

어느 날 나는 내가 먹으려고 맛있게 생긴 바나나를 별 생각 없이 주머니에 넣어두었다. 피피가 내 주머니에 손을 넣으려 할 때 나는 슬쩍 비켜섰다. 내 주머니의 불룩한 것을 말똥말똥 쳐다보던 피피는 길고 가는 풀을 하나 뜯어 내 주머니 안으로 깊숙이 집어넣었다. 그녀는 풀을 빼내 연신 킁킁거리며 그 끝의 냄새를 맡았다. 모든 것을 알아낸 피피는 낑낑거리며 나를 계속 따라왔고 결국 나는 그녀에게 그 바나나를 줘야 했다.

우리는 달걀 또한 조심스럽게 숨겨둬야 했다. 맥그리거 씨, 워즐 씨, 플로는 달걀을 매우 좋아했다. 어느 날 늙은 맥그리거 씨는 에드나가 점심으로 만든 삶은 달걀 네 개를 가지고 급히 도망쳤는데, 그 광경이 너무도 우스워 우리는 달걀을 잃어버릴 만한 가치가 충분히 있었다고 생각했다. 침팬지들은 달걀을 먹을 때 항상 나뭇잎을 한 입 가득 같이 먹었다. 입에 충분한 나뭇잎이 채워져 있어야 달걀 껍질을 깰 수 있기 때문이다. 그리곤 몇 분이고 계속 되씹으며 음미한다.

점점 커 가는 연구센터

나는 이따금 옷 속에 바나나를 숨기기도 했다.

맥그리거 씨가 처음으로 입에 달걀을 넣을 때 깜짝 놀라는 듯 보였다. 달걀이 무척 뜨거웠기 때문이었다. 그는 달걀을 꺼내 이리저리 살펴보다가 냄새를 맡더니 입 속 가득한 나뭇잎들 사이로 밀어 넣었다. 껍질이 깨지는 소리가 들렸다. 하지만 영문 모를 일이었다. 그의 입 안에 맛있는 액체가 흐를 줄 알았는데 그렇지 않았다. 그는 결국 나뭇잎과 달걀 덩어리를 뱉어내곤 뚫어지게 쳐다보았다. 그는 매번 입 속에 더 신선한 나뭇잎을 채워가며 달걀 네 개를 다 똑같이 해보았지만, 결국 그 주위에는 달걀 흰자와 노른자의 으스러진 부스러기와 꾸깃꾸깃해진 나뭇잎들만 여기저기 쌓이고 말았다.

그 해에 우리가 겪어야 했던 또 하나의 문제는 텐트를 보호하는 것이었다. 우리는 높은 나무 위 또는 핫산이 텐트 주위에 만들어 두었던 단단한 나무 난간 위로 모든 당김밧줄들을 묶어 두었다. 왜냐하면 침팬지들은 그들이 도착했다는 신호로 돌격과시행동을 보였는데, 이때 텐트의 말뚝을 하나씩 잡아 빼면 볼 만한 구경거리가 생긴다는 걸 알았기 때문이다. 한동안 우리에게 이보다 더한 골칫거리는 없었다. 그러던 어느 날 골리앗이 텐트 한가운데로 곧장 돌진하다가 단단한 텐트 나무못 두 개를 성냥개비인 양 차례로 부러뜨렸다. 그가 지나간 자리에는 구겨진 캔버스 덩어리가 나무에 붙어 있던 당김밧줄에 매달려 있었다. 마침내 우리는 핫산의 도움으로 튼튼한 나무 둥치를 세우고 아랫부분을 시멘트로 고정시켰다. 이 나무둥치들은 다소 이상해 보였지만 텐트의 말뚝으로는 그만이었다.

그 해 내내 우리의 가장 심각한 골칫거리는 침팬지들에게 바나나를 나눠주는 일이었다. 우선 상자가 충분하지 않았다. 핫산이 거의 쉬지 않고 상자를 만들었으나, 매일 침팬지 한 마리가 두세 개 이상을 못쓰게 만들어 버렸다. 상자 모두를 시멘트 밑으로 묻어 버렸을 때에도 어른 수컷 몇 마리는 여전히 무언가를 부수곤 했다. 제이비는 가장 못된 범죄자였다. 그가 강철 손잡이를 계속 분질러대는 통에 우리는 상자를 닫을 수가 없었다. 또 시멘트로 고정시킨 파이프의 끝과 손잡이 사이의 굵은 밧줄을 자꾸 끊어뜨렸다. 밧줄이 노출된 부분이 20센티미터도 안 되는 걸 보면 침팬지의 힘이 얼마나 엄청난 지를 알 수 있었다.

한 무리가 다른 무리가 도착하기 전에 왔다가면 문제가 없었다. 그러면 우리가 작은 창고에서 바나나를 꺼내 상자를 다시 채울 수 있기 때문이다. 그러나 침팬지 무리가 가까이 있을 때에는 감히 저 장소를 열 수 없었다. 사실 우리는 상자를 다시 채우는 과정에서 여러 번 봉변을 당했다. 우리가 바나나가 가득 든 양동이를 들고 있을 때 제이비나 골리앗 같은 큰 수컷들이 나타나면, 우리는 순순히 그들에게 바나나를 내줄 수밖에 없었다.

가장 곤란했던 문제는 데이비드 그레이비어드에게 바나나를 주는 것이었다. 데이비드는 골리앗, 윌리엄과 함께 바나나를 빼앗아 도망쳤던 그 좋았던 옛날을 기억하고 있었다. 그 당시 그는 자신의 몫을 얻기 위해 다섯 마리에서 열 마리 정도의 배고픈 수컷들과 경쟁할 필요가 없었다. 데이비드는 캠프에 올 때 결코 서두르는 법이 없었다. 그는 다른 수컷들이 먼저 허둥지둥 서둘러 가도록 내버려두었다. 그래서 그가 도착했을 때쯤에는 대개 흥분이 어느 정도 가라앉은 후였다. 그러나 그가 올 때 우리는 어떻게든 그의 몫의 바나나를 준비해야 했다. 그렇지 않으면 그는 아랫입술을 앞으로 내민 채 바나나를 찾으러 터벅터벅 이 텐트 저 텐트 안으로 들어가곤 했다. 모든 것을 찢거나 뒤집어 놓았으며, 심지어 텐트가 지퍼로 닫혀 있으면 모기장이 쳐진 창문을 찢어 열었다. 그래서 우리는 어떻게 해서든지 바나나를 열 개나 열다섯 개 정도 그를 위해 숨겨둬야 했다. 하지만 문제는 다른 침팬지들도 파괴적이진 않지만 데이비드만큼 꼼꼼하게 과일을 찾으려고 텐트를 뒤진다는 것이다. 그들은 우리가 바나나를 숨기는 장소들을 손쉽게 알아차려 우리는 끊임없이 새로운 곳을 생각해내야 했다.

데이비드에게 줄 바나나를 확보해 놓았다 해도 더 공격적인 다른 수컷들이 알아차리지 못하는 가운데 데이비드에게 바나나를 건네주는 일 또한 결코 쉽지 않았다. 천신만고 끝에 우리가 데이비드의 팔에 바나나 더미를 안겨주는 데 성공하면 플로나 멜리사 같은 암컷들이 그걸 얻어먹으려고 차례로 데이비드의 바나나 더미 주위로 몰려들어 팔을 뻗치곤 했다. 데이비드는 그걸 막지 않았다. 어차피 그는 항상 더 얻을 수 있었기 때문이었다. 일은 점점 복잡하게 꼬이고 힘들어졌으며, 점점 나 혼자 산 속을 누비던 덜 복잡했던 날들이 그리워졌다.

그러나 1965년부터 상황이 나아지기 시작했다. 꾸준히 우리의 연구활동을 뒷받침 해주던 내셔널 지오그래픽 협회가 우리에게 조립식 알루미늄 건물을 지을 자금을 주었다. 우리는 반대편 산과 호수가 보이는 계곡 위 경치 좋은 곳에 자리를 잡았다. 늘 그랬듯이 모든 일은 밤 사이에 끝나야 했다. 바닥에 시멘트를 바르는 일을 제외하면 건물을 세우는 데 그리 오랜 시간이 걸리지는 않았다. 건물을 세우고 벽면과 지붕을 풀로 덮었더니 주위의 숲과 잘 어울렸다. 가장 큰 건물에는 기록물들을 쌓아두고 작업할 수 있는 큰 방 하나와 에드나와 소니아의 침실로 쓸 작은 방 두 개, 그리고 부엌과 저장소로 쓸 더 작은 방 두 개가 있었다. 다른 건물은 휴고와 내가 쓰기로 했다. 이 밖에도 우리는 새 캠프 바로 아래 계곡에 바나나 저장소로 쓸 작은 오두막도 하나 지었다.

새로운 자리에 침팬지들을 익숙하게 하는 일이 이번에는 별로 어렵지 않았다. 어느 날 아침 휴고와 내가 완성된 새 건물에서 모든 것이 준비되었는지 검사하고 있을 때 계곡 너머 데이비드 그레이비어드와 골리앗이 야자나무에서 열매를 먹고 있는 것을 보았다. 얼마나 큰 행운인가! 우리는 재빨리 바나나 큰 송이 하나를 들어올렸다. 두 수컷은 1분 남짓 소리를 지르며 서로 껴안고 하다가 허겁지겁 나무에서 내려와 계곡을 가로질러 우리에게 달려왔다. 상황이 이쯤 되자, 계곡에 흩어져 있던 다른 15마리의 침팬지들도 데이비드와 골리앗의 흥분된 소리를 듣고 우리 쪽으로 뛰어왔다. 무리 전체가 새로운 급식소에 나타난 것이다. 계획되지 않았던 시도였기 때문에 휴고는 미처 카메라를 준비하지 못했고, 우리는 그들이 껴안고 뽀뽀하고 서로 툭툭 치며 소리지르고 짖어대는 흥분의 도가니를 기록하지 못했다는 것에 못내 아쉬워했다. 침팬지들은 서서히 안정을 되찾고 바나나를 먹기 시작했다.

3일이 되지 않아 아주 가끔 오는 침팬지들을 제외한 거의 모든 침팬지들이 새로운 자리를 발견했고, 우리는 다른 급식소들을 완전히 폐쇄할 수 있었다. 새 건물은 휴고와 내가 그동안 곰비에 있으면서 보아 왔던 다른 건물들에 비하면 퍽 사치스러운 편이어서, 모든 것이 끝난 몇 주 후 그곳을 떠나야 한다는 것은 가슴 아픈 일이었다. 내셔널 지오그랙픽 협회가 침팬지 캠프에서 전임 사진 작가를 둘 만큼은 지원해주지 않았기 때문에 휴고는 다른 사진 작업도 시작해야 했고, 나는 박사학위 논문을 끝내기 위해 영국에서 9개월을 보내야 했던 것이다.

휴고와 내가 실제로 곰비를 떠나온 후에야 우리는 그 해에 중대한 실수를 했다는 것을 깨달았다. 우리는 플린트가 우리를 만질 수 있도록 했고 우리도 플린트를 조심스럽게 간질이기도 했다. 그것은 즐거운 경험이었고, 플린트도 점점 우리를 믿게 되었다. 야생 침팬지 엄마가 아이를 우리와 함께 놀도록 허락할 만큼 인간을 두려워하지 않을 수 있다는 것에 우리는 의아해 했다. 그러나 피피도 플린트를 따라했고 피건도 마찬가지였다. 그 당시로서는 문제가 되지 않아 보였다. 그것은, 내가 데이비드의 털을 손질했던 것처럼 인간에 대한 공포 속에 일년을 살아온 생물과 가깝고 우호적인 관계를 이루는 것이 가능함을 증명했다. 휴고와 나는 피건이 여덟 살이 되어 우리보다 힘이 많이 세졌을 때에도 실제로 피건을 간질이고 땅을 구르며 같이 레슬링을 하기도 했다.

우리가 떠나올 때, 그러니까 새 연구 건물이 우리에게 지어질 가능성이 분명해지고 우리 팀에 들어오고 싶어하는 학생들의 편지들이 날아들기 시작하던 때에야 우리는 우리의 행동이 얼마나 어리석었는지를 깨달았다. 어른 수컷 침팬지는 사람보다 세 배 이상 힘이 세다. 만약 피건이 자라서 사람이 실제로는 약한 동물이라는 걸 깨닫게 된다면, 그는 위험한 존재가 될 것이다. 게다가 야생동물과 되풀이하여 접촉하는 것은 그 동물의 행동에 영향을 줄 것이다. 우리는 그 후 의도적으로 침팬지와 접촉을 시도해서는 안 된다는 규칙을 만들었다.

정확하게 관찰하는 방법을 배운 에드나와 소니아는 거의 일년 동안 그들 스스로 일을 처리해 왔다. 그때부터 우리에게는 곰비에서 일할 소수들이 물밀듯 빌려왔다. 우리의 연구 계획은 섬섬 커져 지난 몇 년 동안에는 비비나 붉은콜로부스원숭이를 연구하려는 사람들에게도 연구소를 개방했다. 어떤 학생들은 일년 동안 곰비에서 내 연구조수로 일하며 침팬지들의 행동 중 이미 알려진 것들에 대한 중요하고 일반적인 관찰을 계속해주었다. 이 젊은이들 대부분은 학사 학위를 가진 사람들로서 모두 연구에 엄청난 시간을 투자했으며 우리에게 침팬지에 대한 많은 지식을 보태주었다. 그들 중 몇 명을 선택하여 그 다음해에도 연구 학생으로 남아 일하며 침팬지 행동의 특이한 면에 대해 연구할 수 있도록 해주었다.

1967년 곰비에 중요한 변화가 생겼다. 곰비가 탄자니아 국립공원에 인계된 후 곰비 국립공원이 된 것이다. 수렵 감시원들은 국립공원 경비원들에게 자리를 내주었고 자신들은 공원 남쪽 지역을 관할하게 되었다. 국립공원 당국과 함께 흥미가 있어 하는 관광객과 방문자들을 위해 우리는 남쪽에 두번째의 급식소 개설을 준비하게 되었다. 학생들은 2년 동안 지정된 지역에서 그들 나름대로 지내며, 내가 1960년에 우리 침팬지 무리가 내게 익숙해 지도록 애썼던 것처럼, 남쪽 침팬지 무리를 습관들이려 노력했다.

곰비 연구센터는 날로 확장되었다. 오늘날 관찰 구역에는 나무로 둘러싸여 보이지 않는 곳에 작은 숙소 여덟 채가 자리잡고 있다. 강가 아래쪽에는 더 큰 건물이 세 채나 들어섰고, 비비와 원숭이를 연구하는 학생들을 위한 오두막도 세 채나 있다. 아프리카인 직원들의 숙소는 나이 든 이디 마타타의 집 주위 강가에 몰려 있어 제법 큰 〈마을〉을 형성하고 있다. 도미니크, 사디키, 라쉬디는 모두 여전히 우리와 함께 있고, 이젠 다른 사람들도 많이 있다. 곰비 연구센터의 상황이 어느 면으로 보나 호사스럽다고는 말할 수 없으나, 그 시설은 흥미롭고 매혹적인 연구와 힘든 작업, 그리고 동물을 사랑하는 젊은이들에게는 적합하고도 남는 것이다.

우리가 늘 당면했던 가장 큰 과제는 실제로 바나나를 나눠주는 것이었다. 어떻게 침팬지들에게 바나나를 주어야 가장 자연스러운 과정과 가깝고 침팬지의 사회행동에 가능한 한 영향을 적게 미칠 수 있을까. 우리는 여러 해에 걸쳐 많은 시행착오를 겪었다.

우선 첫째로, 우리는 침팬지들이 캠프에 올 때마다 바나나를 주었다. 침팬지들을 가까운 곳에서 정기적으로 관찰하고 사진을 찍을 수 있다는 것은 휴고와 나에게 너무도 흥미로운 사실이었기 때문에, 우리는 그들이 급식소가 생기기 전보다 계곡에 더 자주 들르는지에 대해 그리 개의치 않았다. 또한 초기에는 정말로 장기간의 연구를 할 생각이 없었으므로, 우리는 우리가 영원히 떠나기 전에 가능한 한 많이 기록해 두고 싶었다. 그러나 몇 년이 지난 후 우리는 먹이를 계속 주는 것이 침팬지들의 행동에 현저한 영향을 준다는 것을 깨달았다. 그들은 옛날에 그랬던 것보다 더 자주 큰 무리를 지어 이동하기 시작했다. 그들은 캠프 주위에서 잤고, 아침 일찍 떠들썩하게 무리를 지어 캠프로 왔다. 가장 나쁜 것은 어른 수컷이 점점 공격적으로 변하기 시작했다는 것이다. 우리가 처음 침팬지들에게 바나나를 주었을 때 수컷들은 먹이를 놓고 거의 싸우지 않았다. 그들은 상자에 들어 있는 바나나를 나눠먹거나 그저 다른 침팬지들을 쫓아 버리거나 위협하는 정도였고 실제로 싸우는 일은 없었다.

케임브리지 대학교에서 학기를 마친 후 1966년 휴고와 나는 곰비에 돌아왔다. 그때 나는 침팬지들의 행동이 변한 것을 보고 충격을 받았다. 싸우는 일이 예전보다 훨씬 더 많아졌을 뿐 아니라, 매일 많은 침팬지들이 캠프 주위를 몇 시간이고 어슬렁거렸다. 이것은 전적으로 피피와 피선 때문이었고, 약간은 에머레드 때문이기도 했다.

이 세 마리의 어린 침팬지들은 상자의 지렛대를 닫아두는 핀을 당겨 뽑기만 하면 바나나 상자가 열린다는 것을 알아냈다. 핫산은 애써 핀과 손잡이에 나삿니를 조여 넣어 나사를 풀기 전에는 열 수 없도록 만들었다. 몇 달 동안은 성공적이었으나 결국 그 세 어린 침팬지들은 그 문제도 해결해 버렸다. 그러자 핫산은 나사 끝에 너트를 고정시켜 나사를 풀기 전에 너트를 풀어야 되도록 만들었다. 휴고와 내가 돌아오기 직전 피건과 피피 그리고 에버레드는 이것 역시 풀어냈다. 상황은 점점 복잡해져 갔다.

에버레드는 손잡이로 가서 나사를 풀고는 크게 짖어대며 그가 연 상자로 뛰어갔다. 물론 그 근처에 있던 다른 침팬지들도 상자로 뛰어갔으므로 에버레드가 캠프에 혼자 있거나, 그중 서열이 가장 높지 않은 한 한두 개 이상의 바나나를 얻는 것은 드문 일이었다. 대개 그는 결국 다른 침팬지들이 배부르게 될 때까지 상자를 계속 열기만 했고, 그리고 나서도 상자가 남으면 그것이 그의 몫이었다. 그러자 교활하게도 그는 아침에 점점 일찍 오기 시작했다. 아마도 캠프에 첫번째로 와서 캠프장을 독점하려는 노력이었으리라. 그러나 다른 침팬지들 역시 점점 일찍 오게 되었다.

피피와 피건은 훨씬 더 교활했다. 그 둘은 주위에 서열이 높은 침팬지들이 있을 때에는 상자를 아무리 많이 열어도 바나나를 얻지 못한다는 것을 재빨리 알아차렸다. 그래서 그들은 플로와 함께 둘러앉아 다른 침팬지들이 떠날 때를 기다렸다. 그런 후에 캠프에 어른 수컷이 없어지면 재빨리 상자를 하나씩 열었다. 가끔은 어른 수컷이 있는데도 손잡이로 가서 나사를 풀지 않고는 못 배길 때도 있었다. 그러나 그럴 때에는 지렛대를 풀고 나서도 상자를 열려고 뛰어가지 않았다. 그들은 단지 서로 털을 고르거나 상자 쪽을 제외한 다른 주변을 둘러보면서, 그리고 한쪽 발로는 지렛대가 닫혀 있도록 하면서 별 생각이 없는 듯 앉아 있었다. 한번은 내가 시간을 재 보았더니, 피건은 그렇게 반시간이 넘도록 앉아 있었다. 다른 침팬지들은 나사의 비밀을 풀지는 못했지만, 어슬렁대고 있으면 피피나 피건이 결국 그들에게 바나나를 줄 것이라는 것을 깨달을 만큼은 영리했다. 그래서 침팬지들은 캠프에 아주 오랫동안 남아 있었다. 그들은—— 특히 마이크는——때로 피피가 더 이상 참지 못할 때까지 버티곤 했지만, 그런 일은 드문 편이었다. 그래서 플로의 가족은 날이면 날마다 캠프에 있었다. 우스꽝스럽게도 지난해에는 자식들이 플로를 흰개미 집에서 떼어놓으려 애쓰던 것이 이제는 플로가 자식들을 멀리 데려가려 애쓰게 되었다. 오직 플로만이 이 일에 매력을 찾지 못했고, 어깨너머로 뒤를 계속 돌아다보며 터벅터벅 걸어 길을 내려간 후에 항상 되돌아와 야자나무 그늘에 또다시 주저앉곤 했다.

피건과 피피가 보여준 영리함은 경탄할 만한 것이었지만, 그것은 우리가 바나나를 주는 데 있어서 완전히 새로운 시스템을 고안해야 한다는 것을 의미했다. 우리는 나이로비에서 만든 강철 상자를 많이 설치하기로 했다. 이 상자들은 배터리로 작동되었고, 연구 건물 안에 있는 단추를 누르기만 하면 열리게 되어 있었다. 이 시스템의 장점 한 가지는 큰 침팬지 무리가 도착했을 때 어른 수컷들에게 거의 동시에 각자의 몫을 나눠줄 수 있다는 것이다. 그들은 더 이상 남아서 기다리거나 점점 더 공격적이 될 필요가 없었다. 또한 침팬지들은 대부분이 상자를 여는 것과 단추를 누르는 것을 연관시키지 못했으므로 바나나를 사람들보다는 상자와 관련 짓기 시작했다.

더욱이 우리는 바나나를 불규칙한 일정에 따라 나눠주기로 결정했다. 그렇게 하면 잇달아 이삼일 동안 바나나가 전혀 없을 수도 있게 되었다. 우리는 이런 방법으로 침팬지들이 한 번에 며칠 동안 계곡에서 어슬렁거리지 못하게 되길 바랬다. 이 시스템은 1967년까지는 성공적이었으나 결정적인 해결책이 되지는 못했다.

다음 문제는 여태껏 계속 존재해 왔고 해를 거듭할수록 점점 악화되는 문제였다. 그것은 급식소 주변에서 벌어지는 침팬지와 비비 간의 경쟁이었다. 1968년 휴고와 내가 곰비에 돌아와 몇 달 동안 묶게 되었을 때 우리는 모든 것이 혼란스럽다는 것을 알았다. 〈캠프파〉라 알려진 한 떼의 비비들은 우리 건물이 잘 보이는 급식소 나무 근처나 계곡 반대편에서 어슬렁거리기를 좋아했다. 비비들은 침팬지 무리가 도착하자마자 뛰어내려와 바나나 몫을 챙기려 하였다. 게다가 〈물가파〉라 알려진 두번째 비비 떼도 캠프 주위에서 매일 몇 시간씩 어슬렁거리기 시작했다.

어른 수컷 비비들은 침팬지들에게 뿐만 아니라 사람들에게도 매우 공격적이 되었다. 우리 학생 몇 명, 특히 여학생들은 이 상황을 우려했다. 표범과 비비들은 인간 남자들보다는 여자들에 대해서 더 정중하지 못하기 때문이었다.

우리는 당분간 그들이 주위에 있을 때에는 과일이 담긴 상자들을 열지 않음으로 해서 비비들을 실망시키려 했다. 그러나 이것은 거기에 있는 침팬지들에게 엄청난 긴장과 좌절을 가중시킬 뿐이었다. 비비와 침팬지들은 모두 닫힌 상자들에 바나나가 있다는 사실을 알고 있었으므로, 우리가 상자를 늦게 열수록 더욱더 상황은 악화되었다. 그들은 서로 점점 공격적이 되었으며 마침내 상자가 열리면 아수라장이 되었다. 무슨 조치를, 그것도 빨리 취해야 했다.

일단 우리는 급식을 완전히 중단했다. 휴고와 내가 기대했던 대로 침팬지들은 날마다 와 보지만 상자들이 모두 빈 채로 열려 있는 것을 보고 캠프 방문을 점점 드물게 하기 시작했다. 일주일 이내에 캠프는 매우 조용해졌다. 작은 무리들이 때때로 어슬렁거리며 지나

가다가 상자를 들여다보고는 다시 사라졌다. 비비들도 더 이상 캠프장을 빙빙 돌며 기다리지 않았다.

 3주 후에 우리는 급식을 다시 시작했으나 매우 비정기적으로 그리고 아침 일찍 비비들이 멀리서 자고 있어 캠프 주위에 없는 것이 확실할 때에만 상자들을 채웠다. 그리고 한편으로는 관찰 건물 본관에서부터 약 9미터 정도에 이르는 지하 벙커를 짓기 시작했다.

 완성된 벙커는 너비가 1미터 조금 넘었고 사람이 똑바로 서서 지나갈 정도로 높았다. 벙커 안의 방에는 하루 양만큼의 바나나를 저장해 두었다. 상자들은 언덕에서 파내어 벙커 양쪽에 두었다. 이 벙커는 후에 〈참호〉라 불리게 되었다. 오랜 노력 끝에 결국 우리는 언제 누구에게 먹이를 줄 것인가에 대한 완전한 조절을 할 수 있게 되었다. 상자 몇 개가 차 있고 침팬지들이 다 먹기 전에 비비들이 오면, 우리는 상자 안쪽으로 바나나를 넣고 바깥쪽을 열어 침팬지들과 비비들이 그 날은 바나나가 없다고 생각하게 만들었다. 작은 침팬지 무리가 오면 그들은 전혀 어려움 없이 적당한 크기의 상자에 가득 담긴 바나나를 먹을 수 있었다.

 참호를 지은 후에는 단지 상자 안쪽이 부서지는 것과 고블린이 터널 안으로 비집고 들어올 수 있다는 사실을 알아낸 것을 제외하면 거의 문젯거리가 없었다. 고블린은 가끔 안쪽에서 훔친 바나나 한아름을 가지고 상자 안에서 나오곤 했다.

 우리는 어떤 침팬지에게 얼마나 자주 먹이를 줄 것인가를 상당히 신중하게 조절할 수 있게 되었고, 확실하게 어느 침팬지도 10일 혹은 2주일에 한 번 이상 바나나를 먹지 못하도록 했다. 따라서 침팬지들은 거의 완전하게 옛날의 방랑 습관을 되찾았고, 대개는 그들이 근처를 지나갈 때에만 캠프를 어슬렁거리게 되었다. 물론 이것은 우리가 그들이 더 자주 들렀을 때만큼은 정보를 얻지 못한다는 것을 의미하지만, 그들은 충분히 자주 지나갔고 학생들은 대부분의 개체들에 대해 꽤 정기적인 기록을 할 수 있었다.

그 이후로 급식소에서는 아기 침팬지의 성장뿐 아니라 서열의 변화나 개체 간 다른 관계들에 관한 많은 것을 관찰할 수 있었고, 숲에서는 좀더 정상적인 상태를 관찰할 수 있었으므로 캠프와 숲 두 곳에서 침팬지 행동에 관한 자료를 얻을 수 있었다. 침팬지들은 놀랄 만큼 인간에 대해 관대해졌고 우리는 거의 그들 무리의 일부가 되어 그들 뒤를 따라 산길을 다닐 수 있었다. 그리고 그들의 신경이 정말 날카로워졌을 때 그런 울퉁불퉁한 지대에서 추적자를 따돌리는 것은 그들에게 가장 쉬운 일이었다.

기다리고 기다린 끝에 우리는 문제를 최종적으로 해결해낸 듯 싶었다. 하루가 다르게 쌓여 가는 플린트나 작은 고블린과 같은 침팬지들의 생활사와 다른 개체들에 대한 기록을 돌아보며 나는 노력과 고통 그리고 거의 절망에 가까웠던 것들이 얼마나 가치 있는 것이었던가를 깨달았다.

유아기

아기의 출생은 많은 동물들이나 인간 사회에서 매우 중요한 사건이다. 침팬지 무리에서는 엄마들이 4년 반에서 6년마다 아기를 하나씩 낳는 정도이기 때문에 출산은 상대적으로 드물다. 우리가 관찰하는 30 내지 40 마리 정도의 침팬지 무리에서도 일년에 그저 한두 번 있는 일이었다. 그러므로 어떤 엄마가 새 아기를 데리고 나타나면 다른 침팬지들이 모두 흥분하곤 한다.

고블린은 태어난 지 이틀 후 침팬지 무리에 처음으로 나타났다. 고블린은 겨우 몇 발짝을 떼곤 엄마인 멜리사를 붙잡아야 할 정도였고, 여전히 태반에 붙어 있는 탯줄로 연결되어 있었다. 침팬지 무리는 평화롭게 털손질을 하고 있었지만 멜리사가 나무에 오르기 시작하자 하나둘 이 새 엄마 쪽을 긴장한 눈으로 응시하기 시작했다. 피피는 즉시 나뭇가지에 매달린 채 그녀에게 다가갔다. 멜리사는 조심스럽게 움직이며 마이크에게 인사하러 가서는 헐떡이며 복종한다는 듯이 그의 옆구리 쪽으로 손을 내밀었다. 마이크는 그녀의 인사를 받고 그녀의 엉덩이를 가볍게 두들겨주며 응답했지만, 마이크가 고블린을 응시하며 좀더 앞쪽으로 다가오자 멜리사는 서둘러 물러났다. 멜리사가 골리앗에게 인사하러 갔을 때에도 상황은 마찬가지였다. 그 역시 좀더 가까운 곳에서 아기를 보기 원했다. 데이비드와 로돌프도 역시 마찬가지였다.

 5분쯤 후 마이크가 나무 사이로 경중경중 뛰면서 가지를 흔들어대며 과시행동을 하기 시작했다. 멜리사는 비명을 지르며 펄쩍 뛰어 그를 피했다. 이때 태반이 거의 나뭇가지에 걸릴 뻔하여 나는 갓 태어난 아기가 엄마의 품으로부터 떨어지지나 않나 걱정하였다. 골리앗이 멜리사를 향해 돌격하자마자 멜리사는 우선 탯줄부터 거머쥐었다. 곧 무리 전체가 혼돈에 빠졌으며 모든 어른 수컷들은 경중경중 뛰며 나뭇가지를 흔들었다. 멜리사와 다른 암컷 그리고 어린 침팬지들은 비명을 지르며 비켜섰다. 사실 이러한 상황은 말할 것도 없이 아기에 관한 호기심이 거절되었기 때문에 일어난 것이었다. 멜리사는 수컷들이 아기를 잘 볼 수 있을 만큼 가까이 접근하도록 내버려두지 않았던 것이다. 이런 상황은 거칠지만, 새로 태어난 아기에 대한 그들 나름의 환영식처럼 보였다.

 마침내 소란이 멈췄고 다시 잠잠해졌다. 수컷들은 전처럼 다시 털을 고르기 시작했다. 그때 무리 중에서 피피와 다른 젊은 암컷들이 고블린을 살펴보기 위해 그 엄마와 아기 주위로 모여들었다. 이들이 너무 가까이 접근하려고 하면 멜리사는 부드럽게 으르렁거리며 팔을 올려 위협했지만 아기를 데리고 떠나지는 않았으므로 그들은 마음껏 아기를 볼 수 있었다.

 그 날 이후로 젊은 암컷들이 갓 엄마가 되어 아기를 데리고 무리

경험이 많은 엄마는 다른 침팬지가 갓난아기를 만지도록 허락한다.

에 처음 나타날 때마다 이와 비슷한 과시행동들을 볼 수 있었다. 그러나 플로처럼 나이 든 암컷들이 아기와 함께 나타나면 소란의 정도가 훨씬 덜 했다. 경험이 풍부한 암컷들은 바로 도망치지 않아 다른 침팬지들의 호기심을 어느 정도 만족시켜 줄 수 있기 때문이다. 우리는 수컷 네 마리가 나이 든 엄마 매우 가까이에 앉아 조용히 갓 태어난 아기를 뚫어지게 바라보는 것을 본 적이 있다. 갓 태어난 아기는 처음 며칠간은 엄마의 털을 꽉 움켜잡을 수 없기 때문에 이런 상황에서 엄마가 도망치려 하면 매우 위험하다. 게다가 일반적으로 야생에서 몇몇 엄마 침팬지들은 직접 탯줄을 끊어 내므로 태반이 매달려 있어 또다른 위험 요소가 된다. 과시행동 중 실제로 아기가 떨어지거나 다치는 것을 본 적은 없지만, 태어난 지 며칠 만에 수수께끼처럼 사라져 버린 아기들은 몇몇 있었다.

플린트와 고블린이 태어난 이래 6년 동안 우리 침팬지 무리에서는 열두 마리의 건강한 아기들이 태어났다. 비록 몇몇은 한 살도 되기 전에 죽었지만 우리는 아기들과 엄마들을 관찰하면서 많은 것을 배울 수 있었다. 일반적으로 엄마들은 5개월 미만의 아기들을 형제 외의 다른 침팬지들의 모든 접촉으로부터 보호한다. 세 달 정도 된 아기들은 종종 근처에 앉아 있는 다른 침팬지들에게 손을 뻗지만 대개는 엄마들이 그 손을 재빨리 당겨 버린다. 그러나 우리 무리에서 태어난 최초의 암컷 아기들 중 폼Pom의 경우는 예외였다. 그녀의 엄마인 패션Passion은 아기가 태어난 날 곧바로 아기를 땅 위에 놔둔 채 다른 젊은 암컷 두 마리가 건드리거나 심지어 털을 고르는 것마저 허락했다. 그러나 당시 패션은 모든 면에서 다소 비정상적인 엄마인 것 같았다.

그렇다고 해서 패션이 철부지였던 것은 아니다. 1961년 내가 처음으로 그녀를 알게 되었을 때 그녀는 충분히 성숙해 있었고, 폼을 낳기 전인 1965년 이미 아기 하나를 잃은 경험도 가지고 있었다. 만약 그녀가 폼을 그냥 내버려두는 것이라면 나는 패션이 역시 다른 아기들도 잃었을 것이라고 생각한다. 왜냐하면 삶의 출발부터 폼은 생존을 위해 직접 싸워야만 했기 때문이다. 폼은 단 두 달 만에 엄마 등에 매달리기 시작했는데 이것은 다른 아기들보다 서너 달이나 이른 시기였다. 폼이 발을 심하게 다쳤기 때문에 어쩔 수 없이 그랬던 것이다. 아기가 제대로 털을 움켜쥘 수도 없었음에도 불구하고 엄마 패션은 다른 엄마들처럼 한 손으로 아기를 계속 받쳐 주지 않았고 가끔 폼을 그녀의 등 위로 밀어 올릴 뿐이었다. 폼이 등 위에 처음으로 올라탄 바로 그 날, 패션은 아기가 떨어질 것에 대해서는 전혀 걱정도 않은 채 어른 수컷들의 무리에게 인사하려고 27미터나 되는 거리를 서둘러 달려갔다. 위태롭게 매달린 폼은 떨어지지 않으려고 거의 필사적인 노력을 해야 했다. 제법 나이가 든 아기일지라도 엄마가 갑자기 움직이면 대개 옆으로 미끄러져 떨어지기 일쑤인데 말이다.

우리는 폼의 발이 괜찮아지면 다시 패션의 배에 매달리게 될 거라고 기대했지만 그런 일은 일어나지 않았다. 아마 아기를 등에 태우는 것이 엄마에게는 더 편한 것 같았으며, 패션은 아기가 3개월 더 빨리 그런 일을 할 수 있게 된 행운을 포기하고 싶지 않았던 것 같다. 비가 억수같이 쏟아질 때면 폼은 엄마의 따뜻한 품 속에서 보호받으려고 바동거리며 칭얼댔다. 하지만 패션은 딸을 측은히 생각하지도 않고 계속 아기를 등 뒤로 밀어 올리기만 했다.

우리가 지켜본 대부분의 침팬지 엄마들은 조그만 아기가 젖꼭지를 찾으려 코를 문질러대면 아기가 젖꼭지를 찾도록 도와주었다. 플로의 경우 플린트가 6개월이 지날 때까지도 쉽게 젖을 빨 수 있도록 젖을 계속 받쳐주었다. 멜리사는 서둘러 때로 고블린을 너무 높이 들어올려 아기의 입술이 어깨나 목털에 닿곤 했지만, 역시 아기를 도와주려 애썼다. 그러나 패션은 폼의 칭얼거림을 완전히 무시했다. 아기가 스스로 젖꼭지를 찾지 못했다면 그것은 아기가 운이 나빠서 그런 것이었다. 만약 패션이 움직이려고 할 때 폼이 우연히 젖을 빨고 있어도 패션은 아기가 젖을 먹는 것을 끝마칠 때까지 기다려주지 않고 일어나 버렸다. 따라서 폼은 엄마의 배에 매달린 채 엄마가 자기를 등 위로 밀어올리기 전에 가능한 한 오랫동안 젖을 빨려고 사투를 벌여야 했다. 패션은 폼이 젖을 빠는 데 별로 신경을 쓰지 않았기 때문에, 폼은 2분이나 그보다 훨씬 짧은 시간 동안만 젖을 먹을 수 있었다. 대부분의 아기들은 생후 일년 동안 매시간 한 번씩 3분 동안 젖을 먹는다. 아마도 폼은 부족한 모유의 양을 훨씬 더 자주 젖을 빠는 것으로 보충하는 것 같았다.

폼이 걸음마를 시작했을 때에도 상황은 비슷했다. 플로는 플린트가 걸음마를 할 때 그에게 신경을 엄청나게 썼으며, 플린트가 쓰러지면 재빨리 일으켜 세워주었고 비틀거리며 걸어가면 한 손으로 받쳐주었다. 멜리사는 플로보다는 덜했다. 그녀는 고블린이 쓰러져 울면, 아기가 일어서려 애쓰는 동안 단지 손만 뻗어 주었다. 그러나 패션은 완전히 냉담했다. 폼이 아직 혼자서 2미터 이상 걷는 것을 보지 못했던 어느 날, 패션은 갑자기 일어나 폼을 혼자 놔두고 멀리 가버렸다. 폼은 엄마를 따라가려 몸부림을 치다 계속 쓰러지면서 점점 더 크게 칭얼거렸다. 결국 패션이 되돌아와 등 위로 아기를 난폭하게 밀쳐 업었다. 이런 광경은 자주 관찰되었다. 폼이 좀더 잘 걸을 수 있게 되자 패션은 아기가 울더라도 되돌아오지 않았으며 단지 폼이 엄마를 따라잡을 때까지 기다려 줄뿐이었다.

폼이 한 살쯤 되었을 때, 혼자서 걷고 있는 패션 뒤를 따라다니며 그 등 위에 올라타려고 울부짖는 그의 모습을 종종 볼 수 있었다. 대부분의 아기들이 엄마로부터 꽤 멀리 떨어져도 행복한 듯 돌아다니는 두 살 때에도 폼은 패션의 매우 가까운 곳에서만 앉아 있거나 놀았다. 몇 달 동안 폼은 계속 한 손으로는 플린트나 고블린 같은 다른 아기들과 놀이를 하면서도 다른 한 손으로는 패션을 단단히 잡고 있었다. 폼은 틀림없이 혼자 남겨지는 것을 몹시 두려워했던 것이다.

인간의 아기들처럼 침팬지 아기들도 처음 몇 년 동안은 엄마에게 의존한다. 대부분의 어린 침팬지들은 네 살이 넘도록 엄마 곁에서 자거나 젖을 빤다. 드물게나마 네다섯 살이 될 때까지도 무리에서 흥분 신호나 위험 신호가 생기면 재빨리 엄마 등에 올라타기도 한다. 이렇게 엄마에게 의존하는 동안 아기들은 점차 주위 환경에 정통하게 되며 땅 위와 나무들 사이로 빠르게 이동하는 법을 배운다. 그리고 먹이를 먹거나 잠자리를 만드는 동안 굵은 가지나 잔가지와 같은 물체를 조작하는 데 더 능숙하게 된다.

플린트는 태어나서 열 달쯤 되었을 때 처음으로 잠자리를 만들기 시작했다. 플린트는 조그만 잔가지 한 개를 굽히더니 땅바닥에 놓고 다른 침팬지들이 하듯 그 위에 앉았다. 그리곤 풀줄기를 한 줌 움켜쥐어 무릎 쪽으로 뉘었다. 그런 일이 있은 후, 나는 가끔 그가 공중에 매달려 있을 때에도 잠자리를 만들려고 잔가지들을 구부리고 발로 붙잡아 흐트러지지 않게 하면서 다른 가지들을 더 붙잡으려고 하는 것을 관찰하였다. 그 후 몇 달 동안 플린트는 점점 더 능숙해졌으며 같은 또래 아기들처럼 종종 나무에서 혼자 놀면서도 잠자리를 만들곤 했다. 때때로 플린트는 잠깐 동안 그 위에 누워 있기도 했지만, 대개는 주위로 뒹굴면서 잠자리를 부수고는 또 만들곤 했다. 이같은 꾸준한 연습 덕택으로 어린 침팬지들은 네다섯 살 정도가 되면 숙련된 기술을 뽐내며 스스로 잠자리를 준비할 수 있게 된다. 곤충을 잡아먹을 때 잔가지나 막대기를 이용하는 기술도 마찬가지다. 아기 침팬지들은 도구를 써서 먹는 단계에 이르기 훨씬 이전부터 그런 물체들을 가지고 놀거나 이리저리 찔러본다.

대체로 인간의 아기들은 어른들에게 예의 바르게 행동하는 것보다는 아장아장 걷거나 계단을 오르거나 숟가락을 사용하여 음식을 먹는 것을 훨씬 더 쉽게 배운다. 어린 아이들은 손윗사람들의 기분을 전혀 파악하지 못할 때가 많다. 아이가 몇 분 동안 계속 접시로 탁자를 치고 있을 때면 엄마는 여러 번 멈추라고 주의를 주고 접시를 낚아채거나 혹은 볼기를 때린다. 그래야 비로소 엄마의 뜻을 눈치챈다. 아빠가 독서를 하고 있을 때에도 엄한 눈초리나 조용히 하라는 꾸중에도 아랑곳 않고 계속 아빠의 주의를 끌려고 성가시게 하기도 한다.

이같은 행동은 때로 개구쟁이의 고의적인 행동으로 간주되지만, 우리는 비슷한 일들이 침팬지 사회에서도 일어남을 목격했다. 아기 침팬지들은 걷거나 나무 타는 법을 배운 후에야 어른들의 의사소통 체계에 따른 복종의 몸짓을 배우게 된다. 생후 첫 일년 동안에는 그들 역시 손위 침팬지들의 기분을 잘 알아채지 못한다. 이 시기에 아기에게뿐 아니라 주위의 다른 침팬지들에게까지 경계의 눈초리를 떼지 않는 것은 바로 엄마 침팬지이다.

어느 날 나는 산허리에서 조그만 무리를 따라갔다. 그들은 곧 근처에 자리를 잡고 털손질을 하면서 휴식을 취했고 나도 그 근처에 자리를 잡았다. 열 달 된 고블린은 여전히 비틀거리면서, 야자나무 그늘에 앉아 무화과씨와 껍질 뭉치를 씹고 있는 마이크에게 걸어갔다. 고블린이 자신을 쳐다보자 이 으뜸 수컷은 손을 뻗어서 여러 차례 매우 부드럽게 그의 등을 쓰다듬어 주었다. 고블린은 비틀거리며 마이크로부터 물러나 덩굴에 걸려 넘어져 코를 찧었다. 즉시 피피가 서둘러 달려와 고블린을 일으켜 세웠고 잠시 동안 안아 주었다. 피피가 즉시 털을 손질해주었지만 고블린은 피피를 밀어젖히고 다시 걸어갔다. 가는 길에 조그만 나무 그루터기가 있었는데, 그는 그걸 뚫어져라 쳐다보더니 다가가서 그 위로 타 넘으려고 했다. 반쯤 올라가다가 고블린은 쥐고 있던 나무를 놓쳐 거의 떨어질 지경이 되었다. 다행히도 근처에 앉아 있던 데이비드 그레이비어드가 재빨리 손을 뻗어 아기가 안전하게 올라갈 때까지 그의 팔꿈치 아래에 손을 대주었다.

바로 그때, 고블린보다 6개월 빠른 플린트가 뛰어왔고, 그 두 아이들은 아랫니를 드러내며 장난기 가득한 침팬지 특유의 웃음을 머금고 함께 놀기 시작했다. 플로는 그 근처에서 피건의 털을 고르며 누워 있었다. 고블린의 엄마 멜리사 역시 조금 떨어진 곳에서 털을 고르고 있었다. 나무들 사이로 호수의 반짝임이 간혹 보이는 산 위 깊은 숲 속에 펼쳐진 이런 풍경은 너무나 평화로웠다. 갑자기 헐떡이며 우우거리는 소리와 함께 더 많은 침팬지들이 도착했고, 순간 무리는 술렁이기 시작했다. 플린트는 놀기를 멈추고 돌아와, 안전한 야자나무 위로 막 올라가려 일어서는 플로의 등에 올라탔다. 나는 마이크가 털을 곤두세운 채 숨을 우우거리기 시작하는 것을 보았다. 그는 막 과시행동을 시작할 참이었다. 그 무리의 다른 침팬지들 역시 마찬가지였다. 모두는 경계 태세에 있었으며 과시행동에 참가하거나 돌진할 준비가 되어 있었다. 고블린을 제외하고 말이다. 고블린은 무슨 일이 일어나고 있는지 전혀 알지 못하는 것 같았고, 놀랍게도 이 상황에서 마이크 쪽으로 아장아장 걸어가기 시작했다. 멜리사는 두려움에 사로잡혀 꽥꽥거리며 아기에게 달려갔으나 이미 늦었다. 마이크는 이미 돌진하기 시작했으며, 고블린을 마치 나뭇가지처럼 땅바닥에 질질 끌고다녔다.

그때, 평소에는 겁 많고 조심스러운 멜리사가 아이 때문에 거의 미친 듯이 마이크를 향해 달려들었다. 이것은 예기치 못한 행동이었고, 이때문에 그녀는 마이크에게 몹시 두들겨맞았다. 하지만 고블린을 구출하는 데는 성공했다. 아이는 으뜸 수컷이 그를 떨군 자리에 납작 엎드린 채 비명을 지르며 누워 있었다. 마이크가 멜리사에게 공격을 계속하고 있는 동안 나이 든 수컷인 헉슬리가 아이를 들어올렸다. 나는 헉슬리 역시 아이를 질질 끌면서 과시행동을 할 것이라고 확신했지만, 그는 가만히 아이를 안은 채 내려다보며 약간은 혼란스러운 모습으로 가만히 있었다. 멜리사가 피를 뚝뚝 흘리고 비명을 지르며 마이크로부터 도망쳐 나오자 헉슬리는 아이를 땅 위에 다시 내려 주었다. 엄마가 달려오자 고블린은 엄마의 품 안으로 뛰어들었고 그 둘은 덤불 속으로 재빨리 사라져 버렸다. 멜리사가 무리에서 멀어지면서 그녀의 비명 소리도 점차 사라져 갔다.

　마이크의 행동을 이해하는 것은 어려웠다. 일반적으로 무리의 모든 구성원들은 조그만 아이들에 대해서는 거의 무한정한 참을성을 보이는데, 어른 수컷들의 돌격과시행동 동안 만큼은 그들이 지켜야 하는 많은 사회적 규칙들을 잊는 것 같았다. 아마 마이크는 광란의 순간에 길에 놓여 있는 어떤 물체라도 그의 돌격과시행동을 고양시킬 적격의 물건이라고 생각했을지도 모른다. 전에 나는 로돌프가 그의 과시행동 중에 연거푸 늙은 암컷을 때리며 질질 끌고다니는 걸 목격했다. 그때 그 암컷의 배에는 아기가 비명을 지르며 매달려 있었다. 그러자 로돌프는 공격을 멈추고 돌아서서 그녀를 껴안고 등을 두드리며 입을 맞췄다.

　마이크가 고블린을 데리고 과시행동을 한 사건이 있은 후 일주일쯤 되었을 때, 고블린이 또다른 극적인 사건에 휘말렸다. 이 사건은 고블린이 여자 아기와 놀고 있을 때 발생했는데, 당시 그들로부터 멀지 않은 곳에서 두 엄마가 서로 털손질을 하고 있었다. 갑자기 무리가 술렁거리더니, 한 수컷이 돌진해 와 그중 한 엄마를 순간적으

로돌프가 한 암컷을 공격한 후 곧
바로 껴안아주며 위로하고 있다.

로 공격했다. 즉시 두 암컷은 아기들에게로 달려갔고, 먼저 도착한 멜리사가 남의 아이를 잡고 비탈길을 올라갔다. 다른 엄마는 고블린을 잡았으나, 즉시 밀어내고는 비명을 지르는 그녀의 아이를 쫓아 달려갔다. 혼자 남겨진 고블린은 공포에 싸여 거의 얼굴이 두 조각 날 정도로 입을 벌리고 있었다. 이때 마이크가 돌진해 왔다. 하지만 이번에는 그의 행동이 전과 완전히 달랐다. 그는 두려워하는 고블린을 아주 부드럽게 안아 올려 그의 가슴에 살짝 붙이고 얼마간 걸어갔다. 아이가 도망치려고 발버둥을 치자, 마이크는 그를 내려놓고 10분 동안 옆에 있으면서 다른 침팬지들이 너무 가까이 접근하면 위협하거나 쫓아냈다. 마침내 멜리사가 그곳에 도착하자 고블린은 엄마에게 달려갔고 마이크는 그것을 인자하게 쳐다보았다.

출산 경험이 없는 엄마 침팬지에게서 태어난 첫 아기들이 대개 그렇듯이 고블린은 많은 상처 자국을 가지고 있었다. 이에 반해, 아이를 양육하는 것에 경험이 많은 엄마를 가진 플린트와 같은 아이들은 상처가 적었다. 게다가 플린트가 어렸을 때에는 그를 돌봐줄 피피도 곁에 있었다. 몇 차례 위험이 닥쳐왔을 때 가장 가까이 있었던 것은 피피였으며, 피피는 플린트를 잡고 안전한 곳으로 도망치곤 했다.

몇몇 엄마들은 지나치게 세심하여 전혀 위험할 것 같지 않은 상황에서도 여러 번 아이를 〈구출〉한다. 길카는 두 살 때 엄마가 어른 수컷들이 많은 큰 무리에 잠시나마 있을 때면 늘 흥분하곤 했다. 어른들 앞에서 뽐내려는 여자 아이처럼, 길카는 똑바로 서서 팔을 휘두르며 발을 구르거나 한참 동안 발끝으로 걸어다니곤 했다. 길카가 만일 수컷들 중 어느 하나에게 다가가면 그 수컷은 대개 팔을 뻗어 더없이 부드럽게 쓰다듬어 주거나 간질여 주었다. 그러나 올리가 거의 항상 달려와 걱정스럽게 헐떡이며 툴툴거리며 복종의 표시로 그 수컷을 만지고는 길카를 데려가 버렸다. 한번은 길카가 평화스러운 어른 수컷 무리 앞에서 발끝으로 맴을 돌며 뽐내고 있었는데, 올리는 네 차례나 달려와 딸의 손을 낚아채 끌고 가버렸다.

길카가 성숙한 수컷 한 마리와 놀기를 시작하려고 했을 때의 상황은 더욱 나빴다. 대부분의 수컷들은 이 명랑한 소녀의 접근에 기꺼이 응했지만, 올리가 이것을 알아채고 달려와 길카를 데리고 가버리거나 그 수컷의 털을 손질하여 길카에 대한 그 수컷의 관심을 분산시켰다. 그러나 어떤 경우에도 수컷들은 아무런 공격적인 행동도 보이지 않았다.

한번은 길카가 로돌프와 함께 간지럼 놀이를 하고 있는 것을 올리가 목격하고는 재빨리 다가와 걱정스럽게 헐떡거리고 툴툴거리는 소리를 내며 달래듯이 손을 그 커다란 로돌프 등 위에 얹었다. 그러나 그것에 상관없이 로돌프는 놀이를 계속했다. 그는 옆으로 비스듬히 누워 길카가 그의 커다란 몸 위로 기어올라 그의 목을 간지럽게 물어뜯으면 침팬지 특유의 조용한 웃음을 보일 뿐이었다. 잠시 동안 그 둘을 지켜본 후에 올리는 로돌프의 털을 고르기 시작했다. 로돌프는 놀이를 하는 동안 팔과 다리를 휘저으며 매번 신경질적으로 그녀의 손을 밀쳐냈다. 로돌프는 발로는 길카를 간질이면서 갑자기 올리 쪽으로 몸을 틀어 한 손으로 올리의 목을 간질이기 시작했다. 올리의 얼굴이 묘하게 일그러졌다. 입술은 썰룩이고 있었고, 눈은 정면을 똑바로 응시하고 있었으며, 툴툴거리며 헐떡이는 소리는 점점 히스테릭하게 변해 갔다. 올리는 뒤로 물러섰지만 로돌프는 계속 따라오며 간질였다. 몇 분 동안 그녀의 긴 입술은 놀이를 할 때 표정처럼 주름이 잡혀 있었고, 정신없이 툴툴거리는 가운데 언뜻 웃음

유아기

기가 배어 나왔다. 그러나 잠시 후 더 이상은 견딜 수 없었는지 로돌프로부터 물러났다.

사실 커다란 수컷들 중 몇몇은 놀이를 하다가도 이렇다할 경고도 없이 암컷을 공격한다. 확신할 수는 없지만, 아마도 놀이가 난폭해지면서 수컷들이 암컷을 해치게 되면 암컷들이 자기들을 피하기 때문인 것 같다. 그러면 수컷들은 화가 나는 것 같았다. 그러나 내가 아는 한, 로돌프는 놀다가 절대로 화를 내는 법이 없기 때문에, 올리는 그런 걱정을 할 필요가 없어 보였다.

어린 침팬지들은 대부분의 시간을 놀이를 하면서 보낸다. 두세 살 때에는 그저 놀이 외에는 하는 일이 없어 보인다. 놀이가 과연 어떤 행동 범주에 속하는가에 대해 많은 논란이 있다. 과연 놀이란 무엇인가? 그 기능은 무엇인가? 〈놀이〉를 어떻게 정의해야 하는가? 그러나 모든 토론과 추측에도 불구하고, 과학자건 우연한 관찰자건 대부분의 사람들은 강아지 형제들이 뒹굴거나 어린 침팬지들이 공중제비를 도는 것을 보면 그들이 놀이행동을 보이고 있다는 데 쉽게 동의한다.

논쟁이 일어나는 이유는 아마도 인간 어린이들에게 〈놀이〉라 부를 수 있는 행동에 뚜렷하게 다른 두 가지가 있기 때문일 것이다. 강한 집중력을 가지고 블록 열 개로 탑을 세운 두 살 난 아기를 보고 우리는 블록을 가지고 〈논다〉고 말한다. 또 같은 아기가 소파 주위를 아장아장 맴돌고 그 뒤를 아빠가 기어서 쫓아가며 다리를 건드리면 도망가며 깔깔대는 광경을 보고도, 위의 예와는 전혀 다른 종류의 행동이지만 역시 〈논다〉고 한다. 아기 침팬지가 잠자리를 만들려고 몸 밑으로 연신 나뭇가지를 구부리거나 작고 엉성한 풀줄기로 흰개미를 잡아보려고 하는 것은 인간의 아이가 탑을 세우려는 행동

몇 시간 동안이나 함께 노는 유아기의 침팬지들(사진: Jane Goodall)

에 해당할 것이다. 그러나 우리가 침팬지에서 놀이라고 부르는 행동의 대부분은 인간에서 누군가가 아기를 쫓아가거나 간질일 때 아기가 보이는 장난기나 웃음과 동일한 종류이다.

어린 침팬지들은 놀이 상대가 없으면 종종 나뭇가지에 매달려 이리저리 움직이거나, 푹신푹신한 나뭇가지 위에서 몇 번이고 뜀뛰기를 하거나, 공중제비를 돌거나, 혹은 땅 위에서 깡충깡충 뛰어다니며 놀곤 한다. 그러나 대부분 그들은 나무둥치 주위로 서로 쫓아다니거나 나무 꼭대기로 줄지어 달려 올라가고, 한 손으로 나무에 매달려 있으면서 서로 같이 노는 것을 좋아한다. 그들이 땅에서 레슬링을 할 때에는 상대를 발로 차거나 장난스럽게 물고 때리거나 간질이며 서로 놀이 상대가 되어주곤 한다.

놀이의 역할에 대한 과학자들의 의견이 분분할지라도, 자라나는 어린 침팬지들이 그가 속한 환경에 더 친숙하게 하는 데 도움을 주

유아기

는 것임에는 틀림없다. 놀이를 하는 동안 어떤 형태의 나뭇가지가 건너뛰기에 더 안전한지, 부러지는 것은 어떤 것인지를 배우며, 한 가지에서 뛰어내려 아래 가지를 잡는 체조 기술들을 연마하기도 한다. 이 기술들은 그 침팬지가 더 나이가 들었을 때 큰 도움을 준다. 예를 들어 나무 꼭대기에서 서열이 높은 침팬지가 갑자기 공격해 올 때 쉽게 피할 수 있게 해준다. 어떤 사람들은 침팬지들의 일상적인 활동에는 펄쩍펄쩍 뛰어다니는 것이 필요하지 않기 때문에 침팬지는 이런 기술들을 먹이를 먹거나 평상시 운동하면서 배운다고 주장하지만 그것은 사실이 아니다.

이런 논쟁 거리를 제쳐두더라도, 사회적 놀이는 틀림없이 어린 침팬지가 다른 어린 침팬지들과 친해질 기회를 제공한다. 친구들 중 누가 나보다 힘이 더 세고, 누구네 엄마가 우리 엄마보다 서열이 높은지, 그래서 사소한 다툼이 생겼을 때 나에게 좋지 않은 결과가 생기는 경우는 어떤 경우인지 배운다. 또 내가 힘자랑을 하면 내 말을 고분고분 들을 친구는 누구이며, 비슷한 상황에서 콧방귀를 뀌며 할테면 해보라고 할 친구는 누구인지 알게 된다. 즉 침팬지 사회의 복잡한 구조를 배우게 되는 것이다.

놀이는 어린 침팬지들에게는 일종의 교육인 동시에 아마도 가장 재미있는 일일 것이다. 대부분의 엄마 침팬지들은 그들이 움직이려 할 때 어린 침팬지들이 놀이를 그만두게 하는 데 무척 애를 먹는다. 물론 패션의 경우는 예외였다. 적어도 폼이 세 살이 되어 혼자 남겨지는 것을 덜 두려워하게 되기 전까지는 말이다. 패션이 자기를 두고 갈까봐 몹시 걱정하던 폼은 엄마가 다른 곳에서 쉬려고 그저 몇 미터만 걸어가도 소꿉친구들을 내팽개친 채 달려오곤 했다.

플로는 가끔 친구들과 놀고 있는 플린트를 데려오기 위해 그녀가

어린 침팬지들은 민첩하다.

몸소 놀이 상대가 되어주었다. 플로가 플린트를 한 발자국 정도만이라도 끌어내면, 플린트는 그것도 놀이라고 생각했는지 울퉁불퉁한 땅에 등이 퉁, 퉁, 퉁 튀는 것이 재밌다는 듯 웃어댔다. 그 광경은 크리스토퍼 로빈 Christopher Robin이 〈아기곰 푸우〉를 끌고 계단을 내려오던 장면을 연상시켰다. 정말로 우리를 웃긴 것은 멜리사였다. 어느 날 고블린이 플린트, 폼, 그리고 몇몇 다른 친구들과 놀고 있었을 때 멜리사는 그 장소를 떠나고 싶어하는 눈치였다. 멜리사는 아기들 무리에서 고블린을 끌어내 배에 바짝 붙인 후 일어섰다. 그러나 10미터도 채 가지 못했을 때 고블린이 엄마 품을 빠져 나와 다시 타박타박 걸어서 레슬링을 하고 있던 친구들에게 되돌아왔다. 멜리사는 투덜거리며 고블린을 따라왔다. 몇 분 동안 아들을 보면서 서 있더니, 다시 한번 아들을 들어올려 발을 옮겼다. 이번에는 좀더 멀리까지 갔지만, 30미터도 채 못 갔을 때 고블린이 다시 깡충깡충 뛰어 되돌아왔다. 멜리사는 이번에는 더 크게 투덜거리며 쫓아왔다. 그녀는 여전히 투덜대며 아들을 끌어내 세번째로 길을 떠났다. 고블린을 끌어냈다간 투덜거리며 다시 쫓아오는 일을 열다섯 번이나 반복한 후에야 마침내 멜리사는 고블린을 데리고 떠나는 데 성공했다.

    수컷과 암컷 아기 침팬지의 성장 과정에서 두 성 간의 행동 차이는 그리 많지 않다. 수컷 아기들은 암컷 아기들보다 거칠고 재주넘는 놀이에 더 열중하는 경향이 있고, 놀이 중에 가지를 끌고 가거나 흔드는 것과 같은 공격적인 돌격과시행동을 더 자주 연습한다. 또한 대개의 수컷 아기들은 암컷 아기들보다 더 이른 나이에 친구들을 공격하거나 위협하기 시작한다. 특히 두드러진 차이 중 하나는 수컷 아기의 성적 발달이 매우 이르다는 것이다. 매우 어릴 때부터 수컷들은 암컷의 분홍색 생식기 팽창에 커다란 관심을 보인다. 나는 플린트가 걸음마를 하기도 전에 발정기의 암컷에게 접근하려고 애썼던 것을 기억하고 있다. 한번은 플린트가 발정기의 암컷에게 다가가더니 그 암컷이 땅 위에 웅크리자 그 위에 올라타려고 여러 번 시도했었다. 나는 깜짝 놀랐다. 그러나 플린트의 경우는 좀 이르지만 이것은 수컷 아기들에게는 정상적으로 일어나는 행동이라는 것을 알게 되었다.

한 살과 네댓 살 사이의 수컷 아기들은 무리 중에 생식기가 분홍색으로 부풀어 오른 암컷이 있으면 재빨리 그녀에게 올라타 짝짓기 동안 어른 수컷이 하는 행동들을 흉내내며 많은 시간을 보낸다. 고블린이 두 살이었을 때 어떤 한 암컷에게 30분 동안에 열다섯 차례나 접근한 적이 있었다. 대체로 그 암컷은 고블린이 쉽게 올라탈 수 있도록 몸을 웅크리고 있었다. 그러나 한두 번 정도 고블린이 일을 끝내기도 전에 그 암컷이 일어섰기 때문에 고블린은 얼떨결에 그 암컷의 등 위로 기어올라가 놀란 표정으로 앉아 있었다. 그가 다가갔는데도 그 암컷이 몸을 웅크리지 않을 때에는 고블린은 나뭇가지 위에 올라가거나 발끝으로 서서 그 암컷에게 〈짝짓기〉를 시도하기도 했다.

세 살이 되자 플린트는 어른 수컷들이 하는 몇몇 구애행동을 하기 시작했다. 어느 날 그가 젊은 푸치와 놀며 스무 번 정도나 〈짝짓기〉를 했고 마침내 그녀가 싫증을 내며 조그만 나무 위로 올라가 버렸다. 플린트는 그 나무 밑에 앉아서 털을 곤두세운 채 위에 있는 푸치를 바라보며 나뭇가지를 격렬하게 흔들어 댔고, 결국 푸치는 부널거리며 내려와 몸은 삭지만 열의에 가득 찬 구혼자를 위해 다시 한번 더 몸을 웅크려 주었다.

실제로 어른 침팬지들이 짝짓기를 할 때면, 수컷과 암컷 아기들

유아기

페이븐의 짝짓기를 방해하고 있는 플린트와 고블린

이 훼방을 놓는다. 이럴 때면 어른 수컷 침팬지들은 이 방해하는 아기들에 대해 어떤 때보다 더 큰 관용을 베푼다. 이따금씩 짝짓기 중인 어른 수컷에게 어린 침팬지들이 넷이나 몰려들어 밀치거나 손으로 얼굴을 가리다가 거의 실명할 뻔했던 일도 있다. 암컷 아기들은 자기 엄마가 짝짓기를 하는 경우가 아닌 한 거의 짝짓기를 방해하지 않는다. 그러나 수컷 아기들은 짝짓기하고 있는 암컷이 자기 엄마이든 아니든 가리지 않고 모든 짝짓기에 끼어든다. 그러므로 짝짓기 중인 어른 수컷이 화가 나서 끼어드는 아기를 때리게 될 경우 희생자는 거의 다 수컷 아기들이다.

아기들이 이처럼 행동하는 이유를 우리는 아직 모른다. 피피는 어렸을 때 종종 플로의 구혼자를 떠밀곤 했다. 일종의 질투심 같은 것이 그녀를 자극한 듯 보였지만, 그 이후에도 우리는 짝짓기하고 있는 수컷들이 그 암컷이 아기들의 엄마든 아니든 아기들에 의해 떠밀리거나 공격받는 것을 많이 보았다. 당분간 이 행동은 많은 의문점들 중 하나로 남겨져야만 할 것 같다.

아기 침팬지가 네 살쯤 되면 그때까지 허용됐던 주위의 관대한 분위기가 점차 바뀌기 시작한다. 놀이는 더 거칠고 난폭해지고, 그가 경솔하게 행동하면 그 즉시 나이 든 침팬지들에게 위협받게 된다. 대부분의 아기들이 사실상 젖을 떼는 시기도 이때인데, 젖을 떼는 것은 매우 많은 노력이 필요한 일이라서 종종 일년 이상 걸리기도 한다. 젖을 떼는 시기가 다른 힘든 상황들과 겹친 길카에게는 유아기에서 청소년기로 넘어가는 그 시기가 특별히 더 불행한 시기였다.

유년기

 길카가 무료한 듯이 한쪽 가랑이 사이에 다른쪽 발을 접어넣은 채로 내 머리 위 나뭇가지에 매달려 있었다. 1분 남짓 그렇게 아무런 미동도 없이 있었다. 그러고 나서 서서히 땅으로 내려서더니 여전히 한쪽 발을 가랑이 사이에 접어 넣은 채 세 발로 절름거리며 앞으로 나아갔다. 풀줄기로 흰개미 낚시를 하고 있던 올리에게 1미터가 조금 더 되는 정도까지 다가가서 길카는 갑자기 진지하면서도 처량한 소리로 흐느끼기 시작했다. 잠시 새끼를 무시하던 올리는 길카를 끌어다 곁에 앉히더니 간질이기 시작했다. 길카는 곧 침팬지가 웃을 때 내는 헐떡이는 듯한 낄낄거리는 웃음소리를 냈다. 그러나 채 1분도 못 되어 올리는 딸을 밀쳐냈고 언제 끝날지 모를 흰개미 낚시를 다시 시작했다. 그래서 놀이는 그렇게 끝나고 말았다. 길카는 예전에 피피가 플로에게 이와 비슷한 놀이 행동을 하여 정신을 빼놓은 다음 플린트를 만지고 끌어내려 했던 것처럼 주위를 둘러보다 올리가 쓰다 버린 풀줄기 하나를 집어서는 이미 파헤쳐진 흰개미 통로에다가 느릿느릿 밀어넣었다. 그것을 꺼냈을 때 붙어 나온 흰개미는 하나도 없었다. 길카는 한번 더 시도해 보더니 이내 포기하고는 주저앉아 자기 털을 손질하기 시작했다.

몇 분 후 길카는 다시 올리에게 다가가 부드럽게 하소연 비슷한 울음소리를 내기 시작했다. 좀 전처럼 올리는 처음에는 길카를 완전히 무시했지만 갑자기 길카를 옆에다 끌어 당겨 놓고는 약 30초 동안 젖을 물린 다음 다시 밀쳐냈다. 길카는 잠시 서서 물끄러미 올리를 바라보다 이내 돌아서서 나무 위로 기어올라 갔다. 시들해진 길카는 거기에 앉아 나무둥치에서 나무껍질 조각을 뜯어냈다. 길카는 나무껍질들을 손으로 부순 다음 별 생각 없이 땅바닥에 내던졌다.

이 무렵 길카는 네 살 반이었는데, 지난 7개월은 그녀에게 점점 힘들어져 가던 시기였다. 우선 길카의 오빠이자 소꿉친구이기도 했던 에버레드가 청소년기에 접어들며 가족과 지내는 시간이 점점 줄어들었다. 둘째로 길카를 대하는 피피의 태도가 돌변해 버렸다. 플린트가 3개월이 되자 피피는 길카가 놀자고 해도 그를 완전히 무시했을 뿐 아니라 위협하기도 했으며, 길카가 플린트 가까이 다가가기만 하면 공격을 가하기도 했다. 그리고 피피가 자기 동생에게 덜 집착하게 되어 길카와 점점 더 많이 놀려고 하고, 길카가 플린트와 노는 것에도 더 관대해졌던 때와 시기를 맞춰 올리는 플로 가족을 멀리하기 시작했다. 이것은 거의 확실히 페이븐과 피건이 플로 가족과 보내는 시간이 꽤 많아졌기 때문이었다. 이 건장하고 활기 넘치는 젊은 수컷 두 마리와 같이 있을 때면 올리는 늘 불안해했다.

그래서 길카는 며칠 내내 늙은 엄마와 둘이서만 숲을 돌아다녔다. 이때 올리는 길카에게 젖을 뗄 작정이었고 길카가 더 자주 젖을

플린트가 태어나기 전에는 길카와 피피가 종종 함께 놀곤 했다.

빨려 하면 번번이 밀쳐내곤 했다. 게다가 그때는 흰개미가 나오는 철이었기 때문에 엄마는 세 시간 넘게 죽치고 앉아 흰개미 낚시를 했고 그 동안은 다른 어린 침팬지들과 마찬가지로 심심할 수밖에 없었다.

이런 모든 요인들로 전에는 그토록 기쁨과 생기에 찼던 길카가 점점 더 무기력해졌다. 이것은 그리 놀랄 일이 아니다. 또 꽤 오랫동안 한쪽 발을 다른쪽 사타구니에 집어넣는다거나 별 생각 없이 나무껍질을 가지고 소일하는 등의 이상한 버릇을 보이기 시작한 것 역시 짐작하고도 남을 일이다. 길카가 그 시기 동안 아주 이상한 우정을 가지게 된 것은 이 무료함과 놀이 상대의 부재 때문이라는 것이 거의 분명했다.

그 날도 올리가 흰개미 낚시를 하고 있는 동안 길카는 무료하게 기다리고 있었다. 갑자기 계곡 아래쪽에서 비비 한 마리가 짖어대는 소리가 들렸다. 그 소리에 길카의 모든 태도가 한순간에 바뀌었다. 길카는 꼿꼿이 일어서서 소리 나는 쪽을 바라보다가, 더 높은 나무 위로 올라가 계곡에서 거의 100미터쯤 아래쪽에 있는 공터를 살폈다. 그쪽에는 몇 마리의 비비들이 나무들 사이로 움직이고 있었다. 몇 분 후 길카는 잽싸게 나무에서 내려와 그 공터 쪽으로 향했다. 올리는 자기 딸의 뒷모습을 힐끗 쳐다보곤 이내 흰개미 낚시를 계속했다.

나는 길카를 조금 따라가다 공터가 잘 보이는 곳에 멈춰 서서 무슨 일이 일어나는지 관찰했다. 잠시 후 길카가 나무들 사이에서 모습을 드러냈고 거의 동시에 작은 비비 한 마리가 무리에서 떨어져 나와 길카 쪽으로 터벅터벅 걸어왔다. 쌍안경 없이도 나는 그 비비가 길카와 같은 나이 또래의 암컷 고블리나Goblina임을 알 수 있었다. 내가 보는 동안 두 녀석은 서로를 향해 뛰어 왔고, 나는 그 녀석들의 얼굴이 몇 분 동안 아주 가까이 닿아 있는 것을 보았다. 녀석들은 서로 어깨동무를 하더니, 곧 서로 툭툭 치고 레슬링을 하며 놀았다. 고블리나가 길카 뒤로 돌아가서는 손을 앞으로 뻗어 길카의 갈비뼈를 간질였는지, 뒤로 기댄 길카는 고블리나의 손을 밀어내며 입을 크게 벌려 웃고 있었다.

어린 침팬지들이나 비비들이 같이 노는 일은 분명 흔히 있는 일이지만, 그 놀이는 언제나 뜰이나 숲에서 서로를 쫓아다니거나 때리고 도망치는 식이었다. 또 종종 그런 놀이는 서로 공격적인 행동을 보임으로써 끝나기도 한다. 그러나 길카와 고블리나의 우정은 특별했다. 이 둘은 시종 다정했고, 이번도 그렇듯이 서로가 서로의 친구가 되길 간절히 바랬다. 이 시기에 비비를 연구하던 사람은 아무도 없었지만, 휴고와 나는 고블리나를 오랫동안 알고 있었다. 고블리나는 아주 어릴 때 엄마를 잃은 것이 분명했다. 내가 잠자리에 드려 하는 비비 무리를 보고 있었을 때, 고블리나는 어른 암컷들 사이를 이리저리 옮겨다니다가 새끼가 없는 늙은 암컷의 곁을 파고들었다. 길카와 달리 고블리나는 자기 무리에 놀이 친구를 많이 가지고 있었다.

내가 한 십 분간 길카와 고블리나가 노는 걸 보았을 때 그 둘은 줄곧 놀라울 정도로 다정했다. 비비 무리들이 움직이기 시작하자 고블리나는 곧 그들을 뒤쫓아 뛰어갔다. 길카는 고블리나가 떠나는 걸 끝까지 지켜본 후에야 몸을 돌려 천천히 올리에게 돌아왔다. 그러곤 나를 지나쳐 나무 위로 올라가면서 여전히 장난스럽게 내 머리 바로 위에 있는 가지들을 밟고 갔다. 그 통에 부러진 나뭇가지들이 우수수 떨어져 내렸다. 그리고 나서 길카는 올리에게 다가가 부드럽게 하소연하기 시작했다. 이번에도 올리는 여전히 길카를 무시했고 잠시 후 길카는 나무 위로 올라가 버렸다. 장난스런 흥겨운 기분은 다 사라졌다. 길카는 나무껍질 조각을 뜯어내 손가락으로 부수더니 땅으로 내넌셨다.

길카와 고블리나의 묘한 우정은 올리와 길카가 사라져 버릴 때까지 거의 일년간 지속되었다. 우리는 그들에게 무슨 일이 생긴 것이

틀림없다고 생각했지만, 그들은 나중에 4킬로미터쯤 북쪽 지역에서 다시 관찰되었다. 6개월 후 그들이 우리 계곡으로 돌아왔을 때, 고블리나는 이미 청년기에 접어들어 장난기가 사라져 있었다. 비비들은 침팬지들보다 빨리 성숙한다. 그 둘의 우정은 회복되지 못했다.

우리는 곧 그 6개월간 길카가 젖을 떼었다는 것을 알게 되었고, 여전히 엄마와 같이 다니기는 하지만 둘 사이에 친밀한 상호관계는 거의 찾아볼 수 없었다. 사실 임신 중인 것이 밝혀진 올리는 가끔 길카에게 지나치게 공격적인 태도를 보이기도 했다. 예를 들어 올리는 종종 길카가 자기 주위 삼사 미터 이내로 접근하거나 둘 다 충분히 먹을 만큼 먹이가 있는 나무에서도 가까이 오면 넌지시 위협하곤 했다.

나는 길카가 밤에 여전히 엄마와 같은 잠자리에서 자는지가 궁금하여 길카와 올리가 오후에 급식소에서 먹이를 먹고 떠날 때 그 뒤를 따라갔다. 전에도 내가 이 두 모녀와 숲 속에서 오랫동안 같이 돌아다닌 적이 있어서 그런지 그들은 내게 거의 신경을 쓰지 않았다. 우리는 빠른 속도로 산으로 향해 난 잘 닦인 길을 따라 올라갔다. 때때로 길가에 매달린 덜 익은 과일이나 덩굴 잎을 한 줌 따려고 멈춰 서기도 했지만, 그들은 분명히 뚜렷한 목표를 가지고 있었다.

곧 우리는 숲을 떠나 호수가 내려다보이는 산등성이 중 하나로 올라갔다. 거기는 풀이 내 머리 높이만큼 자라 있었다. 나는 가끔 길카나 올리를 놓칠까봐 염려했지만, 다행히 그들은 앞서가면서 희미하게나마 바스락거리는 소리를 냈기 때문에 계속 뒤따라갈 수 있었다. 막 어두워지기 전에, 올리와 그 뒤를 바싹 따르던 길카는 높은 나무 위로 올라갔다. 20분 동안 그 둘은 풍성하게 자란 노란 꽃들을 따먹었다. 나는 아직 태양의 온기가 남아있는 안락한 바위에 앉아 그들의 식사가 끝나길 기다렸다. 나는 거기에서 저녁 호수를 내려다보았다. 호수 저 너머 동부 콩고의 어두운 산과 들 뒤로 해가 지면서 진홍색이나 벽돌색의 반짝이는 수면이, 푸른빛이 도는 자주색이나 금속성 회색으로 물들어 가고 있었다. 고막을 찢을 듯한 매미 울음소리는 이내 사라지고 귀뚜라미의 저녁 합창 소리가 울려 퍼지기 시작했다. 서서히 나무와 풀들은 제 빛을 잃어갔고 호수 위로 초승달과 저녁 별들이 빛나기 시작했다. 도대체 올리와 길카는 저녁 식사를 언제 끝낼 것인가?

올리와 길카가 나무에서 내려와 백 미터도 안 되게 떨어진 작은 숲으로 나 있는 길을 따라갈 때까지는 아직 그들을 볼 수 있을 만큼 밝았다. 나는 급히 뒤를 따라갔다. 그러나 그들이 숲으로 들어가자 그들의 까만 털이 숲의 어둠에 휩싸여 더 이상 보이지 않았다. 나는 그때가 그들이 잠자리에 들기 직전이라는 것을 알고 길을 따라 얼마간 더 간 다음 멈춰 서서 귀를 기울였다. 곧바로 나뭇가지가 꺾이는 소리가 들려 왔고, 내가 조금 위치를 옮기자 빠른 속도로 사라지던 마지막 햇빛에 침팬지의 검은 윤곽이 드러났다. 2분 후 잠자리가 완성되었고 침팬지는 그곳에 드러누웠다.

조금 지나자 같은 나무의 다른쪽에서 작은 침팬지가 잠자리를 만들기 시작하는 것이 보였다. 이윽고 길카 역시 조용히 누웠다. 어린 침팬지가 저녁에 엄마의 잠자리 옆에 작은 잠자리를 짓고 나서 다시 엄마에게로 돌아가는 일은 그리 드문 일이 아니었기 때문에 나는 10분을 더 기다려 보았다. 하지만 길카는 더 이상 움식이시 않았고, 나는 어둠 속에서 내 일상 장비의 일부가 된 손전등을 고마워하며 캠프로 내려왔다. 밤중에 큰 풀숲을 헤치며 길을 찾는다는 것은 늘 쉽지 않은 일이었다. 차라리 전등 없이 길을 찾는 것이 훨씬 쉽다. 달이 없이 별빛만으로도 지형의 뚜렷한 형태를 파악하는 데는 충분하므로 손전등을 켜면 오히려 흐릿하게 보인다. 하지만 나는 처음 곰비에 왔을 때부터 손전등이 만드는 작지만 밝은 빛에 커다란 안도감을 느껴 왔다. 들판의 어둠 속에서는 표범이 먹이를 찾아 헤매거나 들소가 짓밟고 뛰어다닐지도 모르지만, 풀이 제 빛깔을 내고 바위가 제 모습을 가지는 마술과도 같은 나만의 빛의 공간 속에서 나는 안전하다고 느꼈다. 불의 발견이 원시인의 삶에 얼마나 큰 영향을 끼쳤을지 상상하고도 남을 일이다.

그 다음날 밤에도 나는 올리와 길카를 따라갔는데, 그 날도 길카는 따로 만든 잠자리에서 잠을 잤다. 새벽이 오기 전에 되돌아가 보아도 길카는 여전히 그 잠자리에 있었고 아침에도 그 잠자리에서 잠을 깼다.

앞에서 나는 플로의 젖이 말라 버린 후에도 얼마간 여전히 아기처럼 엄마 곁에 붙어 있던 피피가 어떻게 자립의 시기를 거치는지에 대해 설명했었다. 그러나 피피의 경우는 길카에 비하면 짧은 기간의 일이었다. 또 피피는 플린트에 대한 광적인 집착이 사라진 후에는 곧 여유 있고 놀기 좋아하는 침팬지가 되었다. 피피는 제 가족들뿐 아니라 많은 청년, 장년기의 수컷들과도 잘 놀았다. 한번은 피피가 늙은 제이비와 야자나무 주위로 쫓아다니며 떠들썩하게 뛰놀고 있었다. 이 크고 뚱뚱한 다혈질의 수컷도 이리저리 뛰며 큰 소리로 웃었는데, 마치 자기가 멈추면 피피가 자기 위로 뛰어올라 간질이기를 기대하고 있는 것처럼 보였다. 우리가 알고 있는 대개의 다른 유년기의 침팬지들은 암컷이든 수컷이든 아주 드문 경우를 제외하곤 이렇게 큰 수컷과 놀기를 상당히 두려워했다.

자기보다 나이 많은 침팬지들과도 잘 노는 피피의 여유 있는 행동은 아마도 피피가 엄마와 유난히 친밀한 관계를 맺고 있기 때문이 아닌가 싶다. 플로는 올리가 길카에게 그랬던 것이나 늙은 마리나 Marina가 자기 딸 미프 Miff에게 했던 것보다 훨씬 참을성 있게 자기 딸을 대해주었다. 미프는 피피와 같은 또래였는데 오빠와 남동생이 하나씩 있었다. 엄마인 마리나는 아주 냉정한 성격을 지닌 것 같았다. 나는 마리나가 미프와 노는 것을 한번도 보지 못했다. 또 두 살 난 멀린 Merlin이 끊임없이 손을 잡아끌며 간질여 달라고 귀찮게 하기 전까지는 거의 놀아주지 않았다.

나는 미프와 마리나가 형식적으로 털을 골라주는 시간 말고는 친하게 지내는 것을 보지 못했다. 사실 미프는 엄마를 무서워했다. 미프는 피피가 늘 플로에게 하듯이 바나나 뭉치를 나누어 먹자고 마리나에게 달려든 적도 없었다. 또 피피 같으면 먹을 것이 없을 때 플로에게 끊임없이 졸라대고 플로가 주지 않으면 울부짖으며 땅에 뒹굴며 플로의 팔을 때리는 등 신경질적인 반응을 보이는 경우에도 미프는 엄마한테 조르지 않았다. 플로는 적어도 피피가 여덟 살이 되어 청소년이 될 때까지는 바나나를 나누어 주곤 했다.

흰개미 낚시철 동안에 플로와 마리나가 자기 딸들에게 한 행동 중에서 특히 생생하게 떠오르는 것이 있다. 한번은 마리나와 미프가 같은 흰개미 둔덕에서 낚시를 하고 있었는데, 마리나는 성과가 시원치 않았던 반면 미프는 몇 미터 떨어진 구멍에서 재미를 톡톡히 보고 있었다. 마리나는 딸에게 다가가더니 유유히 미프를 밀쳐냈다. 미프는 약간 구슬픈 울음소리를 내더니 밀린 채로 엄마가 나뭇가지 가득 흰개미를 잡아 올리는 것을 바라보았다. 그러고는 몇 미터 옮겨 새 가지를 찾아들고 다른 구멍을 쑤시기 시작했다. 마리나는 자기가 쓰던 나뭇가지가 부러지자 주저 없이 다가와 미프의 손에서 새 가지를 빼앗아 갔다.

플로가 피피를 대하는 것은 이와는 무척 대조적이었다. 한번은 낚시철이 시작될 무렵에 플로가 낙엽으로 뒤덮인 흰개미 둔덕에 주저앉아 낚시를 시작했다. 흰개미굴로 통하는 구멍은 다 낙엽에 덮혀 있어서 낚시질하기 좋은 곳을 찾으려고 낙엽을 긁어내는 데 몇 분이 걸렸다. 피피도 주위를 어슬렁거리며 살펴보았지만 좋은 구멍을 찾지 못하고 결국 플로 곁에 앉아 유심히 바라보고 있었다. 피피는 이내 낑낑거리기 시작했고 약간씩 몸을 앞뒤로 흔들며 풀줄기를 쥔 손을 움직여 플로가 쑤시고 있는 구멍에 가져다댔다. 플로가 풀줄기를 꺼내자, 이내 피피가 잠시 엄마 얼굴을 올려다보더니 조심스럽게 제 낚싯대를 밀어 넣었다. 플로는 딸이 풀줄기를 꺼낼 때까지 끈기 있게 기다렸다가 다시 제것을 찔러 넣었다. 잠시 동안 그러다가 결국 플로가 다른 구멍을 찾기 시작했다. 얼마 지나지 않아 자기가 파던 구멍에서 더 이상 흰개미가 나오지 않자, 피피는 다시 엄마에게로 다가가 같은 구멍을 쑤시려 했다. 플로는 딸의 손을 두 번 가볍게 밀쳐냈지만, 피피가 낑낑거리고 엄마 옆에서 앞뒤로 몸을 흔들어대자 단념하고 다시 한번 새 구멍을 찾아 몸을 일으켰다.

유년기의 침팬지, 특히 그 엄마가 새 아기를 낳은 경우에 그 침팬지는 이제는 자기가 엄마를 따라다니며 살펴야 한다는 것과 상황이 이전과 같지 않다는 것을 배워야 한다. 만일 우연이라도 엄마와 떨어져 있게 되면 그 침팬지는 대개 매우 불안해 한다. 플린트가 태어난 후에도 플로는 항상 피피를 기다려 주었지만, 피피가 다섯 살 반쯤 되었을 때 다른 침팬지들과 정신없이 노느라 플로가 가려고 한다는 것을 눈치채지 못했던 적이 있었다. 수차례 주위를 둘러본 플로는 피피를 찾아내지 못한 채 플린트를 데리고 가버렸다.

플로가 더 이상 주위에 없는 것을 깨닫자마자 피피는 어쩔 줄 몰라 했다. 나지막하게 킁킁거리며 높은 나무 위로 뛰어올라 가더니, 이리저리 뛰어다니며 계곡의 이편저편을 살폈다. 부드럽던 낙담의 울음소리가 이내 시끄러운 비명으로 바뀌었다. 갑자기 피피는 나무에서 내려오더니 여전히 울면서 길을 따라 급히 달려갔다. 피피는 플로가 간 길과는 정반대의 길로 갔다. 나는 피피를 따라갔다. 피피는 줄곧 나무에 올라가 사방을 둘러보고는 털을 꼿꼿이 세운 채 울고 킁킁거리면서 다시 길을 따라갔다.

땅거미가 지기 바로 전 피피는 올리와 길카를 만났다. 길카는 피피에게 다가가 털을 고르며 놀려고 했지만 피피는 이런 우정 어린 행동을 무시하고, 올리 곁에서 자지 않고 혼자 서둘러 다시 길을 떠났다. 피피는 큰 나무 꼭대기에 잠자리를 만들었다. 나는 그 날 밤을 그 근처에서 보냈다. 어둠 속에서 피피가 소리를 지르고 절규하며 낑낑거리는 것이 세 번이나 들려왔다.

다음날 아침 아주 이른 새벽에 피피는 낑낑거리며 잠자리를 떠나 숲으로 달려갔다. 뒤쫓아 가기에는 아직 어두웠기 때문에 나는 캠프로 되돌아왔다. 피피가 그 날 아침 일곱시쯤에 낑낑거리며 나타나 사방을 두리번거리더니 이내 계곡 쪽으로 올라가 버렸다고 휴고가 말해주었다.

두 시간이 지나자 피피는 페이븐과 함께 캠프로 왔다. 페이븐은 보통 놀려고 할 때가 아니면 동생에게 거의 관심을 보이지 않는데, 그럼에도 지금 피피는 오빠가 곁에 있어 안성되고 편안해 보였다. 그들은 플로가 캠프에 왔을 때까지 그대로 머물러 있었다. 우리는 열광적인 가족 상봉을 기대했었지만, 피피는 그냥 엄마에게 달려가기만 했고 그 둘은 자리를 잡고 앉아 서로 열심히 털을 고를 뿐이었다. 그 이래로 우리는 엄마와 잃어버린 새끼들의 상봉을 몇 번 더 보았고, 매번 그 재회는 그리 대단치 않았다. 그들은 단지 서로의 털을 고를 뿐이었다. 이것은 침팬지 사회에서 털고르기의 중요성을 잘 드러내는 예일 것이다.

우리가 의아해 했던 것은 엄마는 잃어버린 새끼 울음소리를 들으면 급히 그 쪽으로 달려가지만 그러면서도 새끼에게 자기가 어디 있는지를 알려 주는 소리는 전혀 내지 않는다는 점이었다. 엄마가 새끼의 소리가 났다고 생각하는 곳까지 왔어도 새끼가 엄마가 들을 수 있는 거리 밖으로 나가 버리면, 둘이 다시 만날 때까지 몇 시간 또는 심지어 며칠이 더 걸릴 수도 있다. 상상이 가겠지만 마리나는 자기가 떠날 때 미프가 따라오는지 돌아보지 않았다. 그래서 미프가 다섯 살이 될 때까지 그가 엄마를 찾는 흐느낌과 외침 소리는 그에게 아주 일상적인 소리가 되었다.

유년기의 수컷은 우연히 엄마를 놓쳤을 때 불안해 하기는 하지만, 암컷들보다는 어린 나이에 자립을 시도한다. 어떤 수컷들은 여섯 살쯤 되면 한 번에 며칠씩 다른 침팬지들과 몰려 돌아다니기도 한다.

그러나 피건은 어린 시절 대부분을 산에서 플로와 피피와 함께 돌아다니며 보냈다. 피건이 여섯 살이던 어느 날, 플로와 피피와 함께 큰 무화과나무에서 열매를 먹고 있었다. 다른 커다란 침팬지 무리가 계곡에 도착하며 툴툴거리는 소리와 쿵쿵거리는 소리가 크게 울려 퍼졌다. 그들이 강 상류 쪽에 있는 큰 무화과나무 숲 속으로 들어가고 있는 것을 소리로 알 수 있었다. 플로와 그 가족들은 소리나는 쪽을 바라보더니 우우 소리를 냈고 피건은 나뭇가지를 발로 차며 땅으로 내려왔다. 피건은 우우거리는 소리와 함께 나무둥치를 두들기며 길을 따라 다른 침팬지들에게로 달려갔다. 그러고 나서 잠시 멈추더니 뒤따라오기를 기대하듯 뒤돌아 플로를 바라보았다. 하지만 플로는 자기가 있는 곳에 만족한 듯 꼼짝도 하지 않았다.

피건은 다시 앞을 보고 계속 달려갔지만 길이 보이지 않게 되자 결국 멈춰 서서 다시 플로를 돌아보았다. 잠시 후 피건은 엄마에게로 되돌아오다가 멈춰 서서 그 큰 무리 쪽을 다시 한번 바라보았다. 이윽고 결심한 듯 몸을 되돌려 플로와 피피 반대쪽으로 걸어갔다. 이번에는 피건이 시야에서 사라졌지만, 길 저편에서 높은 음조로 헐떡이며 툴툴거리는 소리가 들려왔다. 결국 4분도 채 지나지 않아 피건은 태연한 걸음걸이로 되돌아 왔고, 내 곁을 지나가며 반은 장난으로 그리고 반은 공격적으로 나를 밀쳤다. 마치 당혹스런 느낌을 감추려고 애쓰는 사람의 몸짓처럼 말이다.

그 날 더 늦게 플로는 결국 그 무리에 합류했다. 플로가 멀리 떨어진 곳에서 잠자리를 만들려고 그곳을 떠나자 피건은 아주 신중히 생각한 끝에 뒤에 남았다. 피건은 이틀 동안이나 엄마와 떨어져 있었고, 그 후에 그 둘은 캠프에서 상봉했다. 놀이 상대를 그리워했던 피피는 달려들어 피건을 껴안았지만 피건은 피피를 무시했다. 감정을 내색하지 않는 담담한 오빠의 모습을 보이고 싶었는지 플로에게 다가가 플로의 뺨에 자기 입술을 스칠 뿐이었다. 하지만 곧 피건은 피피와 함께 즐겁게 뛰놀기 시작했다.

유년기의 수컷 침팬지는 나이 많은 수컷들과 있을 때 매우 조심스럽게 행동한다. 아마도 어린 수컷들은 발정한 암컷에 올라타는 행동을 자주 하는 데 비해, 어른 수컷은 좀더 혹은 완전히 금욕적으로 행동하는 데 대한 존경심이 나날이 커가기 때문인 것 같다. 유년기의 수컷이 미프가 마리나에게 하듯 자기 엄마에게 겁먹는 것을 본 적은 없지만, 어린 수컷은 대개 자기 엄마에 대해 많은 존경심을 보인다.

어느 날 나는 갓 잡은 콜로부스원숭이의 시체를 쥐고 있는 피건과 마주쳤다. 피건은 원숭이 시체의 꼬리를 한 손에 쥐고 몸통을 어깨에 걸친 채 나무 위로 올라갔다. 피피가 그 뒤를 바싹 따라왔다. 앉기 좋은 나뭇가지에 이르자 피건은 원숭이를 먹기 시작했고, 당시 세 살 정도였던 피피도 끈질기게 달라고 애청했다. 피건은 몇 번 피피에게 고기 조각을 주었다.

몇 분이 지나자 플로가 피건 쪽으로 올라가는 것이 보였다. 즉시 피건은 먹다 남은 시체를 어깨에 둘러메고 더 높은 가지로 올라갔다. 플로는 낮은 가지에 앉아 주위를 둘러보았지만 아들 쪽으로는 눈길도 주지 않았다. 피건은 마음놓고 다시 먹기 시작했지만, 계속 뭔가 걱정스러운 듯 엄마 쪽을 힐끗거렸다. 플로는 거기에 한 10분 동안 그렇게 앉아 있었다. 이윽고 아주 잠깐 피건을 흘끗 보더니, 아주 천천히, 그리고 아주 냉정한 자세로 조금씩 위로 올라가서는 피건의 바로 아래 나뭇가지에 앉았다. 피건은 자주 내려다보면서 계속 먹어댔다. 다음 순간 플로가 무심코 약간 더 올라가자, 피건은 너무 가깝다 싶었는지 더 높이 올라가 버렸다.

그러곤 그런 일이 계속 반복되었다. 플로의 의도는 내게 느껴졌듯이 아들에게도 느껴졌을 것이다. 피건이 나무 위 아주 높은 데까지 가자 플로는 더 이상 참지 못하겠던지 아무 경고도 없이 아들에게 덤벼들었다. 피건은 소리를 지르며 나뭇잎 속으로 사라졌으며 피피와 플로도 그 뒤를 쫓아 사라졌다. 나는 그들을 다시 찾지 못했다.

사춘기

사춘기는 우리 인간에게 그렇듯이 몇몇 침팬지들에게도 힘들다. 그리고 좌절을 경험하게 되는 시기이기도 하다. 사람이나 침팬지 모두에서 이 시기는 아마도 수컷들에게 더욱 힘든 것 같다. 수컷 침팬지는 여덟 살쯤 되었을 때 사춘기를 맞이하지만 아직도 어른이 되려면 멀었다. 완전히 성숙한 수컷이 40에서 50킬로그램 정도 나가는데 비하여 사춘기의 수컷은 22 또는 23킬로그램을 넘지 못한다. 앞으로도 사오 년은 더 있어야 비로소 성적으로 성숙하게 된다. 비록 점점 지배욕이 강해지고 심지어 암컷들에게 폭력을 행사하기도 하지만, 여덟 살 된 수컷은 어른 수컷들의 노여움을 사지 않기 위하여 더욱 조심스럽게 행동해야 한다. 열셋 내지 열다섯 살 혹은 그보다 더 나이를 먹어서야 비로소 사회적으로 성숙했다고 받아들여진다.

사춘기의 수컷들을 안정시키는 요인 중의 하나는 엄마와의 관계일 것이다. 나이 든 플로는 자식들 모두에게 다정하고 너그러웠으며, 페이븐과 피건이 사춘기일 때 자주 그들과 함께 있어 주었다. 올리와 마리나는 둘 다 플로에 비하면 자식들에게 그리 너그럽고 편한 엄마는 아니었고 사춘기의 아들들과 함께 다니는 일도 적었다. 그렇지만 그들이 함께 있는 것도 여러 번 관찰되었다. 대부분 이들 사춘기의 수컷들은 열 살이나 열한 살이 되어도 계속 나이 든 자신의 엄마를 존경했다. 우리가 만일 바나나 한 개를 주면 아들은 뒤로 물러서서 엄마가 바나나 받기를 기다렸다. 한번은 에버레드와 올리 사이에 바나나를 놓아 보았다. 둘 다 망설이더니 이내 둘 다 손을 앞으로 뻗었다. 그러나 그 즉시 에버레드가 손을 뒤로 뺐다. 올리도 재빨리 고개를 들어 아들을 힐끗 쳐다보고 입술을 씰룩거리며 손을 뺐다. 아주 천천히 에버레드의 털이 곤두서기 시작했지만 그는 더 이상 움직이지 않았고, 올리는 연신 신경질적으로 헐떡이며 툴툴거리더니 마침내 그 바나나를 차지했다.

많은 경우 엄마는 사춘기의 아들을 도와주려 한다. 한번은 워즐 씨가 당시 열여섯 살 정도 되었던 페이븐을 공격하자, 플로는 털을 세우고 배에 플린트를 매단 채 한걸음에 싸움 장소로 달려갔다. 플로가 나타나자 페이븐의 겁먹은 비명 소리는 즉시 성난 〈우아아〉 소리로 변했고, 똑바로 서서 어깨에 잔뜩 힘을 주고는 두 발로 성큼성큼 걸으며 과시행동을 시작했다. 엄마와 아들은 어깨를 나란히 한 채 나이 든 워즐 씨 쪽으로 돌진해 갔다. 플로는 거친 목소리로 시끄럽게 짖어댔고 분노에 찬 듯 발을 쿵쿵 굴렀다. 워즐 씨는 뒤돌아 줄행랑을 쳐 버렸다.

사춘기의 수컷이 높은 서열의 수컷에게 공격 당했을 때 그 엄마가 할 수 있는 일은 사실 거의 없다. 그러나 엄마들은 대개 급히 달려와 일이 어떻게 진행되는지 보거나 뒤편에서 〈우아아〉 소리를 내곤 한다. 겁많은 올리조차도 마이크가 에버레드를 공격했을 때 계속 소리를 질러댔고, 아들이 비명을 지르며 쫓기자 마이크에게 복종하는 뜻으로 몸을 웅크리고 거의 광적으로 헐떡이고 툴툴거리는 소리를 냈다. 그리고는 싸움의 발단이 된 아들의 버릇없는 행동에 대해 용서를 구하듯 그의 등에 자기 손을 얹었다.

물론 엄마와 아들의 그러한 관계는 사춘기의 수컷이 나이를 먹어 감에 따라 다소 달라진다. 여덟 살인 피건이 돌격행동을 하며 플로의 옆을 스쳐 달려갔을 때, 다른 어른 암컷들은 대개 도망쳤지만 플로는 깨끗이 무시해 버렸다. 그러나 일년 후 털을 곧게 세워 보통 때보다 몸이 두 배나 더 커 보이는 피건이 나뭇가지를 질질 끌며 플로 쪽으로 돌진하자 플로는 급히 길을 피해주었다. 그럼에도 불구하고 그해 우리는 바나나를 먹느라 흥분한 플로가 피건의 등을 주먹으로 연거푸 두들기자, 결국 피건이 비명을 지르며 도망가는 것을 보기도 했다.

사춘기의 수컷은 커 가면서 그 엄마가 위협받거나 공격당할 때 급히 달려가 도와주려는 경향이 점점 더 뚜렷해진다. 어느 날 늙은 마리나가 피피를 위협했다. 피피가 비명을 지르자 플로가 딸에게 달려왔고, 이리하여 이 늙은 암컷들은 흙먼지를 일으키며 뒹굴고 싸웠다. 이때 야자나무에서 배를 채우고 있던, 마리나의 열네 살 난 아들 페페 Pepe가 무슨 일이 벌어지고 있는지 알아챘다. 페페는 나무에서 급히 내려와 그의 엄마 쪽으로 돌진해 갔다. 플로는 페페가 오는 것을 보고 뒤돌아 잽싸게 도망쳤다. 마리나와 페페는 플로와 피피를 뒤쫓아 달려갔다. 2년 전까지만 해도 페페를 찍소리도 못하게 했던 플로가 거친 목소리로 비명을 질러댔다.

사춘기의 침팬지들은 서열이 높은 수컷들을 상대할 때 지극히 신중해야 한다. 왜냐하면 이제는 한 번만 불복종해도 엄청난 대가를 치르기 십상이기 때문이다. 한번은 리키가 유난히도 많이 쌓인 바나나 더미 앞에서 맘껏 바나나를 집어먹고 있을 때 페페가 매우 조심스럽게 다가갔다. 페페는 틀림없이 리키가 거리를 유지하라는 경고의 일환으로 어떤 위협을 가해올 것이라고 생각하고 있는 것 같았다. 리키가 몸을 갑자기 움직일 때마다 페페는 펄쩍펄쩍 뛰었다. 그러면서도 페페는 서서히 더 가깝게 다가갔고, 이빨을 드러낸 채 잔뜩 겁먹은 표정을 지으면서 드디어 거의 1미터 정도밖에 안 떨어진 곳에 자리를 잡았다. 그는 조금은 주저하면서도 바나나 쪽으로 손을 뻗었다. 하지만 리키에 대한 두려움으로 인해 겁에 질린 비명을 지르며 손을 도로 뺐다. 페페는 다시 손을 뻗었다가는 또 두려움에 압도되어 더 큰 소리를 지르며 손을 움츠리곤 했다. 그러자 리키가 페페를 향해 마음을 안정시켜 주려는 듯 몸을 기대어 입과 허벅지 윗부분을 만져 주었다. 그러나 페페는 여전히 두려움에 끙끙대고 있었다. 리키는 손을 뻗어 젊은 침팬지의 머리와 얼굴을 여러 번 쓰다듬어 주었다. 결국 페페는 안정을 되찾았고, 바나나의 작은 꾸러미를 안심하고 먹을 수 있는 거리에까지 들고 간 다음 주섬주섬 먹었다.

많은 어른 수컷들은 리키만큼 너그럽지 않다. 다른 경우라면 페페가 아무리 고분고분하게 다가가더라도 페페를 진정시키기보다는 위협했을 것이다. 젊은 침팬지는 종종 서열이 높은 수컷이 배불리 먹고 있는 것을 멀찌감치 바라보다 결국 참지 못하고 돌격행동을 하여 좌절감을 표출하기도 한다. 젊은 침팬지는 덤불을 가로질러 나뭇가지를 땅에 끌며 돌진한다. 그 젊은이는 결국 어느 어른 수컷에게 야단맞곤 한다. 어른 수컷들은 종종 젊은이들의 시끄러운 소리와 난동에 짜증을 낸다. 그 젊은이는 자신의 돼먹지 못한 과시행동으로 인하여 쫓김을 당하거나 공격을 받기까지 한다. 피건은 이를 일찍부터 깨달았다. 우리는 일주일에 두 번이나 과시행동을 한 후에 피건이 마이크로부터 공격받는 것을 보았다. 그 다음주 피건은 마이크가 바나나를 먹고 있는 것을 바라보며 자기 몫은 어디에도 없다는 걸 아는 듯 싶었다. 낙담한 듯 약간 몸을 흔들어댄 후 홀연 일어서더니 무리로부터 거의 도망치듯 걸어나왔다. 피건은 마치 어린아이처럼 크게 쿵쿵거리며 산길에서 백 미터도 안 되는 곳에 있는 큰 나무로 걸어갔다. 그 나무둥치를 뛰어오르며 피건의 쿵쿵거리는 소리는 사춘기 침팬지 특유의 높고 긴 헐떡이며 우우거리는 소리로 바뀌었고, 발로는 나무를 쿵쾅쿵쾅 두들겼다. 그런 다음 피건은 특유의 명랑한 모습으로 그 길을 따라 다시 걸어 돌아왔다. 겉보기에는 아주 안정된 듯 싶었다. 그 후에도 여러 번 자기보다 나이 많은 수컷들 때문에 무언가를 못하게 되면 피건은 재빨리 달아나 자기 혼자 과시행동을 하고는 나무를 발로 세게 차며 오르곤 했다.

나름대로 처벌받지 않는 기술을 알아냈음에도 불구하고 피건은 종종 사춘기 수컷으로서 어쩔 수 없이 공격을 받았다. 그 나이 또래의 다른 수컷들은 더 잦은 공격을 받았다. 그렇다면 사춘기의 수컷들은 왜 어른 수컷들과 그토록 자주 어울리는 것일까? 아마도 대부분의 경우 싸움은 하지만 쉽게 화해하기 때문일 것이다. 특히 아주 어린 수컷들이 관련된 경우에는 더 그렇다. 많은 사춘기 수컷들에게는 금방 자신을 위협했거나 공격했던 수컷들과 친밀한 신체적 접촉을 가지는 것이 필수적인 것 같다.

한번은 에버레드가 단지 골리앗이 놀격행농을 할 때 실을 막았다는 이유로 골리앗에게 심하게 얻어맞았다. 이 사건이 거의 마무리될 무렵 에버레드는 털을 군데군데 뽑힌 채 피를 흘리고 있었다. 그래도 에버레드는 거물급 수컷 골리앗이 움직이자 그 뒤를 따라갔고, 골리앗이 주저앉자 그를 향하여 조심스레 슬금슬금 다가갔다. 에버레드는 골리앗에 대한 두려움으로 언제든지 몸을 돌려 도망갈 태세를 갖춘 채 큰 소리로 비명을 지르고 있었다. 그러나 마음을 진정시켜줄 손길에 대한 바람이 더 컸던 것 같다. 그는 계속해서 비명을 지르긴 했지만 골리앗에게 아주 가까이 다가가서 엉덩이를 내밀고 땅바닥에 넙죽 몸을 웅크렸다. 잠시 후에 골리앗은 손을 뻗어 에버레드의 등을 토닥거려 주었다. 1분 30초가 족히 지난 후 에버레드의 울부짖음은 킁킁거림으로 변했고 마침내는 완전히 조용해졌다. 그렇게 된 다음에야 골리앗은 토닥여 주는 것을 멈추었다.

급식소의 인위적인 환경으로부터 멀리 떨어진 곳에서는 서열이 높은 수컷들의 하위자들에 대한 공격은 매우 적었고, 숲 속에서는 사춘기 수컷도 종종 어른 수컷들과 함께 있는 것에 더 마음을 놓는 것처럼 보였다. 연장자들은 오랫동안 서로 털손질 해주는 것을 매우 좋아하는 반면, 사춘기의 수컷들은 어른 수컷들로부터 몇 미터 정도 떨어져 혼자 자기 털을 다듬는다. 자기 무리가 열매를 따먹으러 나무에 올라갈 때에도 사춘기 수컷은 분별있게 서열이 높은 수컷들로부터 떨어져 앉아 있거나 아예 옆 나무에서 배를 채우기도 한다. 어른 수컷들이 먹거리를 발견하고 과시행동을 시작할 때에도 사춘기 수컷들은 때로 사태가 진정될 때까지 멀찌감치 떨어져 있다. 그럼에도 사춘기 수컷은 어른 수컷 무리의 일원으로 서열이 높은 개체들의 행동을 그저 관찰하며 많은 것을 배울 수 있다. 성장기의 암컷은 후에 자신에게 도움이 될 많은 것들을 자기 엄마로부터 배우게 되는데, 특히 새로운 동생이 태어났을 때에는 더 그렇다. 사춘기 수컷에게는 그렇게 배울 수 있는 아빠가 없기 때문에——수컷은 가족

사춘기 수컷들은 대개 어른들의 털고르기에 합류하는 걸 조심스러워한다.

에 영구적으로 머물러 있지는 않는다——자기 엄마를 떠나서 어른 수컷들과 어울려야 하는 것이다.

자신보다 서열이 월등하게 높은 개체들과 함께 어울릴 때 겪는 좌절감이 너무 심하면 사춘기 수컷들은 당분간 그의 엄마와 함께, 더 흔하게는 혼자 돌아다닌다. 우리가 아는 사춘기 수컷들 거의 모두는 나이를 먹이 가며 오랜 기간동안, 몇 시간이나 심지어 며칠간, 다른 침팬지들로부터 완전히 사라져 버리곤 했다. 몇몇 경우 이같은 은둔은 아주 계획적이다. 나는 피건이 여덟 살 때 어른 수컷들과 어른 암컷들로 이루어진 큰 무리와 함께 가는 것을 뒤따라가 본 적이 있다. 그는 한 시간 정도 그들과 함께 있었으나, 그들이 배를 채우려고 나무 위에 올라갔을 때부터 혼자 행동하기 시작했다. 곧 피건도 무화과를 따먹기 위해 나무 위로 올라갔지만 20분 후에 나무 그네를 타고 땅으로 내려와서는 그 무리를 등지고 멀어져 갔다. 그 다음날 그는 여전히 혼자인 채로 급식소를 찾아왔고, 떠날 때에도 혼자였다. 그러나 그 날 저녁에는 플로와 피피와 함께 있었다.

우리는 열세 살에서 열다섯 살 사이의 늠름한 사춘기 수컷들이 점점 사회적으로 성숙한 수컷들의 서열에 편입되는 것을 관찰해 왔다. 거의 동갑이었던 페이븐과 페페는 서로 우위를 차지하기 위한 경쟁에서 자주 격렬하게 과시행동을 했을 뿐만 아니라, 어른이지만 서열이 낮은 수컷들에게도 과시행동을 하기 시작했다. 이러한 면에서 보면 과시행동은 특히 적응적 adaptive이라고 말할 수 있다. 이전에 나는 그런 과시행동을 통해 수컷 침팬지가, 그가 묶여 있는 많은 사회적 제약으로부터 풀려날 수 있다고 설명한 바 있다. 이것으로 왜 사춘기 수컷이 평소 같으면 깍듯이 경의를 표할 개체들에게 실제로 대들려 하는지를 설명할 수 있을 것이다. 때때로 서열이 높은 수컷조차도 사춘기 침팬지가 격렬하게 과시행동을 하면 피해 선다. 만약 어떤 젊은이가 서열이 낮은 어른 수컷을 충분히 여러 번 물리칠 수 있게 되면, 이것은 틀림없이 그의 자신감을 북돋아 줄 것이며 아마도 기존의 서열이 붕괴될 수도 있을 것이다. 과시행동이 현란하고 난폭할수록 그 젊은 침팬지가 손위 침팬지들의 서열로 진입할 확률이 높다. 얼마 후에는 페이븐과 페페 둘 모두 기반을 잡기 시작했고, 서열이 낮은 어른들이 그들을 위협하면 보복을 가하기까지 했다. 그들은 높은 서열의 수컷들 중 보다 너그러운 로돌프와 리키, 데이비드 그레이비어드의 털고르기에 합류하기 시작했다. 그들은 다른 거물급 수컷들과 함께 캠프 안으로 돌격해 왔고, 먹거리에 다다른 후 다른 침팬지들이 환호하고 흥분하는 동안 교대로 매력적인 암컷들에게 구애했다. 이전 같았으면 상황이 진정되고 손위 침팬지들이 잠잠해질 때까지 기다려야 했을 것이다. 그들의 수습 기간은 끝난 것이다. 그때부터는 천천히 성장하는 그들의 신체가 아니라 그들의 지능과 결단력에 따라 그들이 얼마나 빨리 우위 서열의 사다리를 오를 수 있는가가 결정될 것이다.

암컷 침팬지도 일곱 살 정도가 되면 사춘기를 맞이한다. 비록 그 후로도 3년 동안은 생리를 하지 않거나 어른 수컷들에게 성적 매력을 지니지 못하지만 매우 조금씩 불규칙적으로 생식기의 피부가 부풀어오르기 시작한다. 사춘기의 암컷들 역시 사회적 우위자들——이 경우에는 어른 암컷들과 어른 수컷들은 말할 것도 없고 사춘기의 수컷들까지——과 상대할 때 조심해야만 한다. 그리고 이 시기의 암컷들은 높은 서열의 엄마들이 낳은 조숙한 어린 침팬지들에게 위협을 당하기도 한다.

피피가 사춘기가 되었을 때 그들의 관계에서 플로가 딸에게 먹이를 나누어주는 것에 대해 예전만큼 너그럽지 않게 된 것을 제외하면, 눈에 띄는 변화는 없었다. 피피는 계속 플로를 따라 숲을 누볐고, 여전히 플로 가까운 곳에서 잠을 잤으며 네 살 난 플린트를 돌보는 일을 거들었다. 피피가 위협받거나 공격을 당하면 대개 플로가 도와주려고 뛰어왔으며, 피피도 때로 엄마를 원조해주곤 했다. 지금까지 우리는 엄마와 사춘기 딸의 상호작용에 대해 이들을 제외하고는 오직 한 경우만 관찰할 수 있었다. 플로와 피피처럼 그 둘도 대개 함께 돌아다녔지만 그들의 관계는 퍽 다른 듯 싶었다. 무언가를 먹을 때 그 젊은 딸은 엄마를 뚜렷이 기피했고, 그들 중 어느 하나가 위협받거나 공격당할 때 상대방이 관심을 기울이는 것도 보지 못했다. 사실 이 두 경우 모두에서 엄마와 딸은 서로의 털을 고르는 데 많은 시간을 보내기는 했지만, 후자의 경우에서는 플로나 피피 사이에 존재하는 편안하고 친근한 동료애를 볼 수 없었다.

그 나이 또래의 사춘기 암컷들은 어렸을 때보다 아기들에게 훨씬 더 쉽게 매료된다. 짧은 거리나마 아기를 안고 다니며 놀아주고 털을 골라줄 뿐 아니라, 어떻게 하면 아기를 더 편안하게 해줄 수 있을지에 대해 관심을 보이기까지 한다. 푸치가 아홉 살쯤 되었을 때, 한번은 6개월 된 아기를 데리고 나무 위로 올라간 다음 털을 다 듬어주기 시작했다. 그때 마침 야자나무 잎의 끝이 산들바람에 가볍게 흔들리며, 앉아 있는 푸치의 어깨를 이따금씩 스치며 어루만졌다. 나는 그 아기가 이 나뭇잎에 반해 버린 듯 쳐다보고 있음을 눈치챘다. 갑자기 아기가 꼼지락거리며 푸치의 무릎에서 빠져 나와 나뭇잎을 움켜쥐었다. 그 잎은 진자처럼 흔들리며 다시 야자나무둥치 쪽으로 움직였다. 잠시 동안 푸치는 자신의 눈을 믿을 수 없다는 듯이 아기를 빤히 쳐다보았고, 곧 엄청난 두려움으로 얼굴이 일그러졌다. 푸치는 미친 듯이 그 나무에서 내려와 그 잎이 매달린 야자나무로 뛰어올라 갔고 그 잎이 푸치 쪽으로 흔들려 다가올 때 간신히 그 잎을 붙잡았다. 그런 다음 푸치는 두려워하기는커녕 그 나뭇잎 그네를 마음껏 즐겼을 법한 아기를 붙들고 꼭 끌어안았다. 놀란 표정은 천천히 그녀의 얼굴에서 사라졌다.

사춘기의 첫 해가 지나면 암컷의 생식기 팽창이 점점 더 커지지만 아직 어른의 팽창만큼 크지는 않다. 수컷 아기들은 이들 사춘기 암컷들이 발정했을 때 끊임없이 올라타려고 애쓰지만 어른 수컷들은 전혀 관심을 보이지 않는다. 이 당시 사춘기 암컷들은 보잘것없는 구애자들이 보이는 그러한 관심을 즐기는 것처럼 보이며, 그들이 다가오면 대개 재빨리 엉덩이를 내밀고 몸을 납작 웅크려 준다. 어떤 젊은 암컷은 플린트가 다른 암컷과 〈짝짓기〉를 할 때 끌어당긴 후 마치 그의 관심을 애타게 원하는 것처럼 땅바닥에 몸을 웅크리기도 했다.

하지만 암컷이 열 살쯤 되면 결국 어른 수컷을 유혹할 정도로 부풀어오르는 날이 온다. 나는 푸치가 처음으로 성숙한 생식기 팽창을 보였던 그 날을 생생히 기억한다. 먼저 어른 수컷 한 놈이, 그 다음엔 다른 놈이 털을 곤두세운 채 나뭇가지들을 흔들어대고 거들먹거리며 걷거나 어깨를 둥글게 구부리면서 푸치를 향해 다가왔다. 거의 모든 구애행동들은 또한 위협행동의 일부이기도 하다. 푸치는 연신 비명을 지르며 달아났지만, 그 수컷들은 그녀를 쫓아갔고 그들의 구애는 점점 더 공격적으로 변했다. 마침내 푸치는 몸을 돌려 수컷들 쪽으로 뛰어가서는 땅바닥에 바짝 몸을 웅크린 다음 그 수컷들이 올라타자 비명을 질러댔다. 짝짓기가 끝난 후, 푸치는 여전히 비명을 지르며 급히 달아났다. 그 첫번째 날 그녀가 겪은 두려움과 놀람은 너무도 명백했다. 두번째 날에 푸치는 다소 진정되었고 수컷이 다가올 때는 여전히 비명을 질러댔지만 덜 무서워하는 듯 보였다.

피피의 생식기 팽창은 푸치의 경우와 매우 달랐고 우리가 지금까지 관찰해 왔던 다른 어떤 암컷의 경우와도 많이 달랐다. 사실 피피는 〈색골 침팬지〉였다. 완전히 성숙한 생식기 팽창이 나타나기 여섯 달 전부터 피피는 나이 많은 암컷들의 싹싯기에 거의 열광적인 관심을 보였다. 푸치나 지지 Gigi 혹은 다른 암컷들이 발정하면 그들을 따라다녔고 짝짓기를 할 때에도 아주 가까이 있었다. 그리고 짝짓기

피피가 짝짓기를 하고 있는 수컷의 엉덩이에 자기 엉덩이를 들이밀고 있다.

를 하는 암컷의 등 위로 뛰어올라가 자신의 변변치 못한 생식기를 가능한 한 그 수컷에게 가깝게 들이밀거나, 아니면 그들의 뒤로 돌아가 짝짓기 중인 수컷의 생식기에 자신의 생식기를 갖다 대기도 했다.

드디어 완연한 생식기 팽창이 나타나게 되었을 때 피피는 푸치가 보인 두려움 따위는커녕 어떤 수컷이든지 조금이라도 성적 관심을 보이기만 하면 즉시 반응을 보였다. 때로는 수컷들이 미처 그를 쳐다보기도 전에 먼저 달려가 엉덩이를 내밀곤 했다. 마침내 첫 발정기가 끝났어도 피피는 그걸 믿지 못하는 것처럼 보였다. 발정기가 끝난 첫 날 아침 피피는 마이크에게 달려가 몸을 돌려 엉덩이를 들이밀고 짝짓기를 애원하듯 몸을 웅크렸다. 얼마간 그녀는 꼼짝하지 않고 그렇게 있었고, 왜 그가 반응을 보이지 않는지 알 수 없다는 듯이 어깨너머로 마이크를 쳐다보았다. 피피는 그를 계속 쳐다보며 몇 센티미터쯤 더 뒷걸음질쳐 다가갔다. 결국 마이크는 손을 뻗어 그녀의 엉덩이를 몇 번 만져준 다음 떠났다. 피피가 천천히 일어나 앉아 못 믿겠다는 듯 마이크의 뒤를 빤히 바라보았다. 오래지 않아 에버레드가 캠프에 왔다. 피피가 그에게 달려가 다시 애원했다. 피피는 에버레드를 향해 몸을 들이밀었고, 에버레드는 뒤쪽으로 한 발씩 물러섰다. 피피가 마지막으로 뒷걸음질 쳤을 때 에버레드는 막 다른 곳으로 시선을 돌려버린 뒤였다. 피피가 에버레드를 잡아채는 바람에 거의 뒤로 넘어질 뻔한 에버레드는 발을 열심히 움직여 그 끈질긴 암컷을 멀리 하려 애썼다.

피피는 이런 식으로 이틀을 더 계속해서 엉덩이를 들이밀고 다녔고, 결국 자기가 더 이상 매력적이지 않다는 사실을 받아들였다. 우리는 피피가 그 다음 발정기 내내 자기의 분홍빛 팽창을 보호라도 하듯 한 손으로 감싼 채 비스듬히 누워있는 것을 보고는 웃음을 참을 수 없었다. 마치 하늘이 무너지더라도 이번에는 그것이 그렇게 이상하게 사라지게 내버려두지 않겠다고 결심한 것 같았다.

그 다음해 피피는 발정기 내내 성적 접촉에 대한 강렬한 욕망을 뚜렷이 드러냈다. 피피는 바나나를 먹으려고 침팬지들이 몰려드는 캠프나 계곡 어딘가 나무에 매달려 있었다. 수컷이 도착하기만 하면 으레 달려가 짝짓기를 하자고 졸라댔다. 어른 수컷들은 플로에게 보이던 열정을 피피에게 똑같이 보이지는 않았지만 대개 피피의 유혹에 응해주었다.

피피가 남자 형세들과 싹싯기하는 것을 대단히 꺼린다는 사실은 몹시 흥미로운 것이었다. 비록 첫 발정기 이전에는 어떤 것도 거부하지 않았지만 피피는 어린 플린트가 올라타려는 것조차 저지했다.

사춘기

페이븐과 피건은 피피에게 계속 소리를 질러 댄 후에 결국 그들의 누이와 짝짓기를 했다. 그러나 그 후 남매 간의 성적 교제는 매우 드물었다.

플로와 피피가 함께 발정기를 맞아 혼란스러웠던 때도 있었다. 여드레 남짓 계속된 발정기에 수컷들은 지칠대로 지쳤고, 스무 마리도 넘는 큰 무리를 지어 다녔다. 플로가 짝짓기를 할 때마다 피피와 플린트는 달려가서 수컷의 얼굴을 밀어버리며 훼방을 놓았다. 그런 다음에는 피피가 자기와 짝짓기를 하자고 조르곤 했다. 그리고 피피가 짝짓기를 할 때마다 플로와 플린트가 달려가 방해했고, 그런 다음 그 수컷은 대개 플로와 짝짓기를 했다. 그뿐 아니라 플린트 외에도 둘 이상의 어린 침팬지들이 달려가 방해하곤 했으므로, 때때로 짝짓기를 하는 당사자들은 모두 달려들어 엉켜 붙은 침팬지들 밑에 가려 거의 보이지 않을 지경이었다. 이 사건은 아기가 아닌 침팬지가 짝짓기를 방해하는 아주 드문 경우 중 하나였다.

이렇게 성적 활동이 활발했던 시기에도 페이븐이나 피건이 그들의 엄마와 짝짓기를 시도하는 모습이 관찰된 적은 한번도 없다는 것은 아마도 중요한 의미를 지닐 것이다. 그들은 플로를 둘러싼 무리의 일원이었고, 신체적으로 성숙한 다른 모든 수컷들이 플로와 성관계를 가졌음에도 불구하고 말이다. 에비레드도 그의 엄마 올리가 발정했을 때 그녀와 짝짓기하려고 시도하지 않았다.

우리가 관찰한 바로는 사춘기의 암컷들은 첫번째 생식기 팽창 이후 적어도 2년이 흐르기 전까지는 아기를 낳지 않았다. 이는 동물원에 있는 침팬지들에 있어서도 마찬가지다. 정확히 어떤 생리적 과정들이 이루어지고 있는지 우리는 아직 알지 못한다. 그러나 이같은 시간 간격이 야생의 침팬지 암컷에게 이로운 것은 분명하다. 열 살

난 암컷 침팬지는 아직 사회적으로 성숙해 있지 않을 뿐 아니라 완전히 자란 것도 아니며, 아기가 주는 부담과 가중된 책임이 없어야 보다 잘 성장해 나갈 수 있는 것이다.

어른들의 사회

인간 사회에서는 젊은이가 여드름과 함께 어색한 사춘기를 거쳐 완전한 성년이 되는 시기가 정해져 있지 않다. 그런 변화는 여러 달에 걸쳐 서서히 나타난다. 어느 날 갑자기 부모들은 자기 자식이 더 이상 아이가 아니라는 것을 깨닫게 되며 이는 침팬지에게도 마찬가지다.

1966년 어느 더운 여름날 나는 늙은 엄마인 마리나와 그 가족을 관찰하고 있다가 페페가 더 이상 사춘기 젊은이가 아닌 정말로 멋진 어른 수컷이라는 것을 불현듯 깨달았다. 페페가 땅벌의 굴 입구를 넓히려고 양손으로 작고 두꺼운 막대기를 붙들고 쑤셔대고 있을 때 그의 매끄러운 피부 아래에 감춰진 팽팽한 근육을 보았던 것이다. 그 주위에는 늙은 엄마 마리나와 사춘기의 여동생 미프가 모여 있었다. 셋 모두는 성난 벌떼가 윙윙대는 것도 아랑곳 않는 듯했지만, 막내 멀린 Merlin은 다른 가족들이 꿀과 애벌레를 먹으려고 벌집을 공격하는 동안 좀 떨어진 나무로 허둥지둥 올라가 버렸다.

얼마 후 페페는 막대기를 옆에 놓고 기다렸고, 마리나는 손을 뻗어 벌집 한 부분을 뜯어냈다. 그런 후 페페가 손을 넣어 부서진 밀랍을 꺼냈다. 미프는 그런 멋진 경험을 감히 해볼 엄두가 나지 않았는지 얼굴을 페페의 입에 거의 닿을 듯 갖다대고는 그들이 먹는 것을 열심히 쳐다보았다.

15분이 지난 후 페페는 빈 벌집을 떠났다. 마리나는 한번 더 벌집을 쑤신 후 페페를 따라갔고, 미프도 결국 손을 구멍 안으로 뻗어 몇 번이고 손가락에 묻은 달짝지근한 흙을 핥았다. 그러고 나서 역시 오빠를 따라 큰 나무의 그늘 밑에 앉았다. 멀린은 나뭇가지를 흔들며 나무 사이를 빙 돌아 가족에 합류했다.

페페는 마리나의 털을 고르기 시작했고, 미프는 포도 덩굴잎을 먹으려고 나무 위로 올라갔으며, 멀린은 한 손으로 형의 머리를 툭툭 치며 엄마와 형 위에 있는 나뭇가지에 대롱대롱 매달려 있었다. 그는 이내 나무에서 뛰어내려 형의 어깨 위에 앉았고, 장난기가 가득 어린 얼굴로 형의 손을 잡아당겼다. 페페는 다른 손으로 계속 마리나의 털을 고르며 한가하게 동생을 간질였다. 용기를 얻은 멀린은 더 활발해졌다. 똑바로 서서 페페의 어깨털을 잡아당기며 그의 위를 기어다니다가 페페와 엄마 사이로 파고들었다.

무심히 지나치다 이 광경을 관찰한 사람이라면 틀림없이 한 엄마와 두 아이, 그리고 엄마의 배우자로 이루어진 전형적인 가족을 보았다고 생각할 것이다. 우리는 이 침팬지들을 여러 해 넘게 관찰해 왔기 때문에 페페가 마리나의 아들이라는 것을 알 수 있었다. 물론 침팬지 공동체에서 가족은 엄마와 그녀의 자식 전부 혹은 일부만으로 구성된다. 아빠는 아기를 임신시키는 데 필수적인 공헌을 하는 것 외에는 아기의 성장에 더 이상의 역할을 하지 않는다. 사실 우리 인간이나 침팬지 모두 어떤 수컷이 어떤 아이를 낳게 했는가에 대해서는 대개 잘 모른다.

이렇게 가족의 의무에서 수컷을 제외시키는 것은 아마도 인간과 침팬지 사회 간의 중요한 차이점들 중 하나일 것이다. 왜냐하면 대부분의 인간 가족은 아빠를 아이를 낳게 한 사람으로서뿐 아니라 보호자로서, 그리고 음식과 땅과 돈의 공급자로서 떠받들기 때문이다. 요즘은 세계 곳곳에서는 상황이 명백하게 변해 여자들이 평등을 주장하고 성의 개방으로 많은 미혼모가 생겨났으나, 이는 인류 집단 전체로 볼 때 극소수의 문화권에서만 일어나고 있다.

말할 나위 없이 인간의 가족 구조는 매우 다양하다. 남편, 부인, 아이들로 이루어진 가장 작은 단위가 확대되어 둘 혹은 2백 명의 부인, 그리고 피로 맺어진 친척과 결혼으로 맺어진 친척들까지 포함한다. 아직 우리는 침팬지 가족 단위에 필수적인 부분으로 손자들이 포함되는가는 알지 못한다. 그러나 분명히 침팬지 가족은 아들의 〈부인〉이나 아이, 혹은 딸의 〈남편〉을 포함하지 않는다.

인간 가족과 침팬지 가족의 이런 구조적 차이에도 불구하고, 사람들이 예상하는 것처럼 몇몇 인간 남자들의 행동은 침팬지 수컷들의 행동과 그리 다르지 않다. 적어도 서구 사회에서는 비록 많은 아빠들이 가족의 복지에 물질적으로 책임을 진다. 하지만 많은 시간을 그들의 아내나 아이들과 떨어져 지내며, 심지어 다른 남자들과 같이 지내기도 한다. 남자들만의 모임은 많은 문화권에서 흔히 볼 수 있다. 이런 모임은 서구 사회의 클럽이나 총각 파티에서부터, 원시 사회의 가입의식과 전사집단까지 다양하다. 간단히 말해서 많은 인간 남성들은 때로 여성들과 같이 있기를 무척 갈망하지만, 그에 못지 않은 시간을 〈여성들로부터 해방되어〉 남자들만의 편안한 교제 속에서 휴식을 취하며 보내기를 열망한다. 침팬지 수컷들도 비슷하게 느끼는 것 같다. 발정한 암컷이 있을 때에는 주로 그 주위에 모여 있지만 때로는 수컷들끼리 무리를 지어 돌아다니며 먹고, 암컷들이나 새끼들을 털손질하는 것보다 더 자주 서로의 털을 손질해준다.

그러나 우리는 침팬지에게서 동성애로 간주될 만한 것은 한번도 본적이 없다. 확실히 수컷은 스트레스가 쌓이거나 흥분되었을 때 다른 수컷에 올라타서 허리 주위를 끌어안기도 하고 심지어는 골반을 밀어대기도 하지만, 생식기 삽입은 하지 않는다. 또 손을 뻗어 다른 수컷의 생식기를 만지거나 두드려 자신이나 다른 수컷을 진정시키려 하는 것도 사실이다. 이런 행동에 대해서는 연구해야 할 것이 여전히 많지만 이 행동들이 반드시 동성애를 의미하는 것은 아니다. 수컷들은 단지 스트레스가 쌓일 때에만 이런 행동을 하며, 정확히 같은 상황에서 암컷의 생식기를 만지거나 두드릴 수도 있다. 실제로 피건은 갑자기 걱정거리가 생기면 자신의 음낭을 자주 만진다.

인간들 사이에, 그리고 침팬지들 사이에 일어나는 정상적인 이성관계는 어떠한가? 인간 사회에서는 남자와 여자가 일부일처의 관계를 신체적 그리고 정신적으로 확립하여 오랫동안 유지할 수 있다. 하지만 침팬지 사회에서는 그런 관계가 알려지지 않았다. 여기에 두 종 간의 명백한 차이점이 있다. 그러나 일부일처제가 남자와 여자 사이에 발견되는 유일한 관계는 절대로 아니다. 실제로 세상 남자들은 성관계가 문란한 경향이 있다. 어떤 문화권에서는 이것이 받아들여지고 남자들이 부인을 한 명 이상 가지는 것이 허용되며 심지어 당연하다고 여겨지기도 한다. 어떤 사회에서는 일부일처제가 규율로 정해져 있음에도 불구하고 미혼 남성들, 심지어는 기혼 남성들도 연애를 하고 여자들과 하룻밤을 지내거나 창녀촌을 찾는다. 이것은 이미 잘 알려진 사실이다. 많은 젊은 여성들도 여건이 맞으면 문란한 성관계를 가진다. 우리가 진정한 사랑이라고 생각하는 것 — 즉 사랑하는 사람의 몸과 마음을 포용하도록 하고, 시간이 지남에 따라 무르익어 삶을 조화롭게 해주며, 남자나 여자의 또다른 성관계 상대에 대한 필요성을 없애주는 감정 — 은 실제로는 인간의 이성관계에서도 매우 드문 일이다.

수컷과 암컷 침팬지 간의 성관계는 대부분 요즘 미국이나 영국의 젊은이들 사이에서 볼 수 있는 관계와 비슷하다. 어찌 보면 침팬지들이 매우 난잡한 성관계를 가지는 것 같지만, 이것이 암컷들이 그녀에게 구애하는 모든 수컷을 받아들인다는 것을 의미하는 것은 아니다.

피피보다 약간 나이가 많은 젊은 암컷 지지는 공격적인 수컷 험프리에 대해 명백히 거절의 뜻을 나타냈다. 지지는 발정기 동안 항상 많은 수컷들을 거느렸다. 처음으로 진정한 성인 수준의 발정을 보이기 시작했을 때부터 플로 못지 않은 성적 매력을 보였다. 하지만 험프리만은 죽도록 싫어했다. 다른 모든 수컷들이 지지와 관계를 가진 후에도 험프리는 늘 털을 곤두세운 채 지지를 노려보며 나뭇가지를 흔들고 어깨를 웅크리고 발로 땅을 구르며 조심스럽게 다가가곤 했다. 그럴 때마다 지지는 내내 소리를 지르며 그로부터 도망치곤 했다. 때때로 험프리가 지지를 쫓아가기도 하지만, 지지가 숨어 있는 나무를 흔늘어 댄 적은 있어도 실제로 그녀를 〈강간〉하는 것은 한번도 관찰되지 않았다. 그러나 험프리는 가끔 그의 끈질김으로 성공을 거두기도 했다. 지지가 발정했을 때마다 그는 구애를 멈추지 않았다. 그의 인내는 끝내 보상을 받았다. 2년 후에는 지지가 다른 수컷들보다도 험프리를 가장 좋아하는 것처럼 보였다.

피피도 험프리를 피했다. 그러나 지지보다는 험프리를 덜 싫어했고, 험프리가 구애하면 단지 조용히 가 버릴 뿐이었다. 한번은 털을 곤두세운 험프리가 피피의 뒤를 따라 한 나무 주위를 열다섯 차례나 느릿느릿 돌고 있었다. 험프리는 피피를 쉽게 잡을 수 있었지만, 결국 물러나 큰 돌을 집어던지고 발을 구르며 다소 거칠게 자신의 좌절감을 내보이더니 결국 사라져 버렸다. 이 같은 방법으로 암컷들은 수컷들을 피한다.

때로 수컷 침팬지는 자신이 흥미를 잃을 때까지, 혹은 암컷이 도망갈 때까지 내키지 않아 하는 암컷을 자신의 여정에 동행하도록 조른다. 예전엔 못 보던 몇몇 암컷들이 급식소로 나타나게 된 것도 이런 식으로 남성의 힘을 행사하여 거둔 성공이었다. 언젠가 휴고와 나는 제이비가 부산을 떨며 비탈길을 내려오는 것을 보았다. 그 뒤로는 불안하게 우리 쪽을 힐끗거리며 늙은 엄마 침팬지 한 마리와 세 살 난 아기가 나타났다. 그 암컷은 전에 캠프에 온 적이 없었기 때문에 우리 둘은 재빨리 텐트 속으로 숨었다. 캠프장에 가까이 오자, 암컷이 텐트를 노려보며 멈춰 섰다. 제이비는 갑자기 둘러보더니 그녀가 따라오지 않는다는 것을 알아채고는 똑바로 서서 어린 나뭇가지를 붙잡고 이리저리 흔들었고, 결국 그 암컷은 킁킁거리며 서둘러 다가와 복종한다는 듯 제이비의 옆구리를 어루만졌다. 이러는 동안 내내 그녀의 아기는 나무 위로 올라가 내려오지 않았다.

제이비는 다시 발걸음을 옮겼으나, 몇 발짝 후에 이 새로 온 암컷은 텐트를 보고 또 한번 멈춰 섰다. 제이비가 고개를 돌리자마자 그녀는 뒤돌아 도망쳤다. 재빨리 제이비가 그 큰 몸집으로 쿵쿵거리며 쫓아가서는 그녀의 등에 뛰어올라 발로 짓밟았다. 암컷은 크게 소리를 지르며 복종의 뜻으로 몸을 웅크렸고 결국 제이비가 다가와 그녀의 머리를 몇 번 두드렸다. 한번 더 그는 텐트 쪽으로 향했다. 이번에는 암컷이 따라갔으나 단지 몇 미터 정도뿐이었다. 제이비는 다시 나뭇가지를 흔들었고, 그 암컷은 낯선 장소에 대한 두려움보다 제이비에 대한 공포로 인해 당장 제이비에게 달려갔다. 결국 그녀는 캠프장 내 급식소로 곧장 그를 따라갔다. 제이비는 평소 먹이에 대한 소유욕이 강하지만, 그 날은 놀랍게도 그 암컷에게 바나나 중 큰 몫을 건네주었다.

가장 이상했던 것은 이 암컷이 생식기 팽창의 기미조차 보이지 않았다는 것이다. 사흘 동안 제이비는 그녀가 캠프로 그를 따라오기를 강요했고, 사흘이 지나자 제이비는 그녀 없이 나타났다. 12일쯤 지난 후에 내가 그 암컷을 보았을 때, 그녀는 완전히 발정기에 들었고 많은 구혼자들과 함께 있었다. 하지만 제이비는 다른 수컷들 이상으로 특별한 관심을 보이지는 않았다. 어떤 수컷들은 발정한 암컷 한테만 자신을 따라오도록 강요하지만, 이런 일도 자주 일어난다.

다른 수컷들에 비해 리키와 워즐 씨는 훨씬 더 여러 날 동안 다른 암컷들의 동행을 강요했다. 오랫동안 그 둘 모두는 종종 불안에 떠는 올리를 괴롭혔다. 위의 경우와 마찬가지로 올리 역시 발정도 하지 않았는데 말이다. 둘 모두가 동시에 그녀와 함께 있는 것을 본 적은 없다. 그녀와 같이 있는 것은 리키 아니면 워즐 씨였다.

피피가 일년 남짓 주기적으로 발정하고 있을 때, 그리고 대부분의 수컷들이 처음보다는 그녀에 대한 관심이 줄어들있을 때 리키가 피피를 괴롭혔다. 어떤 때는 피피 또한 그 늙은 수컷을 따라가는 것을 싫어하지 않았다. 피피는 도망가고 싶으면 리키의 관심이 다른 곳에 있는 동안 조심스럽게 도망쳤지만, 그가 그녀의 책략을 눈치 챘다고 생각되면 리키가 화를 내기 전에 그에게 서둘러 돌아갔다.

하루는 우리가 결코 잊지 못할 일이 일어났다. 그 당시 리키는 암컷들에게 온 정신이 빠져 있었다. 그는 계속하여 이 암컷 저 암컷에게 그와 동행할 것을 강요했다. 피피가 나타났을 때에도 리키는 꼬시던 암컷에게 퇴짜맞고 캠프에 앉아 바나나를 먹고 있었다. 피피는 발정해 있었고, 리키는 바나나를 내던지고는 털을 빳빳이 세우고 일어나서는 그녀를 향해 나뭇가지를 흔들어댔다. 그러자 피피는 그에게로 재빨리 달려가서 몸을 맡겼다. 그는 그녀와 짝짓기를 했고, 그런 후에 둘은 마주 앉아 서로의 털을 손질해주었다. 갑자기 리키가 고개를 들어 캠프로 오는 올리를 발견했다. 즉시 그의 털은 다시 섰고 이번에는 올리에게 나뭇가지를 흔들어댔다. 올리가 서둘러 달려왔고 리키는 올리의 털을 손질하기 시작했으며, 피피는 천진난만한 표정으로 아주 천천히 걸어가고 있었다. 그러나 리키가 눈치채고 그의 털을 다시 세우자, 피피는 복종의 뜻으로 헐떡이며 툴툴거리며 다시 뛰어왔다. 그런 후에 리키는 두 암컷에게 자기를 따르도록 강요했다. 그러나 그 둘 모두 그와 함께 가고 싶어하지 않았다. 그는 두 암컷이 달려올 때까지 그 둘을 교대로 노려보며 나뭇가지를 흔들어댔다.

이 일은 리키가 더 이상 참을 수 없을 때까지 계속되었다. 피피가 그에게 순종을 표하며 다가왔을 때에도 그는 달려가 피피를 땅 위에 굴리며 계속 공격했다. 그러자 올리는 조용히 그러나 잽싸게 도망쳐 곧 시야에서 사라졌다. 그 공격이 끝났을 때에도 리키는 여전히 털을 세운 채 씩씩거리며 서 있었고, 피피는 땅 위를 기며 연신 비명을 질러대고 있었다.

리키는 올리가 사라졌다는 것을 눈치채고 언덕 위로 뛰어 올라가 사방을 살펴보다가 캠프장 반대편으로 뛰어가 사방을 둘러보았다. 리키가 이러는 동안 피피가 도망쳤다. 십 분도 안 되어 리키의 털은 서서히 가라앉았고, 결국 찾는 것을 포기하고 땅에 앉아 바나나를 먹기 시작했다.

앞서 언급했던 대로 몸집이 큰 로돌프가 플로에게 반했던 경우는 물론 이와는 약간 다르다. 로돌프는 리키와 다른 수컷들이 암컷들에게 하는 위협하는 듯한 전형적인 공격행동을 하지 않았다. 로돌프는 플로가 가는 곳이면 어디든지 따라갔고, 플로가 다치거나 화가 났을 때 안정을 찾으려고 의지하는 것은 거의 언제나 로돌프였다. 또 로돌프는 플로의 발정이 끝난 후에도 2주 동안 플로와 그 가족 곁에 남아 있었다.

침팬지의 생리 기능이 달랐다면 어떤 이성관계가 형성되었을까 상상해 보는 것은 분명 쓸데없는 일일 것이다. 예를 들어 플로가 로돌프에게 지속적인 성적 만족을 줄 수 있었다면, 혹은 침팬지 암컷의 생식 주기가 인간의 주기와 같다면 어떻게 되었을까 하는 식의 질문 말이다. 암컷 침팬지가 한 달에 열흘 정도만 성적으로 수컷을 받아들이도록 진화되었다는 것, 그것도 암컷이 임신하고 있지 않거나 수유기에 있지 않을 때에만 그렇다는 것은 엄연한 사실이다. 이것은 나이 든 암컷 침팬지의 경우에는 5년 정도 동안 성적 활동을 할 수 없다는 것을 의미한다. 이렇게 제한된 성적 기회와 함께, 진화는 그들에게 볼썽사나운 생식기 팽창을 남겨 놓았다.

생식기가 큼지막하게 부풀어올라 몸을 이리저리 뒤적이며 나뭇가지나 바위에 편히 앉아보려 애쓰는 암컷 침팬지를 볼 때마다, 나는 인간 여성들이 주기적으로 그런 흉측한 일을 겪지 않도록 진화된 것에 대해 고마움을 느낀다. 만약 그랬다면 여성복의 허리 부분에 다는 장식용 나비 리본을 만드는 사람들은 호화롭게 살겠지만 말이다. 도대체 왜 침팬지 암컷들은 그렇게 귀찮은 일을 겪게 되었을까? 때로 그 답은 간단한 듯 보인다. 어느 날 나는 서로의 털을 열심히 고르고 있는 골리앗과 데이비드 그레이비어드의 곁에 앉아 있었다. 갑자기 골리앗이 계곡 건너편을 뚫어져라 쳐다보았다. 이내 데이비드도 같은 쪽을 바라보았다. 잎이 무성한 나무 속에서 번득이는 큰 분홍색 꽃 같은 것을 내 맨눈으로도 볼 수 있었다. 두 수컷은 이미 덤불을 헤치며 달려가고 있었다. 나는 그들을 따라잡지 못하리라는 것을 알았기에 내가 있던 곳에 그대로 앉아 있었다. 곧 골리앗과 데이비드가 나무에 올라가 가지 주위로 돌다가 그 암컷과 짝짓기하는 것이 보였다.

이런 경우 생식기 팽창은 의심할 여지없이 신호로 작용한다. 각 구성원이 자유롭게 흩어져 있고 암컷들이 종종 혼자 떠돌아다니기도 하는 공동체에서 이런 기능이 중요할 것은 두말할 나위도 없다. 특히 모든 침팬지 암컷들이 피피와 같이 적극적인 성격이 아니라는 것을 감안한다면 더욱 그렇다. 한 가지 예를 들자면, 올리는 종종 발정기 동안 수컷들로부터 철저히 숨어 지내려 하는 것 같았다. 그러나 이 이론에는 난제가 있다. 만약 침팬지 암컷이 먼 거리에 있는 멋진 수컷에게 신호를 보내기 위해 눈에 띄는 분홍색 팽창을 갖게 되었다면, 왜 비비 암컷들도 생식기 팽창을 갖게 된 것일까? 비비들도 침팬지들처럼 매우 눈에 띄는 팽창이 나타나지만, 대부분의 비비는 모여 살기 때문에 암컷이 수컷들의 시선 밖에 나는 일이 없다. 이 사실로부터 유추된 다른 견해도 있지만, 이런 견해들 중 어떤 것도 침팬지, 비비 그리고 생식기 팽창을 보이는 다른 모든 원숭이에 대해 적용될 수 없기 때문에 이들을 논의하는 것은 의미가 없을 것 같다. 더욱이 오랑우탄은 대부분의 침팬지들보다 더 넓게 흩어져 살고 더 나무가 빽빽한 숲에 살지만 그런 팽창을 전혀 보이지 않는다. 생식기 팽창에 대한 이유는 당분간, 혹은 영원히 수수께끼로 남을 것이다.

젊은 암컷 침팬지들은 아기들이 있는 경우에도 나이 든 암컷들보다 성적 주기가 훨씬 규칙적이다. 예를 들어 플로와 올리는 각각 플린트와 길카를 낳은 후 5년 동안 팽창을 보이지 않았다. 반면 젊은 암컷들은 아기가 13개월 정도만 되어도 다시 팽창을 보인다. 그리고 수컷에 대해 상당히 안정된 관심을 보이는 것도 젊은 암컷들이었으며 수컷들의 경우도 마찬가지였다.

피건은 푸치를 반년도 넘게 열심히 따라다녔다. 이것은 그가 발정한 다른 암컷들을 무시했다는 뜻이 아니라, 푸치가 6개월 주기로 발정할 때마다 함께 사라지곤 했다는 것이다. 우리가 아는 한 그런 시기에 그들은 둘이서만 있었다. 그들은 캠프에 오지 않았고, 말할 것도 없이 푸치는 다른 수컷들을 만나지 않았다.

한번은 푸치가 발정한 지 사흘이 되던 날, 나는 그들이 함께 떠나는 것을 보고 뒤따라갔다. 캠프로부터 4백 여 미터쯤 멀어졌을 때 그들은 나무에 올라가 한 시간도 넘게 서로의 털을 손질해주었다. 그리곤 함께 이리저리 돌아다니다가 잠시 먹기도 하더니 어둑어둑해지자 다른 나무에 올라가 서로 가까운 곳에 잠자리를 마련했다. 나는 그들이 짝짓기하는 것을 보지는 못했다. 다음날 새벽, 내가 그들이 잠잤던 나무에 도착했을 때, 그들은 한번 짝짓기를 하더니 먹이를 찾으러 평화롭게 함께 떠났다.

엿새가 지난 후 푸치가 팽창이 쭈그러든 채 혼자 급식소에 나타났

어른들의 사회 307

다. 반시간쯤 지난 후에 피건이 같은 방향으로부터 나타났지만, 그들은 서로 다른 길로 떠나갔다. 그들은 〈신혼여행〉에서 함께 돌아온 것 같은 느낌을 주지 않았다. 오히려 자기들의 그런 관계가 발각되기를 원치 않는 듯 보였다. 아마도 실제로는 피건이 푸치에게 더 이상 성적 매력을 느끼지 못하게 되자 캠프로 돌아오며 자연스레 점점 멀어졌을 것이다.

불행하게도 푸치가 열세 살에 죽었기 때문에 우리는 그들의 관계가 어떻게 진전되었을지 알 수 없다. 푸치가 죽은 후 피건은 종종 푸치와 그랬듯이 멜리사와 함께 사라졌다. 그들은 고블린을 데리고 숲을 같이 배회하고 털손질을 하며 함께 있었지만 실제로 짝짓기는 다소 드물게 관찰되었다. 흥미롭게도 페이븐도 멜리사에 관심을 보였다. 멜리사와 고블린은 한동안 처음에는 피건과, 그 후에는 페이븐과 함께 시간을 보냈다.

그런 관계가 우리 인간 연애의 전신일지도 모르지만, 나는 침팬지가 서로에게 부드러움, 보호 본능, 포옹, 영적 흥분 등 지극히 인간적인 사랑의 감정을 느낄 수 있으리라고는 상상할 수 없다. 침팬지들은 대체로 서로의 감정을 고려하지 않는 것 같다. 이 점이 인간과 그들을 가르는 가장 큰 차이일 것이다. 암수 침팬지 사이에는 서로의 마음은커녕 몸에 대해서도 이렇다할 인식이 없어 보인다. 암컷이 자신의 배우자 수컷에게 기대할 수 있는 것은 그저 간단한 구애행동과 기껏해야 30초를 넘지 못하는 짝짓기, 그리고 가끔 그 이후의 털고르기 뿐이다. 그들에게는 우리들이 느끼는 사랑의 낭만, 신비, 무한한 기쁨이 없어 보인다.

내가 처음 침팬지를 연구하기 시작했을 때, 나는 종종 밤에 암수가 같이 자는 적이 있는지 매우 궁금했다. 어느 날 저녁 나는 한 젊은 암컷이 잠자리 밖으로 튀어나온 작은 나뭇가지들을 조심스레 밀어 넣는 것을 보았다. 그리고 나서 그 암컷은 그 위에 누웠다. 주위가 충분히 환했으므로 나는 거의 50미터 밖에서도 그녀가 눕는 것을 볼 수 있었다. 몇 분 후 그녀는 다시 일어나 앉더니, 놀랍게도 잠자리를 떠나 나무 위로 올라갔고, 얼마 후 맥그리거 씨의 잠자리 한구석에서 모습을 드러냈다. 맥그리거 씨는 앉은 채로 그녀의 털을 고르기 시작했다. 그러나 5분이 지난 후에 그는 저만치 떨어져 돌아누웠고, 그녀는 그를 떠나 자신의 잠자리로 돌아왔다. 그녀가 마침내 자려 누웠을 때에는 사방이 캄캄해져 잘 보이지 않았지만, 곧 달이 떠올랐다.

산에서 캠프로 서둘러 내려오며 나는 다시 산에 올라가서 밤새 침팬지를 관찰하기로 마음먹었다. 나는 저녁을 먹고 그 날에 대해 기록한 다음, 11시 가까이 되어서 다시 산으로 향했다. 보름달 아래의 산과 계곡은 죽은 듯 조용했다. 이런 냉랭한 밤 기운을 맡을 때면 나는 늘 그 가파른 언덕을 한숨에 달려오를 수 있을 것만 같았다. 산 정상에 오른 후 나는 밤을 새기 전에 커피를 마시려고 나뭇가지를 모아 모닥불을 피우고 주전자를 올려 놓았다. 그런 다음 커피 잔을 들고 계곡이 내려다보이는 높은 바위에 앉았다. 달빛이 내 발치 아래로 숲을 덮고 있는 무수한 나뭇잎들에 반사되고 있었다. 야자나뭇잎 위에도 초록의 달빛이 부드럽게 반짝였다. 아래쪽 어디에선가는 비비가 두어 번 짖어대더니 이내 고요해졌다. 내 뒤로 숲의 어둠이 더욱 가까워졌다. 어둠 속에서는 표범이 나무들 사이로 살금살금 걸어가거나 들소 한 떼가 숙숙한 넘불을 뜯어먹고 있으리라.

나는 내 주위의 아름다움에 도취된 채 천천히 커피를 들이켰다. 달빛이 너무 밝아 별들 중에서도 가장 밝은 별만이 빛나고 있었고, 회색빛 안개가 하늘에서부터 산꼭대기를 감아 돌아 계곡으로 흘러내렸다. 그것은 사랑, 특히 인간의 사랑을 위해 완벽한 밤이었다. 나는 아까 침팬지들을 보았던 곳으로 다시 기어올라 갔다. 두 침팬지가 아직도 각각 떨어져 있는 것을 망원경으로 볼 수 있었다. 맥그리거 씨는 등을 대고 누워 있었다. 암컷은 내가 안 보이는 쪽으로 얼굴을 돌린 채 누워 있었고, 그녀의 분홍색 팽창이 어렴풋이 보였다.

네시쯤 되어 달이 호수 저편 콩고산 뒤로 넘어가면서 하늘에 남은 달빛도 점점 희미해져 갔다. 밤은 또 달라 보였다. 잉크빛 어둠과 바스락거리며 부서지는 나뭇가지의 으스스한 느낌이 나를 감쌌다. 한 시간쯤 후 계곡 밑의 비비 떼가 크게 짖기 시작했고, 몇 분 후에는 침팬지들이 맹렬한 〈우아아〉 소리와 큰 헐떡임, 툴툴거리는 소리를 내며 합세했다. 아마도 계곡을 배회하는 표범이 있으리라는 생각에 나는 담요를 더 끌어당겼다. 이제 밤의 낭만은 잦아들었지만, 나는 여전히 휴고가 내 곁에 있었으면 얼마나 좋을까 생각하고 있었다.

결국 새벽의 회색빛이 하늘에 스며들었고 여느 때와 같은 세상이 다시 깨어나기 시작했다. 침팬지들이 있는 나무에서는 아무런 움직임도 보이지 않았다. 밝아진 후 암컷과 맥그리거 씨가 따로 각각의 잠자리에 있는 것이 보였다. 열대여섯 살의 그 늙은 수컷은 돌아누웠다가 일어나 앉더니 갑자기 잠자리로부터 내려와 나무를 헤쳐 그 암컷의 침대로 곧장 뛰어들었다. 그녀는 깊은 잠에서 깨어 날카로운 비명을 지르며 잠자리를 뛰쳐나갔다. 맥그리거 씨는 매우 흔들리는 나뭇가지를 지나 땅으로 그녀를 서둘러 따라갔다. 맹렬한 구혼자를 바짝 뒤에 둔 채 그녀는 숲을 빠져나갔고 그녀의 비명은 점점 희미해졌다. 그 밤의 끝으로는 그리 낭만적이지 못했지만, 그 날 아침 맥그리거 씨의 늙은 마음에 그녀가 자리잡고 있었음은 틀림없는 일이었다.

  몇 년 후 우리는 피건과 멜리사가 함께 여행을 떠날 때 그 뒤를 따라갔다. 어둠이 깔리기 전에 피건은 앉아 있던 나뭇가지를 떠나 무언가를 조금 씹어 먹다가는 멜리사의 잠자리 쪽으로 갔다. 나뭇잎이 너무 무성하여 그의 움직임을 지켜볼 수는 없었지만, 잠자리를 만들 때 나는 나뭇가지 부러지는 소리나 나뭇잎 바스락거리는 소리는 들리지 않았다. 아침에 침팬지들이 떠난 다음, 우리는 그곳에 몇 개의 잠자리가 있었는지를 알아내기 위해 여러 각도로 자세히 조사했다. 나뭇가지가 마구 엉켜 있고 야자나무 잎도 너무 울창해서 우리가 발견하지 못했을 가능성도 있지만, 어느 누구도 잠자리를 한 개 이상 발견하지 못했다. 우리는 단 하나, 멜리사가 전날 밤에 만들었던 잠자리만을 볼 수 있었다. 정말 피건과 멜리사가 작은 고블린을 옆에 둔 채 서로 부둥켜안고 함께 잤단 말인가?

비비와 포식행동

피건은 그늘에 앉아서 털을 고르고 있었고, 다른 침팬지 열 마리도 캠프장 이곳저곳에 흩어져 털을 고르거나 누워서 쉬고 있었다. 수컷 비비 한 마리도 강한 이빨로 야자 열매의 씨를 깨려고 안간힘을 쓰며 캠프에 있었고, 어린 비비 한 마리는 캠프장 야자나무 위에서 익은 열매를 먹고 있었다.

피건이 일어나 뭔가를 저지를 듯한 걸음걸이로 나무를 향해 걸어가기 시작했다. 그의 자세에서 드러나는 약간의 긴장감 때문인지 마이크가 그를 뚫어지게 쳐다보고 있었다. 피건은 나무 위에 있는 어린 비비를 흘끗 쳐다본 후 매우 천천히 나무줄기를 타고 오르기 시작했다. 피건이 점점 가까이 올라가자 그 비비는 피건을 내려다보며 누려운 표정으로 이빨을 드러낸 채 작고 날카로운 소리를 내기 시작했다. 그는 이웃 야자나무의 꼭대기로 뛰어올랐다. 피건은 나무 꼭대기에 다다르자 잠시 멈춘 후 매우 천천히 비비를 쫓기 시작했다.

그 어린 비비는 이제 더 큰 소리로 비명을 질러대며 좀 전에 있던 나무로 다시 펄쩍 뛰어왔다. 피건 역시 뒤따라 왔으며 이런 식으로 두 차례나 더 천천히 움직이며 원래의 나무에서 다른 나무로 그리고 다시 반대편 나무로 사냥감을 쫓아다녔다. 그러다가 피건은 갑자기 빠른 속도로 비비를 향해 돌진했고 그 비비는 겁에 질려 약 7미터 아래에 있는 나뭇가지로 훌쩍 뛰어내렸다.

땅 위에 있던 모든 침팬지들은 일어서서 위를 쳐다보며 쫓고 쫓기는 광경을 열심히 구경하고 있었다. 그들 중 여럿은 털을 곤두세우고 있었다. 비비가 아래쪽 나무로 뛰어내리자마자 마이크가 그쪽을 향해 서둘러 나무를 타고 올라갔고, 그와 동시에 어른 수컷 비비가 큰 소리로 으르렁거리며 그쪽으로 달려왔다. 사냥감이 된 어린 비비는 큰 소리로 비명을 지르며 나무에서 땅 위로 다시 뛰어내렸다. 그러자 마이크도 뒤따라 뛰어내려 쫓기 시작했고 그 뒤를 어른 수컷 비비가 쫓기 시작했다. 사냥감은 다른 침팬지들이 술렁거리는 틈을 타 간신히 도망쳤다.

4년 전 피건이 청소년이었을 때, 휴고와 나는 그가 커다란 무화과나무에 있는 청소년기의 비비 쪽으로 기어가는 것을 본 적이 있다. 우리가 아는 한, 실제로 그런 사냥을 처음 시작한 것은 로돌프였다. 로돌프는 나무 쪽으로 걸어가서는 털을 아주 약간 세운 채 서 있었다. 만약 로돌프가 그냥 그 비비를 쳐다보고만 있었다면 우리는 그걸 알아채지 못했을 것이다. 그러나 마치 신호를 받은 듯 땅에서 쉬며 평화롭게 털을 고르고 있던 침팬지들이 일제히 일어나 사냥감의 탈출구가 될 만한 나무 주위로 모여들었다. 그리고 그 무리 중 가장 어렸던 피건이 비비 쪽으로 기어갔던 것이다.

그때에도 그 먹이감은 도망쳐 버렸다. 그 비비의 구원 요청 소리를 들은 비비 떼가 수백 미터 밖에서 그곳으로 달려왔고, 침팬지와 비비 간에 격렬한 싸움이 일어났다. 그들은 서로 달려들고 소리를 질러댔다. 하지만 양쪽 구성원들 사이에 신체적으로 상처를 입히는 일은 없었으며, 그 어린 비비는 혼란의 와중에서 가까스로 탈출할 수 있었다.

내가 곰비에서 연구를 시작한 지 10년이 흐르는 동안, 우리는 침팬지들이 어리거나 몸집이 작은 어른 붉은콜로부스원숭이, 붉은꼬리원숭이 redtail monkey, 푸른원숭이 blue monkey뿐만 아니라 수풀영양, 수풀돼지, 비비 등을 잡아먹는 것을 기록해 왔다. 또한 그 지역에 있는 침팬지들이 아프리카인 아기들을 훔쳐 갔다는 보고도 두 건 있었다. 어른 수컷 침팬지로부터 아기를 되찾았을 때 아기의 팔다리가 부분적으로 먹힌 것을 보면 아마 아기를 먹으려고 훔쳐 갔던 것 같다. 다행스럽게도 이 사건은 내가 곰비 유역에 발을 들여놓기 전, 즉 내가 침팬지들을 〈길들이기〉 전에 일어난 사건이었다.

많은 사람들이 인간의 아기를 먹을 수도 있는 침팬지 곁에 있다는 것에 두려워 했지만, 사실 침팬지의 눈에는 인간 역시 비비와 별다를 것 없는 또다른 영장류일 뿐이다. 물론 침팬지들이 분포하는 여러 곳에서 침팬지들 역시 인간에게는 맛난 음식이 된다는 사실도 끔찍하기는 매한가지다.

최근까지 우리는 침팬지가 고기를 먹고 있는 모습을 상당히 자주 관찰했지만, 그들의 사냥 기술을 관찰한 경우는 매우 드물었다. 그러나 지난 2년 동안에 곰비에서 연구하는 사람들이 많아지고 침팬지들이 관찰자들을 받아늘이기 시작하면서, 우리는 침팬지들의 사냥법에 대해서 상당히 많은 것을 배울 수 있었다. 사냥에는 일반적으로 크게 두 가지 방법이 있는데, 한 가지는 먹이의 포획이 우연히 일어나는 경우로서 침팬지가 주변을 걸어다니다가 새끼 수풀돼지를 우연히 마주칠 경우 그것을 붙잡고 죽이는 것이 그에 속한다. 또다른 방식은 훨씬 더 정교하고 계획적인 것이며, 그럴 경우 침팬지 무리 내 여러 마리가 궁지에 몰린 사냥감의 퇴로가 될 만한 나무 아래에 모여 탈출구를 차단하며 협동하는 것을 확연히 관찰할 수 있다.

나는 실제로 사냥감을 죽이는 장면은 두 번밖에 보지 못했다. 아주 오래전에 휴고와 함께 붉은콜로부스원숭이가 잡혀서 갈가리 찢기는 것을 본 것이 첫번째였고, 두번째는 그로부터 4년 후 어린 비비가 캠프의 외곽에서 잡힌 경우다. 그것은 훨씬 더 볼 만한 광경이었다.

그 사건은 로돌프, 맥그리거 씨, 험프리 그리고 어떤 젊은 수컷이 바나나를 잔뜩 먹고 앉아 있을 때 비비 떼가 캠프 근처를 통과하고 있던 어느 날 아침에 일어났다. 갑자기 로돌프가 일어나더니 재빨리 건물 뒤로 돌아갔고 나머지 셋도 그 뒤를 따랐다. 피건이 자신의 사냥감에게 접근했을 때처럼, 그들 모두 도둑처럼 살금살금 걸었다. 나는 뒤를 쫓아갔지만 너무 늦어서 실제의 포획 과정은 관찰하지 못했다. 내가 건물 뒤로 돌아갔을 때 이미 비비의 갑작스런 비명이 들려왔고, 몇 초 후에는 수컷 비비 몇 마리의 으르렁거리는 소리와 침팬지들이 짖어대는 소리가 들렸다. 빽빽한 숲 속으로 몇 미터 달려가며 나는 로돌프가 똑바로 서서 어린 비비의 다리 하나를 잡고 몸뚱이를 들어올려 바위에다 내려치는 것을 얼핏 보았다. 그것이 실제로 그 비비를 죽인 치명타였는지는 알 수 없다. 그러나 로돌프가 산등성이로 서둘러 떠나갈 때 그의 손에 잡혀 있던 그 먹이는 분명히 죽어 있었다.

다른 침팬지들은 여전히 비명을 지르며 로돌프 뒤를 바싹 따라갔고, 어른 수컷 비비 여러 마리는 계속 으르렁거리며 로돌프를 공격했다. 그러나 이것은 단지 몇 분 동안이었으며, 그 후 그들은 놀랍게도 포기해 버렸다. 그러자 즉시 침팬지 네 마리가 덤불에서 나와 키 큰 나무의 높은 가지 위로 올라갔다. 로돌프가 먼저 자리를 잡고 먹이의 복부 부위의 연하고 부드러운 고기와 허벅다리 위쪽 부위를 뜯어먹기 시작했다.

계곡에 있던 다른 침팬지들도 사냥과 살생의 커다란 비명과 외침을 듣고는 곧 그 나무에 나타났고, 서열이 높은 수컷들 무리가 로돌프 근처에 모여들어 먹이 한몫을 달라고 간청했다. 이전에도 침팬지들이 고기를 간청하는 모습은 종종 관찰되었는데, 대개는 상당히 많은 양을 가진 수컷이 무리 중 적어도 몇 마리에게는 고기를 나누어준다. 그런데 그 날 로돌프는 탐욕스럽게 그의 먹이를 독차지하려고 했다. 마이크가 간청의 표시로 손바닥을 펼쳐 손을 뻗자 로돌프는 그 손을 밀쳐 버렸다. 골리앗이 로돌프에게 씹고 있는 나뭇잎과 고기 덩어리를 간청하며 손을 입에 갖다댔을 때는 몸을 돌렸다. 제이비가 조심스레 시체의 일부에 손을 대자 로돌프는 은근히 위협하는 소리를 내며 팔을 들어 고기를 홱 채 버렸다. 이때 나이 든 맥그리거 씨가 위로 손을 뻗어 시체에 매달려 있는 창자 한쪽을 단단하게 잡았는데, 순전히 운이 좋아서 몇 미터나 되는 창자가 열망으로 가득한 그의 손아귀에 쏟아져 내려 그의 대머리와 어깨를 뒤덮었다. 로돌프가 아래를 내려다보고는 먹이를 잡아당기자 결국 창자는 동강이 났고, 맥그리거 씨는 서둘러 다른쪽 가지로 옮겨 갔으며 암컷과 어린 침팬지들이 한 토막이라도 얻으려고 모여들었다.

침팬지들은 고기를 먹을 때 가능한 한 오랫동안 맛을 감상하려는 듯, 거의 언제나 고기와 잎을 함께 천천히 씹어 먹는다. 이따금 애

비비와 포식행동

원하는 손에 고기와 나뭇잎 덩어리를 뱉어 주었고, 수컷 한 마리가 시체 조각을 가까스로 잡아채 도망치기는 했지만, 결국 로돌프는 그 날 아홉 시간 동안이나 그 시체를 독차지했다. 때때로 조그만 조각이라도 떨어지면 새끼 침팬지들이 덤불 숲 아래로 쏜살같이 내려가 그 조각을 찾아다녔다. 핏방울이 묻거나 시체가 닿은 나뭇가지를 핥고 있는 침팬지들도 종종 보였다.

마이크의 통치가 3년째 계속되던 그 당시 로돌프는 더 이상 우리가 그를 처음 알게 되었을 때처럼 높은 서열의 수컷은 아니었다. 그렇다면 평소에는 마이크가 접근했을 때 거의 광적인 복종을 나타내던 그가 어떻게 감히 마이크의 손을 밀쳐낼 수 있었을까? 그가 어떻게 자신보다 서열이 높은 골리앗과 제이비를 위협할 수 있었을까? 더 흥미로운 것은 왜 이 높은 서열의 수컷들이 시체의 일부분만이라도 강제로 빼앗지 않았는가 하는 것이다. 나는 전에도 고기를 먹는 동안은 이런 종류의 모순이 나타나는 것을 관찰한 적이 있는데, 그럴 때면 종종 침팬지들이 혹시 원시적이나마 도덕적 가치의 개념을 가지고 있는 것은 아닌가 궁금해하곤 했다. 비비를 죽인 것은 로돌프이며, 따라서 고기는 로돌프의 것이다. 이런 행동을 심각하게 고려해 본 결과, 나는 무언가 다른 것이 관련되었을 것이라는 결론을 내렸다.

만약 그 노획물이 단순히 바나나 더미라면 마이크는 주저함 없이 로돌프를 공격했을 것이다. 그러나 만약 로돌프가 직접 상자에서 바나나를 꺼내 왔다면 그것은 고기의 경우만큼 합법적으로 로돌프의 전유물일 것이다. 그렇다면 여기에 내포된 의미는 다음과 같을지도 모른다. 〈침입자를 세력권 내에서 만나면 세력권 밖에서 마주쳤을 때보다 더 격렬하게 공격하여 쫓아내려고 한다.〉 고기는 침팬지들

서열이 높은 수컷인 마이크가 리키에게 고기를 구걸하고 있다(사진: Geza Teleki).

이 아주 좋아하고 소중히 여기는 먹이다. 이 이론을 지지하는 의미에서 나는 침팬지들에게 급식을 처음 시작했던 때, 즉 침팬지들에게 바나나가 귀한 것이었을 때 그들은 거의 바나나를 두고 싸우지 않았다는 사실을 강조하고 싶다.

그렇다면 서열이 더 높은 수컷들이 공격하지 않는 것은 왜 그런가? 어쩌면 그런 수컷들도 복종자들이 평소처럼 쩔쩔매지 않고 오히려 아주 당당한 신호를 보이면 평상시의 특권을 주장하는 데 주저하게 되는 지도 모른다.

이것은 짝짓기에서도 적용될 수 있다. 어른 수컷들은 매력적인 암컷과 짝짓기를 하기 위해 싸우기보다는 오히려 차례를 기다린다. 아마도 막 암컷에게 올라타려는 수컷은 성행위에 관한 그의 성적 권리를 지킬 만반의 태세가 되어 있을 것이다. 그리고 인간의 도덕적 가치 개념이 이런 종류의 원초적인 행동 양식에서 생겨났을지도 모른다는 가설 또한 매우 그럴듯해 보인다.

이유야 어쨌든 로돌프뿐만 아니라 다른 침팬지들이 자기보다 서열이 높은 침팬지들에게 고기를 빼앗기지 않으려는 경우는 많이 관찰되었다. 그런 경우에 서열이 높은 수컷들은 인내심이 한계에 다다르도록 기다리다가 종종 다른 침팬지들에게 분풀이를 하곤 했다. 그래서 고기를 먹기 시작한 후 큰 수컷이 자기 몫을 확보하기 전까지는 서열이 낮은 수컷들이나 암컷들, 새끼들은 종종 나뭇가지들 사이로 쫓겨 다녔다. 특히 그들이 먹이에 너무 가까이 접근했을 경우에는 더했다.

예전에 수컷 침팬지들이 나를 격렬하게 공격하곤 했던 것도 비슷한 연유였던 것 같다. 로돌프가 시체를 혼자서 독차지하고 있던 어느 날, 제이비가 허겁지겁 캠프로 가더니 바나나 몇 개를 낚아챘다.

그것은 2백 미터도 채 안 되는 거리였지만, 그는 돌아오면서 자신이 없는 틈을 타 내가 그 시체를 뜯어가려고 할 것이라고 생각한 모양이었다. 제이비는 고기를 먹고 있는 침팬지들 쪽으로 분주히 덤불을 헤쳐 가다가 나를 발견하고는 갑자기 멈춰 서서 나를 응시했다. 천천히 그의 털이 곤두서기 시작했다. 갑자기 그는 큰 소리를 지르며 내 쪽으로 돌진해 왔다. 주위의 덩굴이 너무 엉켜 있어서 나는 그가 달려오는 길에서 비켜설 수도 없었다. 제이비는 50센티미터 남짓밖에 안 되는 거리에서 멈춰 서더니 나를 한번 호되게 내리쳤다. 내 기억에 그때 나는 아마 눈을 감았던 것 같다. 그는 내 옷과 배낭을 차례로 거칠게 집어든 후 코를 대고 열심히 킁킁거린 후에 내려놓았다. 그러고는 몸을 돌려 고기를 얻어먹을 수 있는 행운을 잡기 위해 서둘러 떠났다.

상황이 더 좋지 않았던 경우도 있었다. 휴고와 나는 나무 위에 있는 큰 무리를 지켜보고 있었다. 마이크가 비비 시체를 가지고 있었으며, 제이비와 몇몇 다른 침팬지는 마이크와 고기를 나누어 먹고 있었다. 하지만 어른 수컷 중 다섯 마리는 단지 먹다 남은 고기 조각 몇 개만 얻었을 뿐이었다. 이 수컷들은 우연히 자기 앞을 가로막는 낮은 서열의 침팬지들을 쫓으며 분노를 달래고 있었다. 우리가 보기에 가장 침울해 하던 침팬지는 데이비드 그레이비어드였다. 잠시 후 마이크가 나무에서 내려와 퍽 울창한 덤불 속에 앉아 고기를 뜯기 시작했다. 물론 다른 침팬지들도 그를 따랐다. 무슨 일이 벌어지는지 보기 위해 휴고와 내가 더 가까이 기어갔는데, 이때 너무 살며시 움직인 것이 실수였다. 우리가 갑사기 나타나자 젊은 새내기 암컷 한 마리가 두려움에 질려 도망쳐 버렸다. 이것은 다른 침팬지들도 놀라게 했고 잠시 침팬지들이 도망치는 소동이 벌어졌다. 곧 침팬지들은 그것이 가짜 경보였다는 것을 깨닫고 잠시 동안 우리를 응시하더니 고기를 얻지 못해 좌절한 다섯 마리 수컷들이 우리를 향하여 똑바로 서서는 팔을 흔들고 격렬한 소리를 내며 돌진해 왔다. 그러나 그들 모두는 우리 바로 앞에서 멈추었다. 단 데이비드만 제외하고!

내가 앞에서도 언급했듯이, 데이비드는 화가 나면 매우 공격적이었다. 그때 데이비드가 화가 난 것은 분명한 일이었다. 휴고와 나는 동시에 뒤돌아 도망치기 시작했다. 우리가 주위를 둘러보았을 때 그는 여전히 우리를 쫓아오고 있었다. 불행하게도 내 뒤에서 나를 보호하며 카메라 장비를 들고 가까스로 도망쳐 오던 휴고가 그만 날카로운 가시에 걸렸다. 휴고가 빠져 나오려고 애쓰는 동안 격분한 데이비드는 계속 달려왔고 휴고로부터 겨우 2미터 남짓 남았다. 데이비드는 그 결정적인 순간에 갑자기 멈춰서는 팔을 위로 쳐들면서 〈우아아〉하는 울부짖음을 내뱉은 후 몸을 돌려 다른 침팬지들이 있는 곳으로 서둘러 돌아갔다.

오늘날까지도 나는 이 사건이 지금까지 우리가 침팬지와 만나는 과정에서 가장 큰 위기의 순간이었다고 생각한다. 데이비드는 평상시에는 온화했지만 그 순간만큼은 인간에 대한 두려움을 상실했고, 그랬기에 우리에게는 가장 위험한 상황이었다. 많은 사람들은 휴고와 내가 도망쳤다는 사실에 놀랐지만, 이것은 전혀 놀랄 일이 아니다. 결국 서열이 낮은 침팬지가 할 수 있는 일은 분노한 공격자의 면전에서 일단은 사라져 주는 것이다. 대부분 어른 수컷들은 쫓던 사냥감이 사라져 버리면 더 이상 공격적인 태도를 보이지 않는다. 반면 공격자가 격노한 상황에서 굽실거린다거나 손을 내밀며 복종의 표시를 하는 것은 더 위험하다.

요즘 들어 침팬지들은 사람의 접근을 꽤 많이 허용하고 있을 뿐 아니라 우리가 그들의 고기를 훔치지 않는다는 것을 깨달은 것 같다. 곰비에서 침팬지들이 고기를 먹는 중에 연구자들을 공격하는 횟수도 급속히 감소되었다.

침팬지들이 사냥할 때 인간의 수렵 사회의 특징이었던 원시적인 협동을 보인다는 것 못지 않게 흥미로운 것은 고기를 먹을 때 그 먹이를 소유한 침팬지는 대개 다른 침팬지들과 고기를 기꺼이 나누려고 한다는 사실이다. 이것은 인간 이외의 다른 야생 영장류에서는 아직 기록되지 않은 매우 흥미로운 사실이다. 실제로 우리는 침팬지들이 고기 조각을 떼어내어 먹이를 구걸하는 다른 침팬지들에게 나눠주는 것을 여러 번 보았다. 이런 사건들 중 하나는 특히 주목할 만하다.

침팬지와 비비들의 비명 소리가 우리를 어디론가 이끌었는데, 그곳에 가보니 골리앗이 갓 죽은 새끼 비비의 시체를 가지고 있었다. 나이 든 워즐 씨도 먹이를 구걸하기 위해 애처럼 낑낑대며 그 나무 위에 있었다. 골리앗이 몇 분마다 껑충껑충 뛰어 워즐 씨로부터 멀어지면 워즐 씨는 울며 따라갔다. 골리앗이 멈추면 다시 손을 내밀어 먹이를 구걸하곤 했다. 골리앗이 워즐 씨의 구걸하는 손을 열 번도 넘게 내밀치자, 워즐 씨는 갑자기 소리를 지르며 주변의 나무들을 치고 나뭇가지에 몸을 내던지는 등 애들이나 낼 법한 짜증을 부렸다. 그러자 놀랍게도 골리앗은 먹고 있던 비비의 피부와 심줄을 부욱 찢어낸 후 몸통을 두 조각 내더니 하반신 4분의 1에 해당하는 부분을 워즐 씨에게 건네주었다. 마치 자신의 포획물을 즐기는 동안 그 비명과 난동을 더 이상 견딜 수 없다는 듯……. 그리고 골리앗은 플로가 그곳에 도착하자 그녀에게도 먹이를 좀 나눠주었다.

마이크는 일단 최고의 위치에 오르자 점점 그의 복종자들에게 너그럽고 부드럽게 대하기 시작했다. 시체를 가지고 있을 때면 대개 작은 부분이라도 다른 수컷들에게 나눠주었다. 한번은 마이크가 비비 시체를 가지고 있는데 로돌프가 다른쪽 끝을 씹고 있었다. 그러자 마이크는 시체를 자기 쪽으로 당기기 시작했다. 로돌프의 몫을 뺏으려고 하는 것이 아니라 단순히 시체를 두 조각 내고 싶어 하는 것 같았다. 나는 그전에는 로돌프의 힘이 그렇게 센 줄 몰랐었다. 마이크가 일어서기도 하고 높이 들어올리기도 하면서 아무리 세게 당겨도, 로돌프는 한 귀퉁이를 붙잡은 채 거의 꼼짝도 않고 앉아 있었다. 마이크가 열심히 당기고 발버둥을 쳐도 로돌프는 단단한 바위처럼 앉아 있을 뿐이었다. 마이크가 그렇게 당겨대는 동안 로돌프는 앞쪽으로 허리를 굽혀서 시체의 피부를 물어뜯어 두 동강을 내었고 머리를 마이크의 몫으로 남겨두었다.

뇌는 특히 맛있는 부분인 것 같았다. 마이크는 매우 자주 먹이의 머리를 제일 나중에 먹었다. 마이크는 이빨로 뼛조각을 물어뜯어 척추와 두개골이 연결되는 〈대후두공〉을 넓혔다. 그 구멍이 충분히 커지자 집게손가락을 구부려 뇌를 퍼냈다. 때때로 침팬지들은 이마뼈를 부러뜨려 뇌를 끄집어내기도 한다.

또 한번은 데이비드가 마이크가 뇌를 먹는 것을 쳐다보며 끈질기게 구걸하고 있었는데, 마이크는 마치 엄마가 아기의 주의를 다른 곳으로 돌리려 할 때처럼 데이비드를 간질이기 시작했다. 잠시 후 그 두 어른 수컷들은 큰 소리로 낄낄거리며 서로를 간질이고 있었다. 결국 데이비드는 더 이상 간지럼을 참지 못하고 가버렸고 마이크는 계속 방해받지 않고 뇌를 먹을 수 있었다.

마이크가 뇌에 손도 대보지 못하고 다른 침팬지에게 빼앗긴 적이

딱 한 번 있었다. 저녁 때였고 마이크는 이미 배가 불러 있었다. 저무는 태양의 마지막 붉은 광선이 수관을 비집고 비쳐 들어오고 있었다. 마이크는 어린 비비의 머리를 가지고 있었고 그 털을 손질하기 시작했다. 그것은 섬뜩한 광경이었다. 사냥물의 한쪽 눈구멍은 비어 있었고 다른쪽 눈구멍에는 눈알이 시신경에 대롱대롱 매달려 있었다. 바로 그때 덤불 속에서 부스럭거리는 소리가 나더니 제이비가 잽싸게 나타나 그 머리를 붙잡고는 덤불 속으로 사라졌다. 마이크는 친구를 뒤쫓지 않았다. 아마도 그런 것을 신경 쓰기에는 배가 너무 불렀던 모양이었다. 제이비는 근처 나무로 올라가 잠자리를 만들고는 어둠이 내릴 때까지 뇌와 나뭇잎을 입 안 가득 씹으며 앉아 있었다.

때때로 침팬지들은 아주 우연히 사냥감을 잡는다. 예를 들면 키 큰 풀숲에 숨어 있던 수풀영양 새끼를 우연히 찾아낼 때도 있다. 그렇지 않으면 일부러 사냥을 하기 위해 길을 나선다. 험프리가 붉은 콜로부스원숭이 가죽을 가지고 캠프로 들어왔을 때가 기억난다. 험프리는 캠프를 떠날 때에도 여전히 그 전리품을 꽉 쥐고 있었다. 약 한 시간 후 험프리가 왔던 쪽에서 늙은 맥그리거 씨가 나타났다. 그가 자기 몫을 얻어 먹었는지는 확실하지 않았지만, 그가 고기를 무척이나 먹고 싶어 하고 있다는 것은 틀림없었다. 도착한 후 약 15분이 지나자 맥그리거 씨는 계곡 위를 뚫어지게 응시하기 시작했다. 그의 시선을 따라가자 붉은콜로부스원숭이 작은 무리가 보였다. 곧바로 맥그리거 씨는 신속하고 조용하게, 그리고 뭔가를 저지를 듯한 걸음걸이로 다가갔고 캠프에 있던 다른 침팬지들도 그를 따랐다. 우리는 망원경을 꺼내들고 무슨 일이 벌어질까 숨을 숙이며 기다렸다.

곧 나뭇가지들이 격렬하게 흔들렸고 원숭이들이 꽥꽥 울어대기 시작했다. 여기저기로 펄쩍펄쩍 뛰어다니는 콜로부스원숭이 몇 마리와 늙은 맥그리거 씨의 모습이 다른 침팬지들 사이로 언뜻언뜻 보였다. 비명을 지르며 땅으로 뛰어내려오는 새끼 침팬지를 뒤쫓고 있는 콜로부스원숭이도 한 마리 있었다. 바로 그때, 놀랍게도 풀이 덮인 언덕을 맥그리거 씨가 쿵쾅거리며 내려오고 있었고 그 뒤를 수컷 콜로부스원숭이 한 마리가 따라오고 있었다. 어떤 동물이 화가 머리 끝까지 오르면 실제보다 훨씬 더 난폭해질 수 있다는 것을 보여주는 좋은 예였다. 만약 맥그리거 씨가 돌아서서 그 원숭이를 공격했더라면 그 콜로부스원숭이는 맞아죽었을 것이다.

이 사건을 보면 어른 수컷 비비들이 붉은콜로부스원숭이 수컷보다 몇 배나 힘이 세고 공격적임에도 새끼 비비를 침팬지들로부터 잘 보호하지 못한다는 사실이 그저 놀라울 뿐이다. 비비들은 침팬지들이 사냥하고 있다는 것을 눈치채면 대개 으르렁거리며 침팬지를 향해 떼를 지어 몰려오지만, 아무리 상황이 격렬해 보일지라도 침팬지가 다치는 것을 아직 관찰하지 못했다. 전에 한번 수컷 비비가 사냥하는 마이크의 등에 뛰어올라 몇 분 동안 매달려 있었던 적이 있긴 하지만, 마이크는 까딱도 않는 듯했다. 심지어 새끼 비비가 살아서 비명을 지르며 침팬지의 손아귀에 붙잡혀 있을지라도 어른 수컷 비비들은 공격하지 않았다. 이 풀리지 않는 수수께끼 역시 우리의 연구를 지속시키는 이유 중 하나다.

사실 곰비에 있는 침팬지들과 비비들의 관계에 대한 수수께끼들은 그리 간단하지 않으면서도 매우 흥미로운 것들이다. 연구 초기에 나는 종종 함께 노는 어린이들을 제외하면 두 종의 개체 대부분이 서로의 존재를 무시하는 경향이 있음을 발견했다. 때때로 어른 침팬지와 어른 비비들은 같은 나무에서 꽤 평화롭게 먹이를 먹는다. 침팬지가 두세 마리 정도만 앉아 있을 때에는, 비비들이 한두 마리 그 나무 위로 올라오면 점점 불안해하다가 결국엔 다른 나무로 가버린다. 두 종 간의 공격적인 사건들도 여러 번 관찰되었다. 지금까지 연구 결과로 생각해 보면, 이런 사건들은 아마도 침팬지들이 어린 비비를 잡으려고 했기 때문에 발생한 것이 아닌가 싶다.

1963년 급식소가 등장한 이후에는 침팬지와 비비 사이의 관계가 훨씬 더 복잡해졌다. 우리가 급식 창고를 만들기 직전에는 상황이 최악에 이르렀다. 그 두 종의 개체들이 캠프 주위에서 몇 시간 동안이나 함께 머무르곤 했던 것이다. 처음에는 비비들이 침팬지들을 더 경계하는 것 같았다. 이것은 단순히 침팬지들보다 비비들이 사람을 더 무서워했기 때문에, 몇 마리만이 캠프장으로 나올 용기를 냈기 때문이었다고 생각한다. 우리가 비비들 눈에 거울을 비춰 겁을 준 일도 있었다. 한편 침팬지들이 갑자기 펄쩍펄쩍 뛰고 손을 휘저으며 위협하면 그들의 공포심은 더욱 심해지는 것 같았다. 그러나 그럴 때에도 몇몇 수컷 비비들은 매우 거칠게 굴며 침팬지들을 겁주곤 했다.

그 후 학생들이 비비들을 쫓아다니며 그들의 행동을 연구하자, 비비들은 사람을 더 이상 두려워하지 않게 되었고 여러 마리가 떼를 지어 급식소를 침범하였다. 비비들은 점점 더 공격적이 되었고 침팬지들 대부분이 비비들을 경계하게 되었음은 당연한 일이다. 비비와 침팬지가 맞닥뜨렸을 때 싸우는 것이 여러 번 관찰되기는 했다. 하지만 상호간에 심각한 상처를 입히는 경우는 없었다. 바나나를 두고 싸울 때에도 대개 위협과 엄포로써 일관했다. 비비들은 으르렁거리며 입을 벌린 채 놀격하거나 상대를 향해 봄을 날렸고, 침팬지들은 팔을 휘저으며 크게 우아아 소리를 내거나 비명을 지르며 뛰어올랐다.

이와 같은 전투에서 승리는 얼마나 많은 개체들이 덤비는가에 달려 있다. 침팬지들은 엄포만으로도 쫓아버릴 수 있는 비비와 엄포에는 꿈쩍도 안 하기 때문에 피하는 게 상책인 비비를 재빨리 구분해냈다. 비비들 역시 암컷과 어린 침팬지는 대부분 쉽게 다룰 수 있다는 것, 데이비드 그레이비어드와 같은 수컷은 바나나 한 아름만 던져도 겁을 집어먹는다는 것, 그리고 골리앗과 마이크 같은 침팬지들은 훨씬 더 다루기 어려운 존재라는 것을 재빨리 알아챘다. 비비들은 늙은 워즐 씨를 상당히 경계했다. 아마도 그의 눈이 사람의 눈을 닮았기 때문일지도 모른다. 그러나 사실은 워즐 씨가 대체로 겁이 없고 고집이 세기 때문이었다. 워즐 씨는 자신에게 다가오거나 자신을 위협하는 비비들에게 돌 같은 것들을 던져대는 모습을 보여준 최초의 침팬지였다. 워즐 씨는 때로 적당한 물건이 근처에 없을 때 나뭇잎을 세게 내던지기도 했고, 한번은 위협하는 수컷 비비에게 바나나 한줌을 던지기도 했다. 그 비비는 〈이게 웬 떡이냐〉 싶었을 것이다! 시간이 지나며 워즐 씨는 물건을 골라서 던지게 되었으며, 보통 큰 돌덩이를 집어던졌다.

전에도 침팬지가 위협용으로 물건을 집어던지는 것을 본 일이 있었기 때문에 처음 워즐 씨가 비비들에게 돌을 던지는 것을 보고도 우리는 그리 놀라지 않았다. 로돌프도 캠프를 처음 방문했을 때 나와 휴고에게 커다란 돌멩이를 던졌었다. 그는 앞도 쳐다보지 않고 무심결에 골리앗을 따라왔던 것 같았다. 로돌프는 갑자기 자기 앞에 텐트──우리는 그 안에 있었다──가 있는 것을 발견하곤 똑바로 서서 숨막히는 듯한 소리를 지르더니 돌멩이를 던지고는 숲으로 도망쳐 버렸다.

워즐 씨가 비비에게 돌멩이를 던지는 것을 처음으로 목격한 지

페이븐이 그의 바나나 상자에 접근하는 비비에게 돌을 던진다.

얼마 지나지 않아 많은 다른 수컷들이 비슷하게 행동하기 시작했다. 요즘은 거의 모든 어른 수컷들이 각종 물건들을 무기로 사용하며 비비들에게도 꽤 큰 돌을 던진다. 그렇다 해도 그들이 아주 가까이 있지 않는 한 정확하게 맞추는 일은 거의 없다.

여기서 나는 실제로 바나나를 나눠 가질 때를 제외하면 급식소에서조차 침팬지와 비비 간의 관계는 평화로웠으며 서로가 서로의 존재를 인정했다는 것을 강조하고 싶다. 사실 우리는 바나나를 먹어 치우는 한바탕의 난동이 끝난 후, 비비와 침팬지들이 서로 가까이 앉아 긴장을 풀고 휴식을 취하는 모습에 더 놀라곤 했었다.

침팬지와 비비의 지능은 이미 잘 알려져 있기 때문에 두 종 간에 어느 정도의 의사소통이 가능하다는 것은 그리 놀라운 일이 아니다. 예를 들면, 어느 날 암컷 비비가 워즐 씨 근처를 지나가며 그를 약간 놀라게 했다. 워즐 씨가 팔을 들어올려 나지막하게 위협적인 소리를 내자 그 암컷 비비는 즉시 웅크리며 복종을 표시했다. 그러자 워즐 씨는 그녀의 엉덩이에 손을 뻗어 그녀를 안심시키려는 것 같았다. 하여튼 그녀는 긴장을 풀고 워즐 씨 근처에 앉았다. 이런 종류의 사건들을 우리는 심심찮게 목격해 왔다.

플린트가 8개월쯤 되었을 때 종종 생식기가 부푼 암컷 비비에게 아장아장 걸어가기도 했는데, 놀랍게도 그 암컷들은 암컷 침팬지가 하는 것처럼 몸을 돌려 그 조그만 아기에게 엉덩이를 보여주었다. 몇몇 암컷 비비들은 실제로 플린트가 분홍색으로 부풀어오른 생식기를 만질 수 있도록 해주기도 했다. 후에 우리는 정도의 차이는 있지만, 고블린이나 다른 아기 침팬지들이 암컷 비비에게 접근했을 때에도 같은 일이 벌어진다는 것을 알게 되었다.

다른 침팬지들과 늙은 수컷 비비 잡Job과의 관계는 특히 더 흥미로웠다. 그는 늙어서 그런지 아니면 다른 무슨 이유가 있는지, 삶이 그에게 너무나 벅찬 듯 캠프에서 몇 시간씩 나무둥치에 몸을 기대고 있곤 했다. 어느 날 그가 피피에게 다가가 옆으로 몸을 돌려 털고르기를 받고 싶다는 표시를 하는 것에 우리는 매우 놀랐다. 그런데 우리를 더 놀라게 한 것은 피피가 순순히 요구에 응했다는 것이었다. 몇 분 후 이번에는 그녀가 그에게 털고르기를 요구했다. 하지만 잡이 아무 반응도 보이지 않자, 피피는 다시 몇 분 동안 더 그의 털을 고른 후 걸어가 버렸다. 이 일이 있은 후 잡이 다른 침팬지에게 털고르기를 바라는 몸짓으로 다가가는 것을 쉽게 볼 수 있었으며 대부분 침팬지들은 잡의 털을 잠깐이나마 손질해주었다.

또 한번은 피건이 놀고 싶다는 뜻을 나타내는 듯 비틀거리며 명랑하게 이 늙은 수컷 비비 쪽으로 걸어갔다. 피건은 손을 뻗어 잡을 몇 번 쿡쿡 찌르더니 이내 잡의 턱 밑을 간질이기 시작했다. 아무리 해도 그 늙은 수컷은 멍한 표정으로 앉아 있기만 했고, 반응이 시원치 않자 피건은 새로운 전술을 시도했다. 피건은 잡의 이마에 자신의 이마를 맞대고 잡의 몸이 흔들리도록 머리로 끈질기게 떠밀었다. 일이 분쯤 지났을까. 잡은 더 이상 참지 못하고 낡은 이빨을 보이면서 피건에게 위협적인 행동을 취했다. 피건은 대수롭지 않아 했지만 몇 초 후 그냥 가버렸다. 잡을 때리거나 간질이며 놀고 싶어하는 다른 젊은 수컷 침팬지 두 마리도 이 늙은 수컷 비비에게 놀고 싶어하는 마음을 불러일으키지는 못하는 것 같았다.

이런 우호적인 관계들과 우리가 여러 차례 관찰한 바 있는 젊은 침팬지들과 비비들이 함께 노는 경우들도 앞장 「유년기」에서 언급한 길카와 젊은 암컷 비비 고블리나 간의 우정을 따라가지는 못했다. 사실 종종 플린트와 함께 놀이에 몰입하곤 하던 장난기로 가득

피건이 늙은 비비 잡에게 장난을 걸고 있다.

찬 젊은 수컷 비비도 있었고 피피가 여섯 살 때쯤 여러 번 잠깐씩 함께 놀던, 이제는 거의 다 자란 수컷 비비도 있었다. 하지만 이들의 관계는 몇 주 이상 지속되지 못했으며 그들은 서로 우연히 만났을 때에만 함께 놀았다. 그러나 이전에도 언급했듯이, 길카와 고블리나의 우정은 거의 일년 동안 지속되었고 그 둘은 분명히 서로 같이 있고 싶어했다.

어느 날 휴고와 나는 침팬지 비명과 비비의 으르렁거리는 소리를 듣고 키 큰 나무 근처로 달려갔다. 두 마리의 어른 수컷 침팬지가 갓 죽은 새끼 비비 시체를 가지고 있었다. 우리는 침팬지 행동을 지켜보느라 너무 정신이 없어 크게 울부짖으며 침팬지에게 달려들고 있는 엄마 비비에 미처 신경을 쓰지 못했다. 그러나 우리는 그 엄마 비비가 누구인지 알았을 때 더 이상 그 장면을 지켜볼 수가 없었다. 그것은 고블리나였다. 침팬지들이 그녀의 첫아기를 죽였던 것이다.

약 30분 후 고블리나는 살생의 현장에 같이 있었던 한 수컷 비비와 함께 떠났다. 후에 고블리나는 여전히 그 젊은 수컷 비비와 함께 돌아왔고, 침팬지 쪽을 쳐다보며 언덕 윗쪽에 앉았다. 고블리나는 아주 자주 마치 고뇌의 부르짖음처럼 들리는 낮은 음조의 으르렁거림을 토해 냈다. 그곳에 한 십 분 정도 있다가 그녀는 다시 떠나갔다. 침팬지들이 그곳에 있던 네 시간 동안, 그녀는 혼자서 세 번을 더 들렀다. 세 시간 후 그녀는 혼자 황량한 살생의 장소로 다시 돌아왔고 몇 분마다 처량하게 들리는 소리를 내뱉었다.

일년 후 길카의 소꿉친구는 다행히 튼튼하게 자란 두번째 아기를 데리고 있었으며 그 아기 역시 어린 침팬지들과 많은 놀이를 즐겼다. 우리는 그 아기가 길카와 그 자매들에게 좋은 놀이 친구가 되기를 바랐지만, 그는 어떤 의미로는 고블리나의 첫번째 아기보다 더 비참한 운명을 맞게 되었다.

죽음

겨우 4주밖에 되지 않은 올리의 새 아기가 갑자기 아프기 시작했다. 나는 그 아기가 태어났다는 소식을 들었을 때 아주 흥분했었다. 그의 누나인 길카가 과연 피피가 동생 플린트에게 그랬던 것처럼 그 아기에 매료될 것인가? 또 그렇다면 올리가 어떻게 행동할 것인가? 새끼가 태어났을 때 나는 곰비에 없었지만, 한 달 후 곰비에 돌아온 어느 저녁 올리가 아기를 한 팔로 부축한 채 캠프로 천천히 걸어오는 것을 보았다. 올리가 움직일 때마다 아기는 아픈 듯 큰 소리로 꺽꺽거리며 가까스로 올리에게 매달려 있었다. 이번에는 이 손이, 다음에는 저 발이 올리의 품에서 미끄러져 내려 대롱거렸다.

올리가 앉아 바나나를 먹고 있는 동안 길카가 엄마의 털을 손질해주었나. 플린트가 아주 작은 아기였던 2년 전에 피피가 그랬듯이, 길카가 어린 동생의 손에 가까이 다가가려 애쓰는 것을 여러 번 본 적이 있다. 그러나 이번에는 올리가 평소와 달리 길카의 손을 밀쳐내지도 않았고 그가 아기의 머리와 등의 털을 손질하도록 허락하고 있었다.

다음날 아침 그 아기가 정말 많이 아프다는 것이 확실해졌다. 사지를 축 늘어뜨린 채 올리가 한 걸음 옮겨놓을 때마다 비명을 지르곤 했다. 올리가 앉아 조심스럽게 아기의 사지가 깔리지 않도록 하는 동안 길카가 어미 곁에 바싹 다가와 아기를 바라보고 있었다. 그러나 아기를 만지려고 하지는 않았다.

올리는 바나나 두 개를 먹고 계곡을 따라 출발했고 나와 길카가 그 뒤를 따랐다. 올리는 몇 미터 정도 이동할 때마다 아기의 울음소리가 걱정되는 듯 앉아서 꼭 껴안아 얼러주었다. 아기가 잠잠해지면 다시 움직였지만, 이내 또 울어대는 통에 다시 앉아서 돌보아야 했다. 거의 30분 동안 100미터도 채 가지 못한 올리는 나무 위로 올라갔다. 올리는 다시 앉으며 아기의 축 늘어진 사지를 들어올려 무릎 위에 뉘였다. 엄마를 따라온 길카는 다시 동생을 물끄러미 바라보았고, 이내 엄마와 딸은 서로의 털을 고르기 시작했다. 아기는 울음을 멈추었고, 올리는 가끔씩 아기의 머리털을 손질해주는 것 외에는 더 이상 관심을 보이지 않았다.

우리가 거기 머문 지 15분쯤 지나자 갑자기 소나기가 퍼부어 나는 그들을 거의 볼 수 없게 되었다. 30분이나 계속된 비로 그 아기는 틀림없이 죽었거나 의식을 잃었던 것 같다. 그 후 올리가 그 나무를 떠날 때 아기는 더 이상 소리를 내지 않았고 아기의 머리는 팔다리처럼 축 늘어져 덜렁거리고 있었다.

나는 올리가 아기를 대하는 태도가 갑작스레 돌변한 것을 보고 매우 놀랐다. 전에 젊고 미숙한 어미가 제 새끼가 죽은 하루 뒤에도 마치 새끼가 살아 있다는 듯이 가슴에 품고 어르는 것을 본 적이 있

올리의 아기가 소아마비의 첫 희생자였다.

다. 그러나 올리는 아기를 한 손으로 대충 붙잡은 채 나무에서 내려왔고, 땅에 내려서서는 시체를 어깨에 둘러멨다. 아기가 죽었다는 것을 알고 있는 것처럼 보였다. 아마 아기가 더 이상 움직이거나 울지 않았기 때문에 올리의 모성 본능이 더 이상 작용하지 않은 것이리라.

다음날 올리는 새끼의 시체를 어깨에 메고 길카와 함께 캠프로 왔다. 올리가 앉을 때면 가끔 시체가 땅바닥에 세게 떨어졌다. 때때로 올리는 앉으며 시체를 사타구니에 놓았고, 서 있을 때는 한 손으로 혹은 한 발로 집어들고 있었다. 보기에도 끔찍한 광경이었다. 다른 젊은 암컷들이 다가와 올리를 쳐다보고 있었다. 비비 몇 마리도 쳐다보고 있다. 올리는 그들을 모두 무시해 버렸다.

결국 올리는 캠프를 떠나 맞은편 산등성이로 올라갔다. 나와 길카는 그녀를 따라갔다. 올리는 멍한 듯 좌우를 살피지도 않고 숲으로 난 좁은 길을 따라 터벅터벅 걷기만 했다. 올리는 시체를 목 뒤에 매단 채 산 중턱까지 올라가서는 주저앉았다. 시체는 올리 옆으로 미끄러져 땅에 떨어졌고 올리는 그것을 잠시 흘끗 보더니 이내 무시하였다. 올리는 단지 허공을 응시하며 앉아 있었고, 이따금씩 잽싸게 몰려드는 파리를 쫓으며 거의 30분이나 움직이지 않았다.

마침내 길카가 아기와 놀 시간이 왔다. 관찰하는 것도 쉽지 않은 일이었다. 이미 시체는 냄새가 나기 시작했고, 얼굴과 배는 녹색을 띠고 있었으며 눈은 크게 열려 흐릿하게 허공을 바라보고 있었다. 흘끔흘끔 엄마와 아기의 얼굴을 번갈아 쳐다보던 길카는 이내 시체를 자기 쪽으로 끌어당겼다. 그리고는 조심스럽게 시체의 털을 고르더니, 자기 쇄골과 목 사이에 있는 간지럼 타기 쉬운 곳에다가 시체의 한쪽 손을 끌어다 대고는 흐릿하게나마 놀이를 하는 표정을 지었다. 우리는 늙은 올리가 다시 새끼를 낳은 일이 길카를 위해 잘 됐다고 생각했지만, 길카는 항상 운이 없었다. 길카는 이내 엄마를 흘끔 쳐다본 뒤 동생의 시체를 조심스레 들어올려 가슴에 꼭 껴안았다. 그때서야 올리는 제정신이 돌아온 듯했다. 올리는 시체를 낚아채 다시 한번 더 땅바닥에 떨어뜨렸다.

올리는 그냥 온 길을 되짚어 캠프로 터벅터벅 걸어갔다. 그곳에서 바나나 두 개를 먹고 앉아 허공을 응시하고 있다가 계곡을 향해 떠났다.

그 후 세 시간 동안 나는 그 작은 가족을 따라다녔다. 10분 정도마다 올리는 앉거나 누웠고, 길카는 동생의 시체에 털고르기를 하거나 같이 놀려고 했다. 올리는 내가 있다는 사실이 끝내 께름직했는지 어깨너머로 나를 흘끔거리며 다시 바삐 움직였다. 올리는 빽빽한 덤불로 향했고, 나는 따라가려고 했지만 포기할 수밖에 없었다.

그 습하고 찌는 공기 속에서 시체 냄새를 맡으며 파리 떼에 뒤덮인 채 뒤엉킨 덤불을 헤치며 그녀를 따라가는 걸 포기하길 잘했다는 생각이 든다. 다음날 오후 올리와 길카는 시체 없이 캠프에 왔다. 결국 올리는 계곡 어딘가에 시체를 버린 것이다.

올리의 새끼가 그 당시 침팬지 군집을 덮쳤던 무시무시한 마비성 질병의 첫 희생자라는 사실을 알았다면, 나는 절대 그 가족의 뒤를 따라가지 않았을 것이다. 그때 나는 임신 중이었다. 그러나 그 후 2주일이 지나 다른 희생자가 나타날 때까지 우리는 전혀 의심조차 하지 않았다. 나중에 우리는 키고마 자치구의 아프리카인들을 통해 소아마비가 발병했다는 사실을 알게 되었다. 침팬지는 대부분의 인간 전염병에 민감하며 소아마비에 감염될 수 있다는 것이 알려져 있었기에 우리는 침팬지들을 괴롭히던 질병이 소아마비라는 것을 거의 확신했다. 병에 걸렸다는 두 사람을 추적해 보니 우리 구역에서 남쪽으로 16킬로미터쯤 떨어진 동네에 살고 있었다. 공원 밖이었지만 실제로 침팬지들이 자주 드나드는 계곡 안에 있는 마을이었다. 아마도 침팬지들이 처음 소아마비에 감염된 것은 그곳이었고 병이 북쪽으로 퍼져 우리 침팬지 집단에까지 영향을 준 것 같았다.

그 질병이 소아마비일 것이라는 사실을 알고 나서 휴고와 나, 그리고 내 연구 조교인 앨리스 포드Alice Ford는 소아마비 백신 접종 과정을 완전히 마치지 않았다는 것에 겁이 났다. 우리는 나이로비에 무전을 쳐서 루이스와 교신을 했다. 그는 우리와 아프리카인 동료들, 그리고 침팬지들에게까지 접종할 충분한 백신을 키고마에 공수해주있다. 우리는 그 병이 우리 침팬지 집단에 얼마나 영향을 줄지 알지 못했다. 우선 건강한 침팬지들에게만이라도 접종하여 전파를 막는 것이 중요하다고 생각했다.

나이로비에 있는 파이저 연구소 Pfizer Laboratories에서는 고맙게도 우리에게 경구 백신을 충분히 제공해주었고 우리는 그것을 바나나에 주입하였다. 한 마리당 매달 세 방울씩 석 달에 걸쳐 복용하도록 되어 있었다. 대부분 그 바나나를 거부감 없이 먹었으나, 몇 녀석은 한입 베어 물더니 이내 뱉어 버렸다. 사람한테 그 정도는 전혀 느껴지지 않는데도 말이다. 이런 신경질적인 녀석들을 위해서 우리는 바나나 하나에 백신을 한 방울씩 넣어 세 개를 준비해야 했다. 또 서열이 높은 녀석들에게도 신경을 써야 했다. 놈들은 서열이 낮은 녀석들의 것까지 빼앗아 먹었기 때문에 한 달에 먹어야 할 백신의 두 배를 먹기도 했기 때문이다.

나는 그 몇 개월이 내가 이제까지 살아온 날들 중에서 가장 암담했던 시간이었다고 생각한다. 어떤 침팬지가 급식소를 찾아오지 않을 때마다 우리는 녀석을 다시 볼 수 있을지, 혹은 절뚝거리며 나타나지는 않을지 걱정했다. 우리 집단에서 열다섯 마리의 침팬지가 감염되었고 그중 여섯이 죽었다. 운 좋게 작은 장애만 입고 살아남은 침팬지도 있다. 길카는 한쪽 손을 부분적으로 못쓰게 되었고 멜리사는 목과 어깨가 마비되었다. 튼튼하던 젊은 수컷 페페와 페이븐은 잠시 사라졌다가 못쓰게 된 한쪽 팔을 질질 끌고 다시 나타났다. 오랫동안 보이지 않던 청소년기 수컷 하나가 양팔을 못쓰게 된 채 앉은뱅이처럼 몸을 질질 끌고 돌아왔다. 녀석은 입술이 닿는 곳에 있는 것만 아주 조금씩 뜯어먹을 수 있을 뿐이었고, 닳아빠진 털가죽만 뼈대에 걸쳐진 몰골이었다. 우리는 결국 녀석을 안락사시켰다. 그리고 우리가 그리도 좋아하던 뚱뚱하고 법석떨기를 좋아하는 제이비처럼 사라져 버린 다른 희생자들에 대해서는 쓸쓸한 죽음을 상상할 수밖에 없었다. 그러나 맥그리거 씨의 병은 지금도 우리를 악몽처럼 괴롭힌다.

　꽤 늦은 저녁 무렵 휴고가 높게 자란 풀숲 너머로 주변을 뚫어져라 쳐다보고 있었다. 그는 곧 나지막하게 근심스런 울음소리를 내며 캠프 아래의 낮은 관목숲 쪽으로 조심스레 이동하는 플로, 피피, 플린트를 발견했다. 우리는 무슨 일이 일어나는지 보려고 급히 내려갔다. 우리는 제일 먼저 들끓는 파리 떼를 보았다. 덤불 가까이 있는 가지와 잎들마다 푸른색과 황록색을 띤 파리들이 우글거렸고 우리가 다가가자 성난 듯 윙윙거렸다. 우리는 다가가며 어떤 동물의 주검이 있겠거니 생각했다. 그러나 거기에는 맥그리거 씨가 있었고 아직 살아 있었다. 그는 땅에 앉은 채로 손을 뻗어 머리 위의 덤불에 매달린 작은 자주색 산딸기를 입에 털어 넣고 있었다. 그가 다른 열매 뭉치에 손을 뻗치려 했을 때에야 비로소 우리는 무슨 일이 일어났는지를 알게 되었다. 이 늙은 수컷은 딸기 열매를 바라보며 낮은 가지를 잡고 땅바닥에서 제 몸을 질질 끌고 있었다. 그 뒤로 두 다리가 힘없이 끌려오고 있었다. 다시 자리를 옮기려 할 때마다 그는 앉은 채로 양손을 뒤로 짚고 몸을 끌어당겼다.

　플로와 가족들은 곧 떠났지만 휴고와 나는 완전히 어두워질 때까지 거기 있었다. 놀랍게도 맥그리거 씨는 유일하게 멀쩡한 양팔만으로도 낮은 나뭇가지 쪽으로 자기 몸을 끌어당길 수 있었다. 그는 몸을 높이 끌어올리더니 손수 작은 잠자리를 만들었다. 그가 기어올라가는 동안 우리는 파리 떼가 몰려드는 이유를 알 수 있었다. 맥그리거 씨는 이미 방광의 괄약근이 말을 듣지 않아 나무를 기어오를 때마다 못쓰게 된 나리 사이로 오줌을 실실 흘리고 있었다. 또 애써 먼 캠프로 몸뚱이를 끌고 돌아오느라 엉덩이가 여기저기 까져서 피가 줄줄 흐르고 있었다. 다음날 아침 우리는 맥그리거 씨의 자취를 따라갔다. 밟혀서 납작해진 수풀 길이 50미터 가까이 개울로 나 있었고 거기서부터 두 배도 더 될 법한 맞은편 산등성이 협곡까지 이어져 있었다.

그 후 열흘 동안은 마치 10년처럼 느껴졌던 정말 악몽과 같은 시간이었다. 우리는 그의 못쓰게 된 다리에 조금이나마 생명력이 남아 있기를 바랬지만 그는 발가락 하나도 움직이지 못했다. 이 기간 동안 그는 급식소를 벗어나지 못했다. 아침에는 대개 열한시 넘게까지 잠자리에 누워 있었다. 그리고 나서 천천히 땅으로 내려와 한 30분 가량 앉아서 여기저기 둘러보다가는 가끔씩 제 몸의 털을 손질했다. 그런 후 몸을 몇 미터쯤 끌고 가서 낮은 데 매달린 먹이를 따먹었다.

우리는 그가 이동하는 데 또다른 방법을 사용하고 있는 것을 알았다. 머리를 발뒤꿈치에 박고 서툴기 짝이 없게 공중제비를 넘는 방법이었다. 처음 이것을 보았을 때 우리는 그의 넓적다리에 아직 쓸 만한 근육이 남아 있는지 알고 매우 기뻐했다. 그러나 곧 그것이 병들어 죽어 버린 무거운 다리와 몸을 땅에서 일으키는, 믿을 수 없는 팔 힘일 뿐이라는 것을 알게 되었다. 주위에 손으로 쥐고 버틸 수 있는 풀이나 나무 뿌리가 있을 경우에만 이런 방식으로 움직일 수 있었던 것이다.

그는 대개 네시 반쯤 되면 잠자리로 돌아갔다. 병을 앓는 동안 세 군데에 잠자리를 만들었는데 그나마 두 개는 같은 나무 위에 있었다. 병에 처음 걸렸을 무렵 우리는 그가 세 그루의 나무에 올라가기 시작하는 것을 보았다. 그러나 어느 하나도 그 몸으로는 올라갈 수가 없었다. 갖은 애를 쓴 후에야 낮은 가지에 올라갔지만 곧바로 또 힘들게 땅으로 내려와야 했다.

당연히 우리는 그를 도우려 했다. 처음에 그는 우리가 지나치게 가까이 가는 것을 꺼려하여 한 팔을 치켜올리고 가볍게 짖어대며 위협하기도 했다. 그러나 이틀이 지나자 우리가 도와주려는 것을 알았는지 우리는 누워 있는 맥그리거 씨의 입에 스펀지로 물을 짜 넣을 수 있게까지 되었다. 우리는 잎으로 된 작은 바구니에 바나나와 야자 열매 그리고 모을 수 있는 야생 먹이들을 담아서 긴 나뭇가지의 끝에 매달아 그의 잠자리에 밀어 넣어 주었다. 아침에 그가 잠자리를 떠날 때면 우리는 나무에 올라가 잠자리를 청소해주었다. 물론 그가 더 이상 한쪽으로 비켜 배변할 수 없기 때문이었다.

우리는 곧 맥그리거 씨가 몰려드는 파리 떼 때문에 주의가 산만해진다는 것을 알게 되었고, 그래서 그에게 찾아갈 때마다 파리약을 가지고 가서 온 사방에 뿌려 주었다. 그때마다 메스껍게도 살이 피둥피둥한 파리들이 천 마리는 족히 죽어 나갔다. 맥그리거 씨는 처음에는 잔뜩 겁에 질려 있었지만, 곧 무슨 일이 벌어지고 있는지를 이해한 듯 기꺼이 받아들였다.

그 비극적인 사건에서도 가장 비극적이었던 것은 병들어 마비된 그 수컷에 대한 다른 침팬지들의 반응이었다. 그들은 처음에는 틀림없이 그의 괴상망측한 모습에 놀랐을 것이다. 소아마비에 걸린 다른 침팬지들이 캠프에 처음 나타났을 때에도 같은 일이 벌어졌다. 예를 들어 페페가 급식소까지 이르는 가파른 언덕을 비틀거리며 올라와서는 못쓰게 된 팔을 질질 끌면서 쭈그려 앉았을 때, 먼저 급식소에 와 있던 침팬지들은 잠시 페페를 바라보다 공포에 질려 이빨을 드러냈지만 그 불쌍한 불구자를 쳐다보며 이내 서로를 껴안고 토닥거리며 안심시켰다. 페페는 확실히 그 공포의 대상물이 자기 자신이라는 것을 모르는 채, 더욱더 공포에 질린 표정으로 동료들을 겁나게 하고 있는 것이 무엇인지 찾는 듯 자기 어깨너머를 바라보았다. 다른

죽음 343

침팬지들은 서서히 안정을 되찾았다. 하지만 이따금 페페를 쳐다보기만 할 뿐 어느 누구도 가까이 다가오지 않았고 결국 페페는 비틀거리며 홀로 떠나갔다. 다른 침팬지들은 점차 페페의 모습에 익숙해졌고, 페페의 다리 근육도 페이븐이 그랬던 것처럼 서서 걷기에 충분할 정도로 튼튼해졌다.

맥그리거 씨는 누가 보아도 상태가 훨씬 안 좋았다. 그는 비정상적인 자세로 걸어야 했을 뿐 아니라, 오줌 냄새와 피가 흐르는 궁둥이, 게다가 주위에 붕붕거리는 파리 떼까지 끌고 다녔다. 캠프로 돌아온 첫 아침에 그는 급식소 아래쪽의 높게 자란 수풀 속에 앉아 있었는데, 어른 수컷들이 차례로 그에게 털을 세운 채 다가오더니 물끄러미 바라보다 그 주위에서 과시행동을 하기 시작했다. 골리앗은 실제로 일격을 가했다. 골리앗이 등을 가격할 때마다 도망치거나 방어할 힘이 없는 이 병든 늙은 수컷은 공포로 일그러진 얼굴로 그저 움츠리기만 할 뿐이었다. 다른 수컷이 털을 빳빳이 곤두세운 채 커다란 나무 막대기를 들고 맥그리거 씨에게 다가갔을 때, 휴고와 나는 맥그리거 씨 앞을 막아섰다. 다행히도 과시행동을 하던 수컷은 비켜섰다.

이삼 일이 지나자 다른 녀석들도 맥그리거 씨의 낯선 몰골과 괴상한 행동거지에 익숙해졌지만, 항상 그로부터 멀찍이 떨어져 있었다. 어느 날 오후 그 열흘 중에서도 가장 끔찍했다고 서슴없이 말할 수 있는 일이 일어났다. 여덟 마리의 침팬지 무리가 한 나무 위에 모여들어 서로의 털을 고르고 있었고, 맥그리거 씨는 거기서 50미터 정도 떨어진 곳에 있는 자기 잠자리에 누워 있었다. 맥그리거 씨는 침팬지들을 바라보면서 가끔 가볍게 툴툴거렸다. 침팬지들은 서로의 털을 골라 주며 시간을 가장 많이 보내는데, 이 늙은 수컷은 병 때문에 이 중요한 사회적 접촉에서 완전히 제외되었던 것이다.
 결국 그는 잠자리에서 몸을 질질 끌고 땅으로 내려온 후 다른 침팬지들과 합류하기 위해 긴 걸음을 옮겼다. 마침내 침팬지들이 있는 나무에 도착하자 맥그리거 씨는 그늘에서 잠시 쉬었다. 그리고 나서 곧 다시 마지막 안간힘을 다해 몸을 나무 위로 끌어올려 가장 가까운 곳에서 털을 고르고 있는 두 마리 수컷에게 다가갔다. 크게 환희의 소리를 지르며 그는 인사를 하려 손을 내밀었다. 그러나 손을 잡아주기커녕 그들은 뒤도 안 돌아보고 달아나더니 맥그리거 씨를 흘끗 쳐다본 후 다시 서로의 털을 고르기 시작했다. 거의 2분 동안 늙은 맥그리거 씨는 꼼짝 않고 앉아서 그들을 바라보았다. 그러고는 힘을 들여 다시 나무 아래로 내려왔다. 그가 거기에 혼자 앉아 있는 것을 보니 눈시울이 뜨거워졌다. 나무 위에 앉아 털고르기를 하고 있는 수컷들을 바라보자니 그 어느때보다 침팬지들이 미웠다.
 여러 해에 걸쳐 휴고와 나는 공격적인 수컷 험프리가 맥그리거 씨의 동생이 아닌가 의심했었다. 둘은 종종 같이 여행을 다니기도 했고 험프리가 다른 놈들에게 공격을 받거나 위협을 받고 있을 때면 맥그리거 씨가 재빨리 달려와 도와주기도 했다. 맥그리거 씨의 생애 마지막 며칠 동안 우리는 이 두 수컷이 형제라는 것을 확신하게 되었다. 가족이 아니라면 그때의, 그리고 그 이후의 험프리의 행동을 설명할 수 없을 것이다.
 그 기간 내내 험프리는 맥그리거 씨로부터 100미터 이상 떨어져 있지 않았다. 물론 그가 맥그리거 씨의 털을 손수 고르지는 않았지만 말이다. 가끔 험프리가 계곡을 가로질러 먹이를 구하러 가긴 했지만, 한 시간쯤 지나면 곧 돌아와 몸이 마비된 친구 가까운 곳에 앉아 쉬거나 제 몸의 털을 고르곤 했다. 캠프로 돌아온 첫날, 맥그리거 씨는 꽤 높은 나무에 올라가 잠자리를 만들었다. 갑자기 골리앗이 맥그리거 씨 주위에서 나뭇가지를 휘두르며 과시행동을 하기 시작했다. 이는 점점 격렬해졌고 골리앗은 결국 맥그리거 씨의 머리며 등을 마구 때려댔다. 맥그리거 씨는 점점 더 큰 비명을 지르며 흔들리는 나뭇가지를 꼭 붙들고 있었다. 결국 자포자기하듯 맥그리거 씨는 스스로 나무에서 땅바닥으로 떨어지더니, 천천히 몸을 끌고 멀리 달아나려 했다. 그러자 평소에는 골리앗이라면 두려워 치를 떨던 험프리가 나무에 껑충 뛰어올라 자기보다 서열이 훨씬 높은 골리앗에게 과시행동을 하며 한동안 공격을 하는 것이었다. 정말 믿을 수 없는 일이었다.

하루는 맥그리거 씨가 먹이를 먹고 있는 침팬지 무리에 합류하려고 급식소로 향한 이삼십 미터나 되는 아주 가파른 경사면을 간신히 기어오르고 있었다. 다행히 우리는 그에게 상자 하나를 줄 수 있었고, 그 덕분에 그는 잠시나마 무리에 낄 수 있었다. 다른 놈들이 계곡으로 떠나갈 때 맥그리거 씨도 따라가려 했다. 그러나 배를 질질 끌건 몸을 끌며 뒤로 가건 힘겹게 공중제비를 돌건, 그는 겨우 아주 천천히만 움직일 수 있었고 그 사이 다른 침팬지들은 시야에서 사라져 버렸다.

5분이 지나자 험프리가 돌아오는 것이 보였다. 몇 분간 그는 맥그리거 씨가 다가오는 것을 지켜보더니 다시 몸을 돌려 침팬지 무리를 따라갔다. 험프리는 또 한번 돌아와 맥그리거 씨를 기다렸다. 이번에는 주저하는 암컷을 따라오게 하는 것처럼 맥그리거 씨 앞에서 풀을 흔들어대기까지 했다. 결국 험프리는 무리를 따라가는 일을 포기하고 관측소 바로 밑 맥그리거 씨의 잠자리 가까운 곳에 자기 잠자리를 만들었다.

열흘째 되던 날 밤 우리가 맥그리거 씨의 저녁거리를 가지고 내려갔을 때 맥그리거 씨는 잠자리에도 없었고 풀숲에도 없었다. 잠시 후 우리가 그를 발견했을 때 그의 한쪽 팔이 탈골되어 있었다. 아침이 되면 우리는 그 늙은 친구를 죽여야 할 것을 알고 있었다. 모두 그 사실을 이전부터 알고 있었지만 우리는 기다렸고 기적을 바랬다. 나는 그와 잠시 같이 있었다. 어둠이 내려앉자 그는 머리 위에 있는 나무를 더 자주 올려다보았다. 그는 틀림없이 잠자리를 만들고 싶은 것이었다. 나는 그에게 수풀을 한 더미 꺾어다 주었다. 즉시 그는 그 위로 올라가더니 몸을 누이고 한 손과 턱으로 가지를 꺾어 눌러 폭신한 베개를 만들었다.

그날 밤 나는 그를 보기 위해 다시 내려갔다. 그는 내 목소리를 듣고는 1미터쯤 떨어진 잠자리로 들어가서 나와 밝은 전등에 등을 돌린 채 눈을 감았다. 우리가 그의 신뢰를 얼마나 얻었는지를 단적으로 보여주는 일이었다. 다음날 아침 그가 가장 좋아하는 달걀 두 개에 기뻐하고 있는 동안 우리는 그를 더 행복한 곳으로 보내 주었다.

우리는 다른 어떤 침팬지도 그 시체를 보지 못하게 했다. 한동안 험프리는 자신의 늙은 친구를 다시는 만날 수 없다는 사실을 깨닫지 못한 듯 보였다. 거의 여섯 달 동안 험프리는 맥그리거 씨가 마지막 며칠을 보낸 그 장소에 찾아와 이 나무 저 나무에 올라가 사방을 둘러보고 기다리며 들려오는 소리에 귀를 기울였다. 이 기간 동안 험프리는 계곡으로 떠나는 다른 침팬지들과 거의 어울리지 않았다. 그는 가끔 그 무리들과 잠깐 같이 가기도 했지만 몇 시간 내에 다시 돌아와 늙은 맥그리거 씨를 기다리는 듯 앉아서 계곡을 바라다보며 자기의 목소리와 비슷했던, 이제는 영원히 침묵해 버린 때론 시끄럽게 들렸던 그 깊은 목소리가 들려오기를 바라고 있었다.

죽음

어미와 자식

다섯 살 난 멀린은 소아마비의 첫 희생자들 중 하나였다. 비록 우리가 아주 좋아했던 쾌활하고 장난을 잘 치는 어린 침팬지들 중 하나였지만 우리는 멀린이 죽었을 때 차라리 다행이라 여겼다. 왜냐하면 멀린은 그 당시 이미 너무 야위고 쇠약하고 힘이 없는 비참한 모습이 되어 버렸기 때문이었다. 이야기를 처음부터 풀어보자.

멀린이 아직 나이 든 엄마 마리나의 젖을 빨며 등에 올라타 다니고 밤에는 함께 잠을 자던 세 살 무렵, 그 둘은 급식소에 더 이상 찾아오지 않았다. 멀린의 여섯 살 난 누나 미프는 계속 규칙적으로 급식소를 찾아오고 있었다. 전에는 미프가 항상 엄마와 어린 동생과 함께 다녔기 때문에 우리는 마리나와 멀린이 죽은 모양이라고 생각했다. 석 달이 막 지났을 즈음 멀린이 열세 살 난 맏형 페페를 따라 캠프에 나타났다. 그는 배만 팽팽하게 부른 채 말라 보였고, 오랫동안 잠을 자지 못한 것처럼 눈만 퀭하게 커져 있었다. 그의 엄마에게 무슨 일이 벌어졌는지, 죽은지 얼마나 되었는지는 아무도 모른다. 어쨌든 그 후 우리는 다시는 그녀를 보지 못했기 때문에 그녀가 죽은 것은 거의 틀림없어 보였다.

멀린이 돌아왔을 때, 급식소에 모여 있던 침팬지들도 그를 오랫동안 보지 못했던 모양이었다. 그들은 앞을 다투어 멀린을 껴안아주고 입맞추고 토닥거리며 환영했다. 멀린은 바나나 몇 개를 집어먹은 다음 그의 맏형 가까운 곳에 아무렇게나 주저앉았다. 그 날 아침 늦게 미프가 나타났다. 그녀는 곧장 멀린에게 달려갔고, 두 남매는 서로 털을 다듬어주기 시작했다. 멀린은 아주 잠깐 동안만 미프의 털을 손질해주었지만 미프는 부지런히 그리고 정성을 다해 15분이 넘도록 멀린의 털을 손질했다. 미프는 떠나면서도 어깨너머로 멀린을 자꾸 돌아다 보았고, 마치 엄마가 아이를 기다리는 것처럼 그가 뒤쫓아올 때까지 기다렸다.

그때부터 미프는 온 힘과 정성을 기울여 어린 동생을 키웠다. 어디를 가든 미프는 멀린을 기다려 주었고, 밤에는 자기와 함께 잠자리를 쓰도록 했으며, 엄마 마리나가 해주었을 만큼 자주 멀린의 털을 손질해주었다. 멀린이 돌아온 처음 며칠간 미프는 때때로 그가 등에 올라타는 것조차 내버려두었다. 하지만 그 후에는 멀린이 등 위에 올라타려 하면 밀쳐냈다. 아마도 미프의 다리가 야위어서 멀린이 너무 무거웠을 것이다. 페페는 마리나가 살아있을 때보다 더 자주 막내동생 곁에 있는 듯했다. 추측컨대 엄마를 잃어버린 멀린이 엄마 대신 그를 따랐기 때문일 것이다. 그리고 페페는 무리가 술렁거릴 때마다 멀린의 보호막이 되어주곤 했다.

그렇게 몇 주가 지나면서 멀린은 서서히 야위어갔다. 눈은 움푹 패여 들어갔고 털은 무디고 뻣뻣해졌다. 점점 더 무기력해졌고 다른

고아가 된 멀린은 여전히 충격에서 벗어나지 못하고 신경질적이었다.

어린 침팬지들과 함께 노는 횟수도 점점 줄어갔다. 다른 면에서도 그의 행동은 변하기 시작했다.

어느 날 멀린이 미프와 함께 서로의 털을 고르고 있을 때, 침팬지 한 무리가 숲길을 따라 다가왔다. 앞장서서 그 무리를 이끌고 온 험프리가 도착해 과시행동을 하려고 헐떡이며 우우거리자, 미프는 즉시 일어서서 나무 위로 재빨리 피신했다. 가까운 곳에 있던 다른 두 마리의 암컷들도 길을 비켜섰지만, 멀린은 복종의 표시로 헐떡이며 툴툴거리는 소리를 내며 험프리 쪽으로 뛰어가기 시작했다. 이미 과시행동을 시작한 험프리는 멀린에게 곧장 달려가더니 멀린의 한 팔을 붙잡고 몇 미터나 땅에 질질 끌고 다녔다. 험프리가 가 버린 다음 멀린은 비명을 지르며 미프에게 달려가 끌어안았다. 그는 마치 어른들의 공격이 임박했다는 신호를 아직 접해 보지 못한 어린 아기처럼 행동했던 것이다. 그렇지만 그전에는 멀린도 다른 보통 세

살배기처럼 그런 신호에 항상 재빨리 그리고 적절하게 반응했었다.

사실 이 사건은 멀린의 사회적 반응이 뚜렷이 악화되었음을 보여주는 서곡일 뿐이었다. 그 뒤에도 멀린은 과시행동을 하는 수컷을 보고 달아나기는커녕 그 앞으로 달려가는 바람에 질질 끌려 다니거나 흠씬 얻어맞기 일쑤였다. 네 살이 되었을 때 멀린은 그 또래의 다른 침팬지들보다 훨씬 순종적으로 되었다. 끊임없이 어른들에게 다가가 엉덩이를 보였고 몸을 웅크리거나 헐떡이고 툴툴거리며 비위를 맞추곤 했다. 한편으로는 그 나이 또래에 비하여 너무 공격적이기도 했다. 한 살 아래인 플린트가 다가와 함께 놀려고 하면 멀린은 몸을 웅크리거나 등을 돌리기도 했지만 그를 난폭하게 쳐서 끙끙거리며 도망가게 한 적도 많았다. 이렇게 놀이가 줄어든 만큼 멀린은 그 나이에 비해 나이 든 침팬지들, 특히 누나의 털을 더 자주 그리고 더 오랫동안 고르기 시작했다.

엄마가 죽은 지 일년 후 멀린의 행동은 매우 비정상적으로 변해버렸다. 때로 그는 꼭 박쥐처럼 발로 나뭇가지를 붙잡고 거꾸로 매달린 채 몇 분 동안 거의 꼼짝도 않곤 했다. 어떨 때는 두 팔로 무릎을 감싸안고 등을 구부린 채 먼 곳을 응시하는 듯 눈을 크게 뜨고 몸을 좌우로 흔들며 앉아 있곤 했다. 그는 또 혼자서 털을 고르며 많은 시간을 보냈는데, 그럴 때에는 털을 하나씩 뽑아서 그 뿌리를 씹어보고 내버리는 일을 되풀이하였다.

우리가 관찰한 가장 이해하기 어려운 행동 중 하나는 흰개미 낚시철에 멀린이 도구를 사용하는 것이었다. 우리는 예전에 나이 든 암컷들이 그렇듯이 마리나가 줄잡아 몇 시간을 흰개미 낚시로 보내는 동안 그 주위에서 놀고 있던 두 살 난 멀린을 종종 관찰할 수 있었다. 때로 멀린은 주의 깊게 엄마를 지켜보곤 했고, 한번은 잔가지를 집어들어 마치 아기가 처음으로 숟가락을 쥐듯이 그것을 잡고는 흰개미집의 표면을 쑤시기도 했다.

 엄마가 죽은 바로 다음해에 그의 도구 사용 능력은 향상되었지만 세살배기에서 볼 수 있을 법한 것이 고작이었다. 거의 언제나 그는 어른들이 쓰는 3미터 길이에 비해 너무 짧은 1미터도 채 안 되는 잔가지나 풀줄기를 골랐고, 자신의 보잘것없는 도구를 어설프고 서투르게 매만지며 흰개미집의 입구에 나름대로 열심히 쑤셔 넣었다. 하지만 그 즉시 풀줄기를 홱 잡아 빼냈기 때문에 흰개미 한 마리가 간신히 매달렸다가도 떨어지지 않을 수 없을 지경이었다. 한번은 작은 구멍으로 아주 굵은 가지를 밀어 넣은 후 가지가 안 빠지는 통에 곤욕을 겪기도 했다.

 불행히도 나는 그 다음 흰개미 낚시철에는 곰비에 없었기 때문에 멀린이 도구를 사용하는 것을 기록하지 못했다. 다음해, 즉 멀린이 다섯 살이던 해에 나는 그를 몇 번 더 관찰할 수 있었다. 보통 침팬지들은 이 나이 때 풀줄기 도구를 고르고 매만지는 모든 면에서 능숙하다. 그러나 놀랍게도 멀린의 기술은 2년 전 관찰했던 것보다 조금도 나아지지 않았다. 그는 아직도 너무 짧은 도구를 골랐고, 어쩌다 길이가 알맞다 싶으면 흐느적거리거나 뒤틀린 가지였다. 그는 아직도 어른들이 하듯 도구를 조심스레 빼내지 못하고 홱 잡아채고 있었다. 참으로 이상한 일이었다. 미프는 특히 뛰어난 흰개미 낚시꾼이었고 그녀가 흰개미집들을 돌아다니며 사냥할 때 멀린도 함께 많은 시간을 보냈는데도 말이다.

 멀린의 행동 중 싱숙한 깃은 오직 한 가지었다. 두세 살 난 침팬지들은 한 번에 고작 2분 정도 흰개미 낚시를 한다. 잠시 동안 놀거나 돌아다닌 다음에 한 번 더 잠깐 동안 낚시를 한다. 하지만 멀린은 자기보다 다섯 살 위인 침팬지들이 가지는 집중력으로 낚시를 하였다. 한번은 쉬지도 않고 45분 동안 계속한 적도 있었다. 그때 그는 흰개미를 딱 한 마리 잡았는데 그것도 그가 구멍을 넓히려고 할 때 손가락 끝에 붙어 있던 것이었다.

그때쯤 멀린은 너무나 말라 피골이 상접할 지경이었다. 그의 털은 푸석푸석했을 뿐 아니라 혼자 털을 다듬으며 뽑아내는 바람에 팔과 다리에 맨살이 듬성듬성 보일 정도였다. 다른 아이들이 놀고 있을 때에도 그는 완전히 지쳐 버린 것처럼 땅에 뻗어 드러누워 있었다. 그는 확실히 자기보다 어린 플린트보다도 작았다.

짧은 우기가 시작되기 바로 전 우리는 그가 회복되는 것이 아닐까 잠시 의아해 했었다. 그가 다시 놀기 시작했기 때문이었다. 플린트, 고블린, 퐘과 꽤 격렬하게 놀이를 했다. 그러나 놀이 친구 중 하나가 사나워지면 멀린은 여전히 복종의 뜻으로 낑낑대며 웅크리거나 아니면 돌아서서 공격적으로 달려들었다. 이러한 향상에도 불구하고, 우기가 시작되었을 때 우리 모두는 그가 춥고 습한 여섯 달을 견뎌내지 못하리라고 생각했다. 아주 가벼운 소나기에도 멀린은 몸을 떨었고 종종 그의 손과 발은 추위로 새파랗게 되곤 했다. 소아마비가 그의 고통을 끝내 주었을 때 우리가 여러 모로 안심했던 것도 바로 이런 이유에서였던 것이다.

멀린 말고도 고아는 몇 마리 더 있었다. 다른 어린 침팬지 세 마리가 엄마를 잃었고, 그중 둘은 멀린처럼 형이나 누나에 의해 키워졌다. 비틀Beatle은 멀린과 거의 같은 나이에 엄마를 잃었다. 그러나 비틀의 언니는 미프보다 두세 살 정도 많았고 체격도 큰 튼튼한 암컷이었다. 비틀은 큰언니와 함께 다니고 밤이면 함께 잤을 뿐만 아니라 언니의 넓은 등 위에 올라타고 다니기까지 했다.

비틀도 멀린과 비슷한 우울증 증세를 나타냈다. 그녀도 좀 야위었으며, 노는 횟수가 점점 더 줄어들었다. 그러나 멀린이 악화되기 시작하던 때쯤에 비틀은 나아지기 시작했다. 그리고 여섯 살 무렵에 비틀은 같은 또래의 침팬지들과 똑같이 행동하기 시작했다. 다만 멀린이 그랬듯이 그녀도 자기 큰언니에게 아직껏 지나치게 의존하는 것을 제외하면 말이다. 불행히도 이들 두 자매는 원래 캠프에 자주 오지 않는 편이었고 그 이후 그들은 몇 달간 캠프에 나타나지 않았다. 그 후에는 둘 중 언니만 몇 번 혼자 찾아왔다. 우리는 비틀이 살아 남았는지는 알지 못한다.

어떤 면에서는 소레마Sorema가 가장 불행한 고아였다. 왜냐하면 그녀는 엄마가 죽었을 때 한 살을 겨우 넘긴 아기였고 아직 이동, 보호, 그리고 가장 중요한 먹이를 전적으로 엄마에게 의존하고 있었기 때문이다. 아기 침팬지는 두 살을 넘기기 전까지는 딱딱한 것을 먹지 못한다. 엄마를 여읜 후 2주일 동안 일곱 살인 오빠 스니프Sniff가 소레마를 데리고 다녔다. 그 젊은 수컷이 한 손으로 철부지 동생을 가슴에 끌어안고 다니며, 먹이를 씹어서 먹여주고 털을 골라주는 모습은 가슴을 뭉클하게 하는 광경이었다. 그들이 캠프에 왔을 때 소레마는 바나나 몇 개를 먹었다. 그러나 그에게 정말 필요한 건 엄마의 젖이었다. 소레마는 나날이 연약해져 갔고 두 눈만 힘없이 커질 뿐이었다. 그러던 어느 날 아침 스니프는 소레마의 싸늘한 시체를 소중히 감싸 안은 채 급식소로 찾아왔다.

고아 침팬지가 자식을 가져 본 경험이 있는 암컷이 아니라 나이 많은 형이나 누나에 의해서 키워지는 것은 이상한 일이다. 자식을 가져 본 암컷들은 고아를 사회적으로 적절하게 보호할 수 있을 뿐만 아니라 그들에게 젖도 줄 수 있을 텐데 말이다. 신디Cindy의 엄마

스니프는 엄마가 죽자 자기 여동생을 돌보았다.

가 죽었을 때 우리는 세 살 난 신디가 그의 엄마와 자주 함께 돌아다녔던 어른 암컷과 함께 살게 되리라고 기대했었다. 우리는 그들 두 암컷이 아마 자매일 것이라고 생각했기 때문이다. 그러나 그런 일은 일어나지 않았다. 신디가 자기 엄마의 친구와 함께 다닌 적은 한번도 없었다. 혼자 돌아다니거나 우연히 마주친 어떤 무리의 뒤꽁무니를 졸졸 따라다녔다. 그는 엄마가 죽은 후 곧 우울증 증세를 보였고 두 달 후부터는 급식소에 찾아오지 않더니 그 후로 다시는 나타나지 않았다.

왜 세 살 난 침팬지가 자기 엄마를 잃으면 그토록 우울증에 빠지는 것일까? 물론 그 나이의 아기는 아직 어느 정도 엄마의 젖을 필요로 한다. 그러나 그는 두세 시간마다 고작 2분 정도 젖을 빨 뿐이고 다른 어른들과 같이 딱딱한 먹이도 먹을 수 있다. 우리는 아직 이 질문에 대한 답을 모른다. 그러나 멀린과 비틀이 엄마를 잃은 후 보인 행동의 변화를 살펴보면 어느 정도 그 실마리를 찾을 수 있다. 두 아기들 모두 비슷한 나이에 엄마를 잃었고 엄마 품이 주는 따뜻한 안정감을 잃었다. 둘 다 처음에는 점차 우울증이 심해졌다. 그 다음 멀린의 상태는 더 악화된 반면 비틀은 회복되었다. 비틀은 엄마가 죽은 후 다른 침팬지의 등을 계속 타고 다닐 수 있었다. 하지만 사실 엄마를 잃은 것 때문에 그의 세상은 이미 산산조각 나 버렸다. 언니가 비틀을 두고 몇 발짝이라도 움직이면 비틀은 훌쩍훌쩍 울거나 소리를 지르며 언니에게 달려갔다. 그래도 일단 억지로라도 등에 올라타면 비틀은 다시 커다란 침팬지와 가까운 신체적 접촉을 할 수 있게 되었다. 위급한 상황에서 무엇을 해야 하는지 알고 있고, 필요할 때 그녀를 나무 위 안전한 곳으로 밀어 올려 주고, 둘이 안전한 곳으로 피신할 만큼 빠르고 날렵하게 달릴 수 있는 침팬지와 말이다.

이와 대조적으로, 멀린에게는 마리나의 죽음 후에 피난할 안식처가 없었다. 미프는 기껏해야 같이 다니는 정도였고 무리가 술렁일 때에 동생을 거의 돕지 못했다. 그래서 멀린의 어려움은 주로 심리적인 것처럼 보였다. 그리고 그가 신체적으로 망가진 것도 엄마의 젖을 못 먹어서 생긴 영양분의 부족보다는 사회적 불안정에서 비롯된 것 같았다. 이 이론은 그가 죽기 바로 전 그의 신체적 상태가 최악이었을 때, 그가 아주 전전히 마지 성신적으로 회복된 듯 약간 활발해 보였다는 사실에 의해서도 어느 정도 뒷받침된다. 그러나 그때는 이미 너무 늦었다.

만일 나중에라도 고아 침팬지가 성숙하기까지의 발달 상황을 연구할 수 있게 된다면 우리는 보다 많은 걸 알게 될 것이다. 시간은 엄마의 죽음이 준 상처를 치료해 줄 수 있을 것인가? 어릴 적 입은 상처 때문에 어떠한 이상 현상들이 나타나는가? 이에 대한 대답은 고아나 사회적으로 축복받지 못한 아동들을 연구하는 이들에게 도움을 줄 것이다. 비록 침팬지 사회도 그 구성원들에게 특정한 규칙들을 기대하기는 하지만, 그 기대의 정도는 가장 원시적인 인간 사회보다도 더 미약할 것이다. 인간은 놀라운 자기 절제 능력을 지니고 있으며 사회적으로 공인된 행동 규범들을 어릴 때부터 습득한다. 정신적으로 이상이 있는 사람이 아니라면 적어도 남들 앞에서는 공인되지 않은 방식으로 행동하지 않도록 스스로 절제할 수 있다. 반면 침팬지는 〈웃음거리가 될지도 모른다〉는 두려움 따위에 구애받지 않는다는 면에서 인간과 다르다.

물론 어릴 때 경험이 이후의 성인 생활에 끼치는 효과에 대해서는 침팬지보다는 인간의 경우에 더 많은 것을 알아낼 수 있다. 그러나 인간의 행동은 훨씬 더 복잡할 뿐만 아니라, 성인이 될 때까지 지속적이고 규칙적으로 관찰하기가 쉽지 않다. 따라서 고아 침팬지의 덜 복잡한 행동들을 제대로 이해할 수 있다면 인간 고아들이 겪게 되는 문제들 중 일부를 이해하는 데 매우 유용할 것이다.

우리는 자신을 대하는 엄마의 태도의 변화로 그 행동이 매우 심각하게 교란된 침팬지를 한 마리라도 제대로 연구할 수 있기를 바라고 있다. 몇몇 다른 경우에도 그렇듯이 이런 경우 역시 고아의 행동과 별반 다르지 않은 증상을 나타낸다. 플린트의 경우를 생각해 보자.

플린트가 다섯 살도 채 안 되었을 때 플로는 또다시 발정하여 생식기가 분홍빛으로 부풀어올랐다. 플린트의 탄생을 예고하던 장장

5주일 간의 팽창과는 달리, 이번에는 고작 네댓새 동안만 핑크빛의 생식기 팽창을 보였고 그 동안은 플린트에게 젖을 물리지 않았다. 플로는 플린트를 밀어냈고 플린트가 젖을 빨려고 할 때면 한바탕 데리고 놀아주었다. 그러나 플로가 임신을 하여 팽창이 잦아들자 플린트는 다시 젖을 빨기 시작했다. 게다가 플린트는 밤에 플로와 함께 잤고 종종 플로의 등에 올라타기도 했다.

　플린트의 유아기가 길어진 것은 아마도 플로의 나이가 지나치게 많아, 더 이상 다루기 쉽지 않은 아이와 실랑이를 할 힘이 없었다는 사실과 관계 있는 것 같다. 이것은 플린트가 세 살이 되어서야 비로소 젖을 떼기 시작했다는 것만 보아도 그렇다. 플린트는 아기일 때부터 엄마의 젖가슴 가까이 가려는 데 놀라운 집념을 보였다. 플린트는 엄마를 살짝 밀거나 훌쩍훌쩍 우는 작전에 엄마가 즉시 굴복하지 않으면, 발끈 짜증을 내며 땅에다 몸을 내던지고 팔을 휘두르며 점점 더 크게 비명을 질러댔다. 그러면 플로는 비명을 질러대는 쪽을 물끄러미 쳐다보다가는 터벅터벅 걸어가 아들을 다시 안심시키고 젖을 물렸다. 플린트는 나이를 먹어감에 따라 엄마가 젖을 물려주길 거절하면 엄마를 치고 때리기 일쑤였다. 때로 플로가 그 대가로 플린트를 때려주기는 했지만, 그럴 때에도 마치 안심시키려는 듯 아이를 꼭 껴안고 있었다. 이렇게 격렬한 시간이 지난 뒤에는 플로는 항상 아들에게 항복하고 젖을 물려 주었다.

　플로가 임신한 지 6개월이 되었을 때 그녀의 젖이 갑자기 말라 버린 듯했다. 마침내 위안의 존재를 상실해 버린 탓인지, 플린트는 5년 전 피피가 젖을 뗄 때 보였던 것과 똑같은 유치한 행동 단계를 거쳤다. 끊임없이 엄마에게 매달렸고, 엄마가 자기보다 몇 걸음이라도 앞서가면 끙끙댔다. 엄마가 형이나 누나의 털을 손질하려 하면 계속 자기 몸을 들이밀었고, 그래도 엄마가 자기에게로 관심을 돌리지 않으면 울어 버렸다.

임신 마지막 한 달 동안 늙은 플로는 정말 안쓰러웠다. 그때는 건기가 최고에 달해 있어 찜통 같은 날씨가 계속 되었다. 산길을 따라 천천히 올라갈 때, 플로는 남산만한 뱃속에 자리잡은 아기뿐 아니라 연약한 늙은 몸에 우스꽝스럽게 매달려 있는 퍽 성숙한 플린트의 몸까지 지탱해야 했다. 그들을 따라가면서 이따금 혹시 플로가 새로운 아기가 태어나기 전에 죽지나 않을까 걱정했다. 몇 미터를 움직일 때마다 플로는 멈추어 쉬곤 했고 눈은 초점 없이 풀려 있었다. 플린트는 늙은 엄마한테 깡패나 다름없었다. 플로가 몇 분 동안이라도 앉아 있으려면 플린트는 목적지인 과일나무에 어서 가자고 엄마를 재촉했다. 자기가 엄마의 등에 올라탄 즉시 엄마가 일어나 걸음을 옮기지 않으면 그는 점점 더 크게 쿵쿵거리며 끈질기게 엄마의 등을 밀쳐댔다. 손으로 밀쳐대는 것이 시원치 않다 싶을 때는 정말로 엄마를 발로 차기도 했다. 그리고 그는 가자고 졸라대지 않을 때에도 그는 엄마에게 털을 다듬어 달라고 칭얼댔고, 그래도 엄마가 무시해 버리면 끙끙대거나 엄마의 손을 잡아당겼다.

어느 날 아침 일찍 우리는 털이 갓 마른 새 아기 플레임 Flame을 보았다. 플로가 새벽에 그 전날 밤에 만든 잠자리에 없었던 것을 보면, 아마도 플로가 어슴푸레한 달빛 아래 새로운 잠자리로 이동했거나 아기를 낳기 위해 땅으로 내려왔던 것 같다. 갓난아기였지만 플레임은 못생긴 꼬마 고블린과는 달리 아주 귀여웠다. 플레임의 얼굴은 가냘팠고 갓 태어난 것을 증명이라도 하듯 흐릿한 눈은 거의 푸른색이었다. 그리고 놀랍게도 플레임은 거의 털이 없었다. 가슴과 배, 그리고 팔과 다리의 안쪽은 완전히 분홍빛이었고 벌거벗은 상

플린트와 플레임과 함께 있는 플로(사진: Patrick McGinnis)

태였다.

그 날 아침 우리는 손에 플레임과 아직 매달려 있는 태반을 붙잡은 채 플린트를 거느리고 어슬렁대는 플로를 뒤따랐다. 약간 놀라웠던 것은 플린트의 태도가 모범적이라는 것이었다. 그리고 그 후 몇 주 동안에도 계속 그랬다. 더 이상 플로에게 털을 다듬어 달라고 졸라대지도 않았고, 플로의 등에 올라타려고 애쓰지도 않았다. 종종 가까이 다가가 플레임을 만지려 했지만 플로가 플린트의 손을 가볍게 밀쳐내면 순순히 물러났다.

어린 동생을 만져보려는 시도가 번번이 실패로 끝나자, 플린트는 작은 가지를 가만히 집어들더니 그것을 뻗어 플레임을 만졌다. 이것은 결코 잊을 수 없는 사건이었다. 플린트는 나뭇가지 끝을 코에 갖다대고는 주의 깊게 킁킁거리며 냄새를 맡았다. 이 일은 플레임이 태어난 지 아직 하루도 안 되었을 때 처음 일어났다. 그 뒤로도 우리는 플린트가 똑같은 행동을 하는 것을 여러 번 목격했다. 플린트는 갓난아기에 대해 알고 싶어 그 가지를 도구로 사용했던 것이다.

플레임은 건강하고 행동도 민첩하며 다소 조숙한 아이로 쑥쑥 자라났다. 그러나 플린트는 처음의 훌륭한 행동은 온데간데없이 여동생이 태어나기 전과 같이 의존적이며 칭얼대고 성가신 존재의 모습으로 되돌아가기 시작했다. 플린트는 가족이 이동할 때면 플로의 등에 올라타려 했으며, 또 겁이 나면 팔다리로 엄마뿐만 아니라 플레임의 조그만 몸까지 끌어안고 엄마 배에 매달리기도 여러 번 했다. 플로가 플린트에게 가족 공동의 잠자리에서 플레임과 함께 자도록 허락해주지 않으면 짜증을 부렸다.

한 주 한 주 지나면서 플린트의 행동은 고아의 행동과 점점 비슷해졌다. 다른 아이들의 놀이 제의에도 시큰둥해졌고, 혼자 털을 다

듭는 데 점점 더 많은 시간을 보냈으며, 눈에 띄게 무기력하고 넋이 나간 듯했다. 새로 태어난 여동생이나 남동생을 시샘하는 인간의 아이와는 달리 플린트는 플레임을 괴롭히려는 성향은 보이지 않았다. 오히려 플레임이 3개월 되었을 때 플로가 플레임에 대해 시들해지자, 플린트와 피피 둘 다 플레임과 함께 놀고 털손질을 해주었으며 꼭 껴안고 플레임을 귀여워해주며 대부분의 시간을 보냈다. 때로 이들 둘은 번갈아 플레임을 데리고 숲을 돌아다녔으며 이럴 때 플로는 전혀 개의치 않는 듯 그들 뒤를 따라 타박타박 걸어가곤 했다.

플레임이 6개월째였을 때, 늙은 플로는 거의 매 우기마다 침팬지들을 덮치던, 그리고 늙은 윌리엄의 목숨을 빼앗았던 독감 비슷한 병을 심하게 앓았다. 엿새 동안 플로, 플린트, 플레임을 찾을 수 없어서 연구센터의 모든 학생들이 탐색조를 짜 찾아 나섰다. 마침내 플로를 발견했을 때 플로는 너무 아파 움직일 수 없을 지경이었고 플레임은 세상을 뜬 뒤였다. 플로는 먹지도 못하고 젖은 땅을 기어 나오지도 못할 정도였기 때문에 우리는 그녀가 곧 죽게 될 것이라고 생각했다. 그러나 놀랍게도 이 강인한 늙은 암컷은 다시 기운을 찾아 건강해졌다.

이때부터 병이라곤 전혀 앓지 않던 플린트가 오히려 행동의 변화를 보이기 시작했다. 날이 갈수록 플린트는 무기력함을 벗었고, 플레임이 태어나기 전처럼 옛 놀이 친구들과 빙빙 돌고 발끝으로 서서 재주를 넘으며 자주 놀기 시작했다. 그렇다고 해서 아기 같은 행동들을 멈춘 것은 아니었다. 사실 전보다도 더 플로에게 매달렸다. 한동안 플린트가 플로의 젖꼭지에 계속 입술을 밀어댔기 때문에 우리는 플린트가 다시 젖을 빨게 된 것인가 의심했다. 그러나 플로가 앓던 와중에 젖은 틀림없이 이미 다 말라 버렸을 것이다. 다른 모든 면에서 플린트는 다시 플로의 아기가 되었다. 플로는 플린트에게 먹을 것을 나누어 주었고 등에 올라타는 것도 허락했으며 어떨 때는 배에 매달리는 것까지 내버려두었다. 플로는 계속 플린트의 털을 손질해주었고, 늙은 침팬지들이 으레 그렇듯이 밤에는 잠자리로 데려갔다. 이런 상태는 플린트가 여섯 살이 넘을 때까지 지속되었다.

플린트를 키울 때 뭐가 잘못된 것일까? 그가 어린 아기였을 때 엄마, 누나, 두 형들로부터 지나친 관심을 받은 탓에 〈망가진〉 것일까? 혈연에 의한 든든한 가족의 보호로 플린트는 가족이 아닌 다른 침팬지들을 대할 때에도 제멋대로 굴었다. 플로가 너무 늙어서 플린트의 젖을 뗄 때 아들의 난동을 더 이상 제어할 수 없어 때를 놓친 것이 이유일까?

플로가 실패한 원인이 무엇이든, 현재 플린트가 매우 비정상적인 침팬지라는 것은 의심할 여지가 없다. 나이가 들면 점차 그의 기벽이 사라질 것인가? 아니면 다 큰 다음에도 유아적인 행동의 흔적들이 남아 있을 것인가? 이 질문의 해답은 다른 많은 질문들과 마찬가지로 곰비에서 우리의 연구가 계속되어야만 얻을 수 있다.

우리는 아기 침팬지가 자라면서 엄마에게 얼마나 의존하는지를 이미 여러 번 보았다. 세 살 난 침팬지가 엄마를 잃으면 죽게 될 것이라고 누가 상상이나 할 수 있겠는가? 다섯 살이나 된 침팬지가 아직도 엄마의 젖을 빨고 밤에 함께 잠을 자리라고 누가 추측할 수 있겠는가? 열여덟 살 먹은 사회적으로 성숙한 수컷이 아직도 늙은 엄마를 따라다니며 대부분의 시간을 보내리라고 누가 생각이나 할 수 있겠는가?

대부분의 야생 침팬지들은 어린 아기를 기르는 데 매우 능숙한 듯 보인다. 그럼에도 불구하고 우리는 적절한 시기에 플린트에게서 젖을 떼지 못한 플로나, 자기 아기 팜에 대해서 다소 냉담했던 패션처럼 부적절한 행동을 하는 엄마도 이따금씩 관찰했다. 그리고 이러한 부적절한 엄마의 행동들이 아기 침팬지들에게 중대한 영향을 미칠 수 있다는 것도 알게 되었다.

나는 내 아이가 아직 뱃속에 있던 1966년의 몇 달 동안, 그리고 그 조그만 아기가 태어나 내 곁에 있게 된 그 다음해에도 줄곧 곰비에 있었다. 나는 자기 새끼들을 다루는 침팬지 엄마들을 새로운 시각으로 바라보게 되었다. 처음부터 그들의 방법들은 휴고와 나에게 깊은 인상을 주었기에, 우리는 신중하게 생각한 끝에 몇몇 방법들을 우리 아기를 기르는 데 적용해 보기로 마음먹었다. 우선 우리는 우리 아기와 신체 접촉을 가능한 한 많이 하고 애정을 가지고 그와 놀아 주기로 했다. 일년 동안은 아기가 원할 때마다 모유를 먹였다. 아기를 혼자 유아용 침대 안에 울음을 터뜨리도록 내버려두지도 않았다. 우리가 어딜 가더라도 아기를 데리고 다녔고, 그렇게 함으로써 설사 환경이 달라질지라도 부모와의 관계가 안정적으로 유지되도록 했다. 우리가 아이를 야단친 후에는 즉시 신체적 접촉을 통해서 안정감을 주었고, 쓸데없는 일을 하지 못하도록 하기보다는 스스로 싫증나게 하려고 노력했다.

물론 아이가 자라면서 침팬지의 기술을 우리의 상식으로 걸러 순화시키는 일이 점점 필요하게 되었다. 우리는 한 인간을 키우고 있는 것이지, 아기 침팬지를 기르고 있는 것이 아니었기 때문이다. 우리는 아이가 꾸중 뒤에 담긴 이유를 깨닫게 될 만한 나이가 되기 전에는 잘못한 일에 대해 벌주지 않으려고 노력했다. 그리고 우리는 항상 아이를 우리 곁에 두어 아이에게 신체적, 정신적인 안정을 주었다.

그를 키운 우리의 방식이 성공적이었던가? 아직 뭐라 말할 수는 없다. 우리는 네 살 난 우리 아이가 고분고분하고, 대단히 총명하고 활달하며, 다른 아이나 어른들과 스스럼없이 어울리며, 대체로 겁이 없고 다른 사람을 배려할 줄 안다는 것만 이야기할 수 있을 뿐이다. 게다가 우리 친구들 중 여럿이 예상한 바와는 정반대로 아이는 매우 독립적이다. 물론 우리가 아이를 전혀 다른 방식으로 키웠다고 할지라도 결국 이렇게 되었을지도 모르지만 말이다.

인간의 그늘에서

한 종으로서 인간의 놀라운 성공은 무엇보다도 도구의 사용과 제작, 논리적인 사고, 신중한 협동, 언어로 문제를 해결할 수 있는 뇌가 발달한 결과이다. 침팬지와 인간이 생물학적 측면에서 놀랄 만큼 유사한 점 중 하나는 바로 뇌의 구조이다. 침팬지는 원시적인 추론 능력을 지니고 있으며, 현존하는 다른 포유류들보다 인간과 가장 가까운 형태의 지능을 가지고 있다. 아마도 오늘날 침팬지의 뇌는 수백만 년 전 최초의 유인원의 행동을 지배했던 뇌의 형태와 그리 다르지 않을 것이다.

오래전 내가 처음 데이비드 그레이비어드와 골리앗이 흰개미를 잡으려고 풀줄기를 다듬고 있는 것을 보았던 그 날 이전까지는 선사시대의 인간이 도구를 만들었다는 사실이 선사시대의 인간과 다른 영장류를 구분하는 중요한 기준으로 간주되었다. 내가 이전에 지적했던 바와 같이, 침팬지는 풀줄기를 〈정해진 양식〉으로 다듬지는 않는다. 그러나 석기를 만들기 이전의 선사시대에는 인간도 분명히 막대와 지푸라기로 이리저리 찌르고 돌아다녔을 것이며, 따라서 이 시기에 인간이 정해진 양식으로 도구를 만들었으리라고는 생각하기 어렵다.

많은 사람들의 의식 속에 인간과 도구가 밀접하게 연관되어 있기 때문에 물건을 도구로 사용하는 동물들은 항상 관심의 대상이 되어 왔다. 그러나 도구를 사용할 수 있는 능력 자체가 반드시 그 생물에게 특별한 지능이 있다는 것을 의미하지는 않음을 깨달아야 한다. 갈라파고스딱따구리피리새 Galapagos woodpecker finch가 선인장 가시나 나뭇가지를 이용해 나무 구멍 속에 벌레가 있는지 알아본다는 사실은 정말 매혹적인 현상이지만, 그 사실 때문에 그 새가 긴 부리와 혀를 그와 같은 목적으로 사용하는 보통의 딱따구리보다 지능이 더 뛰어나다고 말할 수는 없다.

도구의 사용과 제작이 진화에 있어 중요성을 얻는 것은, 어떤 동물이 그 능력을 다양한 목적으로 물건들을 조작하는 데 사용하고 도구 없이는 해결할 수 없는 새로운 문제를 해결하는 데 물건들을 사용할 때이다.

곰비에서도 우리는 침팬지들이 물건들을 여러 다양한 목적에 사용하는 것을 관찰하였다. 그들은 나무줄기와 막대를 사용하여 곤충을 잡아먹었고 만약 그 물체가 적당치 않으면 그것을 변형시켰다. 입에 닿지 않는 물은 나뭇가지에 적셔 먹었고, 나뭇잎을 한 번 씹어서 사용하면 흡수성이 증가한다는 것을 알게 되었다. 어떤 침팬지는 이렇게 만든 스펀지로 비비의 해골 내부에 남아 있는 뇌 찌꺼기를 닦기도 하였다. 나뭇잎 한줌으로 몸에 묻은 먼지를 닦거나 상처를 문지르는 것도 관찰되었다. 이따금 나무 막대를 지렛대로 써서 땅

속 벌집의 입구를 벌리기도 한다.

우리 속에 갇힌 침팬지들도 종종 상당히 자발적으로 주위의 물체를 도구로 사용한다. 볼프강 쾰러 Wolfgang Köhler가 연구했던 침팬지 무리들은 상자의 뚜껑을 열거나, 나무뿌리를 먹기 위해 땅을 파는 데 나뭇가지를 사용하였다. 그들은 나뭇잎과 지푸라기로 몸을 닦았고, 돌로 가려운 곳을 긁었으며, 곰비의 침팬지들이 흰개미 낚시에서 그랬던 것처럼 지푸라기를 개미굴에 찔러 넣기도 했다. 그들은 종종 막대와 돌을 공격 무기로 사용하기도 했다. 때로 그들은 빵으로 닭을 유인하여 가까이 오도록 한 후 갑자기 날카로운 막대로 찌르기도 했는데, 이것은 아마도 재미 삼아 그런 것 같다. 침팬지의 도구 제작 능력을 더 알아내기 위하여 실험실 내에서도 심도 있는 실험이 수행되었다. 침팬지들은 매달린 먹이를 먹으려고 다섯 개의 상자를 차곡차곡 쌓을 수도 있었다. 창살 밖에 놓인 먹이를 잡기 위해 튜브 세 개를 끼워 맞추기도 했으며, 돌돌 말려 있는 긴 전선의 일부를 풀기도 했다. 그러나 지금까지 어떤 침팬지도 하나의 도구를 사용해 다른 도구를 만드는 데 성공하지는 못했다. 한 침팬지를 가르쳐 보았지만, 그 소모적인 실험에도 불구하고 좁은 파이프에 있는 먹이를 꺼내기 위해 돌도끼로 나무토막을 부숴 조각내는 일을 해내지는 못했다. 침팬지는 이빨로 물어뜯을 수 있는 정도의 물건일 때에는 그 일을 수행할 수 있었지만, 돌도끼로 단단한 나무를 쪼개는 것을 여러 번 보여주었음에도 불구하고 문제를 해결하려고 시도조차 하지 못했다. 그러나 침팬지가 이런 일을 수행할 수 없다고 말하기 이전에 다른 많은 침팬지에 대해서도 실험해 보아야 할 것이다. 어떤 사람은 수학자가 되지만 다른 이들은 될 수 없는 것처럼 말이다.

야생 침팬지와 실험 대상 침팬지의 문제 해결 능력을 비교해 볼 때, 시간이 지나면 침팬지는 좀더 복잡한 도구 문화를 발달시킬 수 있을지도 모른다는 생각이 든다. 마치 원시인이 수천 년 동안 초기 석기를 변화 없이 계속 사용한 것과 같이 말이다. 그런 후에 갑자기 좀더 세련된 형태의 석기 문화가 여러 대륙에 걸쳐 나타나는 것을 볼 수 있다. 아마도 석기시대의 어느 천재가 새로운 문화를 만들어 냈을 것이고, 그의 동료들은 서로 배우고 흉내냄으로써 새로운 기술을 퍼뜨리게 되었을 것이다.

만약 침팬지가 멸종되지 않고 계속 살아남는다면 갑자기 〈슈퍼 두뇌〉를 지닌 침팬지 종족이 만들어지고 전혀 새로운 도구 문화가 생겨날지도 모른다. 왜냐하면 물체를 조작하는 능력이 타고난 것이라 하더라도 곰비 침팬지들이 실제로 도구를 사용하는 양상은 어른들로부터 아이들에게 전수되는 것이기 때문이다. 이것에 대한 좋은 예를 관찰한 적이 있다. 한 암컷이 설사병에 걸렸을 때 나뭇잎 한줌을 집어 지저분한 밑을 닦았다. 그러자 이 광경을 유심히 관찰하던 그녀의 두 살 난 아이 역시 나뭇잎을 두 번 집어들어 자신의 밑을 닦았다!

침팬지 행동 중 휴고와 나, 그리고 인간의 행동과 진화에 관심이 있는 많은 과학자들에 있어 한 가지 중요한 점은 그들이 의사소통에 사용하는 몸짓과 자세가 인간의 것과 매우 비슷하다는 것이다. 실제 자세와 몸동작뿐 아니라 그런 몸짓을 사용하는 상황까지 유사하다.

침팬지가 갑자기 놀랄 때에는 마치 공포 영화를 보고 있던 소녀가 같이 간 사람의 손을 잡는 것처럼 종종 옆의 침팬지에게 손을 뻗거나 옆의 침팬지를 껴안는다. 침팬지와 인간은 모두 긴장되는 상황에서 다른 이들과 신체적으로 접촉함으로써 위안을 느낀다. 한번은 데이비드 그레이비어드가 거울에 비친 자신의 모습을 보고는 깜짝 놀라 당시 세 살밖에 되지 않았던 피피를 붙잡았다. 아주 작은 침팬지와 접촉하는 것만으로도 그는 안도감을 느끼는 것 같았다. 그러고는 점점 긴장이 풀리는 듯하더니 이내 데이비드의 얼굴에서 공포심이 사라졌다. 인간도 때때로 강아지 같은 애완동물을 만지거나 쓰다듬으며 감정의 위기를 모면하곤 한다.

침팬지나 인간이 다른 개체들과 신체적으로 접촉함으로써 편안함을 느끼는 것은 아마도 유아기에서부터 나타나는 것 같다. 이 시기에는 엄마의 손길이나 엄마와의 접촉이 원숭이와 인간 아기 모두에게 두려움을 가라앉히고 불안을 진정시키는 데 도움을 준다. 그래서 아이가 성장하면서 엄마 곁에 있지 않을 때면 차선책으로 다른 개체들과 친밀한 신체 접촉을 찾는다. 그러나 엄마가 주위에 있을 때에는 그 누구보다도 자신을 위안시켜 주는 사람으로 엄마를 꼽는다. 피건이 여덟 살이었을 때 마이크가 피건을 위협했던 적이 있다. 피건은 크게 비명을 지르며 근처의 침팬지 예닐곱 마리를 허둥지둥 지나치더니 곧장 플로에게 달려가 손을 뻗었고 플로는 아들의 손을 잡아 주었다. 이로써 진정이 되자 피건은 비명을 멈췄다. 젊은 사람들 역시 유년기가 지난 오랜 후에라도 마음의 짐을 그들의 엄마에게 덜곤 한다. 모자 간에 애정 어린 관계가 형성되어 있다면 말이다.

서열이 높은 침팬지들에게 유난스럽게 비위를 맞추려고 하는 침팬지들이 있다. 멜리사가 그중 하나이다. 멜리사는 어른 수컷이 그녀 근처를 지나칠 때면 항상 달려가 그의 등이나 머리에 손을 얹곤 했는데, 특히 어렸을 때는 더 그랬다. 만약 그 침팬지가 그녀 쪽으로 돌아보기라도 하면 입술을 집어넣어 복종의 표정까지 지어 보이곤 했다. 아마도 이런 식으로 아첨하는 다른 침팬지들 모두가 그렇겠지만, 멜리사는 단순히 서열이 높은 개체가 곁에 있으면 불안하

제이비가 위안을 주려고 내민 손에 멜리사가 복종의 키스를 하고 있다.

기 때문에 끊임없이 신체 접촉을 시도함으로써 위안을 삼으려고 하는 것 같다. 만약 영향력이 센 침팬지가 보답으로 그녀를 만져주면 그보다 더 좋을 순 없었다.

우리 주변에는 〈인간 멜리사〉도 많다. 이들은 특정인에게 유달리 친절하게 굴며 아주 자주 친절하게 미소를 보낸다. 대체로 이들은 어떤 이유에서든지 사회적으로 불안하고 자신감이 없는 사람들이다. 그렇다면 이들의 미소는 무슨 의미인가? 인간의 미소가 어떻게 진화되었는지에 대해서는 아직도 논란의 여지가 많지만, 미소에는 두 가지 종류가 있으며 이들은 오래전에 같은 표정에서부터 유래되었음이 확실하다. 우리는 즐거울 때 웃지만, 약간 긴장되고 초조할 때에도 미소를 짓는다. 어떤 사람들은 인터뷰할 때 긴장되면 무슨 말을 듣던 간에 미소를 짓는다. 그리고 이런 종류의 웃음은 아마도 침팬지가 복종의 뜻을 나타낼 때 혹은 놀랐을 때 이를 드러낸 표정과 무관하지 않을 것이다.

침팬지가 큰 바나나 더미를 보고 매우 기뻐할 때에는 서로를 쓰다듬고 뽀뽀하거나 껴안는데, 이것은 마치 프랑스인들이 기쁜 소식을 들었을 때 껴안는 것이나 엄마에게 칭찬을 들었을 때 아이가 엄마에게 뛰어들어 안기는 것과 흡사하다. 우리는 모두 사람들로 하여금 소리를 지르고 뛰어다니게 하거나 혹은 울음을 터뜨리게 하는 격한 흥분이나 행복감에 대해 잘 알고 있다. 따라서 침팬지가 이런 감정을 느낄 때 동료를 껴안음으로써 안정을 찾으려고 한다는 것은 전혀 놀라운 일이 아닐 것이다.

나는 위에서 침팬지들은 서열이 높은 개체에게 위협받거나 공격당한 후에 소리를 지르며 땅을 기거나 손을 내밀며 복종의 뜻을 나타낸다고 설명한 바 있다. 실제로 그 침팬지는 다른 침팬지에게 안심의 손길을 애원하고 있는 것이다. 때로 침팬지들은 그런 상태에서 다른 침팬지가 만져 주거나 쓰다듬어 주거나 키스를 하거나 껴안아 주거나 하지 않으면 계속 긴장된 상태로 있게 된다. 우리는 피건이 공격자가 만져주기 전까지 짜증을 부리며 목이 쉬도록 비명을 지르거나 몸을 땅에 내던지는 것을 여러 번 관찰했다. 인간도 이와 마찬가지다. 엄마에게 꾸지람을 들은 후 엄마가 용서하는 뜻으로 안아주고 키스를 해줄 때까지 엄마 치맛자락을 붙잡고 졸졸 따라다니며 우는 어린 아이를 본 적이 있다. 키스, 포옹 그리고 나른 식의 애무는 거의 언제나 부부간의 문제가 해결되었다는 것을 의미한다. 많은 문화권에서 악수하는 것은 싸우고 난 뒤 서로 용서한다거나 우정을 새

키스는 화해나 우정을 의미한다.

롭게 하는 것을 의미한다.

그러나 어떤 사람이 다른 사람에게 용서를 바라거나 용서를 해 줄 때에는 도의적인 문제가 개입된다. 바로 이런 문제들 때문에 침팬지와 인간의 행동 간에 공통점을 찾는 데 어려움을 겪게 된다. 침팬지 사회에서 피지배자가 지배자에게 위안의 손길을 바라거나 서열이 높은 개체가 다른 개체를 안정시킬 때에 적용되는 원칙은 그전에 벌어졌던 공격적인 행동의 옳고 그름과는 전혀 관계가 없다. 공격행동을 하는 수컷과 가까이 서 있었다는 이유만으로 공격을 받은 암컷 역시 수컷의 바나나 더미에서 하나를 몰래 빼먹다가 공격당한 암컷과 마찬가지로 수컷에게 다가가 위안의 손길을 구하게 마련이다.

다시 말해 위안의 손길이나 포옹이 불안해하는 침팬지나 사람에

단지 손을 잡는 것으로도 신체 접촉은 위안을 준다.

게 미치는 영향을 직접 비교하려 할 때, 위안을 베푸는 개체의 행동에 대한 동기에 초점을 맞추면 문제가 복잡해진다. 인간은 순전히 이타적인 동기만으로 행동할 수도 있다. 우리는 순수하게 어떤 사람에게 동정을 느끼고 위안을 주려는 마음에서 그의 걱정거리를 덜어 주려 한다. 이런 이타적인 감정은 아마도 침팬지 사회에서는 드물 것이다. 비록 가족의 일원이 고생하고 있을 때 엄마 침팬지는 진정으로 걱정할 것이고, 형제자매 간에도 서로 기쁨과 슬픔을 같이하지만 말이다. 게다가 인간의 순수한 걱정 중에는 동기가 순전히 이타적이지만은 않은 것들도 있다.

우리는 비참한 사람이나 우는 사람을 보면 뭔가 불편함을 느낀다. 그 사람을 진정시키려 하지만, 그것은 우리가 이타적인 의미로 그를 동정해서가 아니라 그의 행동이 우리의 행복감을 망쳐 놓기 때

서열이 높은 골리앗이 피건을 안심시키려고 만져주고 있다.

▼

피건이 점차 안정을 되찾고 있다.

문이다. 아마 침팬지의 경우에도 서열이 낮은 개체가 바닥을 기고 비명을 지르는 행동과 특히 그 소리는 주위의 침팬지를 불편하게 만들 것이다. 그런 상황을 바꿀 수 있는 가장 효과적인 방법은 울부짖는 개체를 만져주며 진정시키는 것이다.

침팬지의 위안행동에 관한 전반적인 개념에서 생각해 보아야 할 점이 한 가지 있는데, 그것은 〈사회적 털고르기〉가 행동의 진화에 어떤 역할을 했는가 하는 것이다. 다른 동물들에서도 마찬가지지만, 침팬지에게 사회적 털고르기는 가장 평화롭고 편안하며 친근감을 주는 접촉 형태이다. 어린 침팬지들은 대부분의 시간을 어미 곁에서 보내기 때문에 신체 접촉이 멈추지 않는다. 커가며 어미와 떨어져 같은 나이 또래들과 노는 시간이 많아지게 되면 놀이로 인한 신체 접촉이 많아진다. 그러나 어른이 되면서 노는 시간은 점점 줄어든다. 대신 어미나 형제자매, 그리고 더 나이가 들어 다른 성인 침팬지들과 사회적 털고르기를 하며 많은 시간을 보내게 된다. 때로 성숙한 개체들 간의 털고르기는 두 시간씩이나 계속되기도 한다. 털고르기의 필요성은 늙은 맥그리거 씨가 털고르기를 하는 수컷 무리에 끼려고 마비된 다리를 질질 끌며 50여 미터나 되는 거리를 기어갔던 일에서도 여실히 나타났다.

침팬지가 털고르기를 받고 싶어할 때는 대개 상대방에게 다가가 약간 고개를 숙여 쳐다보거나 아니면 뒤로 돌아 엉덩이를 먼저 들이댄다. 그렇다면 복종하는 뜻으로 엉덩이를 들이대거나 고개를 숙이거나 바닥을 기는 것은 털고르기를 간청하는 자세로부터 생겨난 걸까? 그래서 먼 옛날에는 서열이 낮은 개체가 높은 개체에게 위협을 당한 후 위안과 진정의 의미로 털고르기를 해달라고 접근한 것일까? 만약 그렇다면, 상대방을 쓰다듬거나 만져주는 침팬지의 반응

몸을 들이미는 행동은 복종의 신호이다.

은 털을 고르는 행동으로부터 생겨났을지도 모른다. 실제로 서열이 낮은 개체가 복종한다는 뜻의 행동을 하면 그 응답으로 서열이 높은 개체가 잠깐 동안 털을 손질해주는 경우가 종종 있다. 그런 반응이 수세기에 걸쳐 의례화되어 오늘날 침팬지들은 복종하는 동료의 털을 고르는 대신 단지 만져 주거나 쓰다듬게 되었을지도 모른다.

두 침팬지가 얼마 동안 헤어졌다 다시 만났을 때 그들이 하는 행동은 인간이 하는 행동과 놀랄 만큼 비슷하다. 침팬지들은 고개를 숙이거나 땅 위를 기기도 하고, 손을 잡거나, 키스를 하거나, 껴안기도 하며, 몸의 거의 모든 부분(특히 머리와 얼굴과 생식기)을 만진다. 수컷은 암컷이나 어린 침팬지들을 만나면 턱 아래를 가볍게 친다. 인간의 많은 문화권에서도 이런 종류의 몸짓이 나타난다. 어

두 침팬지가 만나 서로 껴안고 있다(사진: Patrick McGinnis).

떤 사회에서는 다른 사람의 생식기를 만지거나 잡는 것조차도 인사의례에 속한다. 사실 그런 행동은 성경에도 나와 있지만 단지 손을 동료의 사타구니 밑으로 넣는 것으로 번역되어 있을 뿐이다.

인간 사회에서도 많은 인사행동들이 의례화되어 있다. 친구를 만날 때 미소를 짓거나 길에서 아는 사람을 만났을 때 고개를 숙이는 것이 반드시 상대방의 사회적 신분이 높다는 것을 나타내는 것은 아니다. 그러나 고개를 끄덕이는 것이 복종의 뜻으로 고개를 숙이는 것이나 긴장으로 이를 드러내는 표정에서 생겨났음은 말할 나위도 없다. 특히 공식 석상에서 인사는 여전히 사람들의 상대적인 사회적 서열을 명확히 하는 기능을 지닌다.

두 침팬지가 인사하는 것은 거의 항상 그런 목적을 충족시킨다. 인사는 둘 간의 상대적인 우위 서열을 재확립시켜 준다. 올리는 긴장된 상태로 마이크에게 인사할 때 손을 뻗거나 고개를 숙이거나 땅 위를 긴다. 그렇게 함으로써 올리는 마이크가 자기보다 서열이 높다는 것을 인정하는 것이다. 마이크는 복종에 대한 답으로 올리의 손을 잡거나 머리를 만져 준다. 두 침팬지 사이의 인사는 대개 그들이 친구 사이일 때, 특히 며칠 동안 떨어져 있던 친구 사이일 때 더 장황하다. 골리앗은 종종 데이비드에게 어깨동무를 했다. 둘은 또 만날 때마다 종종 서로의 얼굴이나 목에 입을 맞추기도 했다. 반면 골리앗과 워즐 씨 사이의 인사는 둘이 서로 상당한 시간 동안 만나지 못했을 때에도 여느때처럼 그저 서로를 쓰다듬는 정도였다.

침팬지의 행동 중 복종을 나타내는 행동과 위안을 주는 행동만이 인간의 행동과 유사한 것은 아니다. 그들의 놀이도 우리 아이들의 놀이와 비슷하다. 아마 놀이 중에서도 손가락을 간질이는 행동은 사람과 거의 똑같다. 공격적인 행동도 인간과 그리 다르지 않다. 인간과 마찬가지로 화난 침팬지는 상대방을 노려보며 손을 쳐들고 머리를 조금씩 앞뒤로 흔들고 똑바로 선 채 손을 휘젓는다. 또 돌을 던지고 막대를 휘두르며 달려가 상대를 때리고 차고 물고 할퀴고 털을 당기곤 한다.

실제로 인간과 침팬지가 의사소통을 위해 사용하는 몸짓과 자세를 모두 조사해서 비교한다면 아마도 많은 면에서 엄청나게 비슷할 것이다. 그렇다면 인간과 침팬지의 몸짓과 자세들은 평행진화를 한 것이거나, 아니면 까마득히 먼 옛날 인간과 침팬지가 키스, 포옹, 악수, 또는 그 밖의 신체 접촉으로 의사소통을 했던 공동 조상으로부터 갈라져 나온 결과이다.

인간과 그의 가장 가까운 친척 침팬지 간의 중요한 차이점 중 하나는 말할 것도 없이 침팬지가 말하는 능력을 발달시키지 못했다는 것이다. 어린 침팬지에게 말하기를 가르치려는 열성적인 노력들은 결국 모두 실패하고 말았다. 말로 하는 언어는 인간의 진화에 있어서 실로 엄청난 진보였다.

침팬지들도 많은 종류의 소리 신호를 가지고 있으며 그들은 틀림없이 어떤 형태의 정보를 전달한다. 먹음직스러운 것을 발견한 침팬지는 크게 짖어대고 그 즉시 주위에 있는 다른 침팬지들도 먹이가 있음을 알고 달려온다. 공격 당한 침팬지가 비명을 지르면 어미나 친구가 그를 돕기 위해 달려올 수 있다. 긴장되거나 위험하다고 판단되는 상황에 처한 침팬지는 듣기에도 소름끼치도록 〈우라아아아〉하며 소리를 질러대는데, 이것 역시 다른 침팬지들로 하여금 무슨 일이 일어났나 보려고 즉시 뛰어오게 만든다. 먹이를 향해 돌진하거나 계곡으로 들어가려고 하는 수컷 침팬지가 거칠게 헐떡이며 우우거리면 다른 개체들은 무리 중 누군가가 오고 있다는 사실과 그것이 누구인지를 알 수 있다. 인간의 귀에는 헐떡이며 우우거리는 소리가 다른 어떤 소리보다 침팬지 개체를 구별하기에 좋다. 특히 이 소리가 흩어진 무리들 간에 소식을 주고받을 때 사용하는 소리이기 때문에 구별이 쉽다. 그러나 침팬지들은 어미가 새끼의 울음소리를 알고 있는 것과 같이 다른 소리로도 서로를 구별할 수 있다. 아마도 침팬지는 자기가 알고 있는 개체들 대부분의 소리를 구별할 수 있을 것이다.

인간의 그늘에서

갑작스런 소리에 놀란 플로와 피피

침팬지들은 음성만으로도 서로를 분명히 알 수 있다.

 침팬지의 소리 신호는 특정한 상황과 개체에 대한 기초적인 정보를 전달하는 데 도움이 되기는 하지만 말로 하는 언어와는 비교가 되지 못한다. 인간은 말로 추상적인 생각들을 주고받고, 자신이 겪어보지 못한 일도 다른 이들의 경험을 통해 알 수 있으며, 이성적인 협동 계획을 세울 수도 있다. 그럼에도 불구하고 감정 전달에 있어서는 대부분의 사람들이 토닥거리며 용기를 북돋아 주거나 껴안아 주거나, 또는 손을 잡아 주는 등 침팬지와 같은 몸짓을 사용한다. 그리고 이럴 때 우리는 종종 침팬지가 소리 신호를 내는 것과 똑같은 방법으로 그저 그 순간의 느낌을 전달하기 위해서 말을 사용한다. 연인에게 넘쳐 나는 정열을 전달하려 할 때는 〈당신을 사랑해

인간의 그늘에서

요, 사랑해요〉라는 말을 반복하지만, 사실 말보다는 포옹과 애무로 애정을 표현한다. 우리는 놀랄 때 〈아이쿠〉, 〈저런〉, 〈어머나〉 같은 감탄사를 내뱉는다. 화날 때에는 혼잣말로 욕지거리를 하거나 별 의미도 없는 어구들을 늘어놓는다. 이처럼 감정의 상태를 나타내는 말들은 침팬지의 툴툴거리는 소리나 우우거리는 소리와 마찬가지로 웅변이나 문학, 지적인 대화와는 거리가 먼 것들이다.

최근 침팬지가 인간과 꽤 복잡한 방법으로 의사소통을 할 수 있다는 것이 증명되었다. 미국의 과학자 앨런 가드너 Allen Gardner와 베아트리체 가드너 Beatrice Gardner는 한 어린 침팬지에게 수화를 가르쳤다. 가드너 부부는 침팬지의 의사소통에서 몸짓과 자세가 상당히 중요하기 때문에 입으로 하는 말을 가르치는 것보다는 신호 언어가 더 적절하다고 생각했다.

와쇼 Washoe는 어릴 때부터 인간 친구들에 둘러싸여 자랐다. 사람들은 처음부터 와쇼와 신호 언어를 사용하여 의사소통을 했고 와쇼가 있을 때에는 서로 간에도 신호 언어를 썼다. 그들이 사용한 소리는 단지 웃음소리, 감탄사, 그리고 와쇼의 소리를 흉내낸 것 등 모두 침팬지 소리와 유사한 것들뿐이었다.

그들의 실험은 놀라울 정도로 성공적이었다. 다섯 살 때에 와쇼는 350가지의 상징적인 신호들을 이해했다. 그 대부분은 단어 하나가 아니라 몇 개의 연결된 단어를 나타내는 것이었으며, 와쇼는 또한 그중 150가지 정도를 올바르게 사용할 수 있었다. 가드너 부부는 와쇼에게 〈너절한〉 신호들을 가르쳤다는 비난을 받기도 했다. 실제로 와쇼에게 가르친 신호들 중 침팬지의 몸짓과 상당히 유사한 것들은 조금 다른 형태로 변형하여 가르쳤다. 다른 것들은 와쇼가 어렸을 때 스스로 변형시켰는데, 흥미롭게도 이런 변형은 어린아이들이

하는 것과 완벽하게 똑같았다. 다시 말해 그 신호들은 농아나 맹아의 〈아기말〉과 같은 것이었다. 와쇼는 자라면서 이들 중 많은 것들을 올바로 고쳐 나갔다.

　나는 와쇼를 본 적은 없지만 와쇼의 능력을 보여주는 영화를 몇 편 보았다. 내게는 오히려 와쇼가 실수를 저지르는 광경이 가장 인상적이었다. 가방에서 물건들을 꺼낼 때마다 와쇼가 하나씩 이름을 붙이도록 되어 있었다. 와쇼는 매우 신속하게 맞는 이름들을 나타냈다. 그렇지만 똑똑한 강아지라도 오래 훈련시키면 그릇을 보고는 바닥을 한 번 긁고 신발을 보고는 두 번 긁는 식의 반응 정도는 보일 것이다. 그러던 중 붓을 꺼내어 와쇼에게 보여주자 와쇼는 〈빗〉에 해당하는 신호를 보였다. 그것은 내게 매우 중요한 일이었다. 신발을 슬리퍼라고 하거나 접시와 컵받침을 혼동하는 종류의 실수는 어린아이도 저지를 수 있다. 하지만 신발을 접시라고 하지는 않는다.

　아마도 가드너 부부의 관찰에서 가장 흥미로운 것 중 하나는 와쇼가 거울을 보고 있을 때 〈저건 누구지?〉라는 질문을 처음 던졌던 때일 것이다. 와쇼는 그때 거울에 아주 익숙해져 있었기 때문에 〈나, 와쇼〉라고 답했다.

　이것은 어떤 면에서는 우리가 오랫동안 어렴풋이만 알아왔던 침팬지의 원초적 자아인식에 대한 과학적 근거를 제공한다. 물론 이것을 믿지 않으려는 사람들도 있다. 왜냐하면 모든 동물들 중 인간만이 자의식을 가지고 있다는 생각은 인간만이 도구를 제작할 수 있는 존재라는 생각보다도 더 오랫동안 깊게 뿌리박혀 있던 것이기 때문이다. 하지만 이러한 사실이 그렇게까지 문제될 이유는 없다고 본다. 나는 아주 최근에 와서야 문득 침팬지와 인간의 행동이 얼마나 비슷한가를 보이기 위해서는 먼저 인간과 침팬지의 차이를 알아야 한다는 사실을 깨달았다. 그런 후에야 비로소 우리는 생물학적으로나 정신적으로 인간의 고유성을 충분히 이해할 수 있게 될 것이다.

인간은 침팬지와 매우 다른 방법으로 자아를 인식한다. 인간은 단지 거울에 비친 모습이 〈자신〉이라는 것, 머리털과 발가락이 〈자신의〉 몸에 붙어 있다는 것, 그리고 만일 무슨 일이 일어났을 때 두렵거나 기쁘거나 또는 슬프다고 느끼는 것이 〈자신〉이라는 사실을 아는 정도에 그치지 않는다. 인간의 자아인식은 육체만을 인식하는 원시적 단계를 넘어선다. 인간은 존재의 신비와 그 주위 세계 및 우주의 경이로움에 대한 해답을 얻으려 한다. 그래서 인간은 수세기 동안 신을 숭배해 왔고, 과학 연구에 힘써 왔으며, 신비의 베일에 가려진 수수께끼들을 해결하려고 노력해 왔다. 인간은 자아 이외의 다른 것들에 몰두할 수 있는 거의 무한한 능력을 지녔다. 인간은 이상을 위해 자신을 희생할 수도 있고, 다른 이의 기쁨이나 슬픔을 함께 할 수도 있고, 깊고 이타적으로 사랑할 수도 있으며, 온갖 형태로 미를 창조하거나 감상할 수도 있다. 침팬지가 거울 속의 자신을 알아본다는 것은 결코 놀랄 만한 일이 아니다. 그러나 만약 침팬지가 성당 오르간으로 웅장하게 연주되는 바흐의 곡을 들으며 눈물을 흘린다면 어떨까?

과학자들은 그동안 줄곧 진실을 추구해 왔지만 신과 영혼에 대한 인간의 원초적인 믿음에 대해서는 전혀 설명하지 못하고 있다. 그러나 밤의 적막 속에서나 떠오르는 태양을 홀로 바라보며 〈모든 이해를 초월하는〉 생각이 뇌리를 스치는 걸 단 한번도 경험해 보지 못한 이가 있을까? 그리고 우리들 중 영혼의 영원함을 믿는 사람들의 삶은 얼마나 더 풍요로울 것인가.

그렇다. 인간의 그림자가 침팬지를 뒤덮고 있는 것이 분명하다.

그러나 침팬지는 인간을 이해하는 데 엄청난 중요성을 지닌 생명체이다. 우리가 침팬지에게 그림자를 드리우고 있는 것과 마찬가지로 침팬지도 다른 동물들에게 그림자를 드리우고 있다. 침팬지는 상당히 복잡한 문제들을 해결할 수 있으며, 이러저러한 목적으로 도구를 만들어 쓸 수도 있고, 복잡한 사회 구조와 의사소통 방법을 가지고 있으며, 자아인식의 기원을 보여준다. 침팬지가 지금부터 4천만 년 후에 어떻게 될지 그 누가 알겠는가? 침팬지들이 생존하여 적어도 진화할 수 있는 기회를 가질 수 있도록 하는 것이 우리 모두의 과제일 것이다.

인간의 비인간성

날카로운 활촉이 그녀의 살을 꿰뚫자 플로는 나뭇가지를 붙잡으며 비틀거렸다. 플로에게 매달려 있던 플린트는 공포에 떨며 울어댔고, 우는 플린트의 뺨 위로 엄마의 상처에서 흐르는 피가 천천히 떨어졌다. 플로는 움직이지도 못하고 소리도 지르지 못한 채, 손을 옆구리에 대고 믿을 수 없다는 듯한 눈으로 핏방울을 바라보았다. 그리고는 아주 천천히 아래로 떨어졌다. 아래로, 아래로, 아래로……. 플린트는 바위에 붙은 삿갓조개처럼 여전히 죽은 엄마의 몸에 매달려 있었고, 결국 그 둘은 소름끼치는 퍽 소리와 함께 땅바닥에 떨어졌다.

구릿빛 얼굴에 흰 이를 드러내며 잔인하게 웃는 인간의 모습이 가까이 다가오자, 플로는 마지막 신음을 내뱉곤 이내 조용해졌다. 울부짖고 덤벼들어 깨물기까지 하던 플린트도 축축하고 악취가 나는 자루 속으로 쳐넣어졌다. 그 어둠 속에서도 나는 인간의 검은 그림자를 볼 수 있었다.

　나는 얼굴까지 뒤집어쓴 담요가 흠뻑 젖도록 식은땀을 흘리며 잠에서 깼다. 악몽이 너무나 생생했기 때문에 나는 다시 잠을 이룰 수가 없었다. 그렇다, 그것은 악몽이었다. 그러나 그런 일은 실제로 서부와 중앙 아프리카 곳곳에서 잇달아 일어나고 있다. 많은 지역에서 침팬지 고기는 상당한 별미로 취급되고 있다. 단백질이 부족한 아프리카 사람들은 도살 시장에서 어미의 고기를 토막내 놓고 그 옆에는 새끼 침팬지를 매달아 두어 키워서 잡아먹으려며 판다는 끔찍한 이야기도 들린다. 또 새끼 침팬지들은 유럽과 미국의 의학 연구 실험실에서 수요가 많기 때문에 인간은 새끼를 잡기 위해, 천벌을 받을 일이지만, 어미를 쏴 죽인다. 얼마나 많은 어미들이 치명적인 상처를 입은 채 울창한 숲 속을 기어다니다가 결국 죽어갈 것인가? 얼마나 많은 그들의 가련한 새끼들이 고아가 되고 마는가? 얼마나 많은 새끼들이 총성과 추락을 겪은 후에 단 며칠을 못 넘기고 애처롭게 죽어 가야만 하는가? 새끼 한 마리가 산 채로 서방 세계에 도착하는 동안 대충 여섯 마리는 죽어 나갈 것이다.

　오늘날 침팬지들을 뒤덮는 그늘은 이것 말고도 또 있다. 농업과 임업이 발달하며 침팬지들은 생명뿐 아니라 그들의 서식지까지 위협받고 있다. 숲은 경작지 확보를 핑계로 모조리 잘려 나가고, 과일 나무는 더 좋은 목재용 나무들을 심기 위해 독살되고 있다. 더욱이 침팬지들은 모든 인간 전염병에 민감하기 때문에, 인간 거주지 가까운 곳에 사는 침팬지들은 전염병의 위협까지 받고 있다.

　다행스럽게도 몇몇 사람들이 야생 침팬지가 위험하다는 것을 깨닫고 있다. 이를 인식한 우간다 정부와 탄자니아 정부는 침팬지 보호조치를 취하고 있으며 최근 열린 국제환경보호협회에서는 침팬지를 절멸 위기종 목록에 올리기로 합의했다. 연구에 사용되는 침팬지들이 보호를 받으며 번식할 수 있도록 해주는 프로그램들이 만들어지고 있다. 만약 이런 프로그램들이 성공하여 크고 성공적인 연구용 침팬지 무리가 만들어진다면 야생 침팬지가 지속적으로 감소하는 것을 상당 부분 막을 수 있을 것이다. 침팬지는 야생에서 멸종의 위협을 받고 있는 많은 생물종 중 그저 하나일 뿐이다. 그러나 침팬지는 현존하는 생물들 중 우리와 가장 가까운 친척이며, 만약 우리 후손이 침팬지들을 단지 동물원이나 실험실에서만 볼 수 있게 된다면 그것은 매우 안타까울 뿐 아니라 끔찍하기까지 한 일이다. 왜냐하면 잡혀 있는 침팬지 대부분은 우리가 야생에서 잘 알고 있는 그 멋지고 훌륭한 생명체와는 엄청나게 다르기 때문이다.

요즘에는 침팬지들을 아주 넓은 우리 속에서 무리를 지어 살게 하며 일반에게 공개하는 동물원도 많아졌지만, 아직도 많은 침팬지들이 콘크리트와 쇠창살로 된 구식 감옥에 갇혀 있다. 어느 해 여름 나는 어느 구식 동물원에 있는 암수 침팬지 두 마리를 알게 되었다. 그들은 가운데 철문이 있어 실내와 옥외 공간으로 나누어진 아주 좁은 우리 속에 살고 있었다. 그해 여름은 특히 더운 여름이었다. 그들은 철문 바깥쪽에 나와 있었고 철문은 굳게 닫혀 있었다. 옥외 공간에는 따가운 햇빛을 피할 가리개도 없었고 콘크리트 바닥은 타는 듯 뜨거웠다. 침팬지들에게는 앉아 있을 나뭇가지도 없었고 단지 한 마리만 올라가 앉아 있을 수 있는 작은 나무 선반이 하나 있을 뿐이었다. 햇빛이 정말 뜨거울 때 그곳에 올라가 있는 것은 항상 수컷이었다. 게다가 먹이는 아주 이른 아침과 늦은 오후에 한 번씩 하루에 단 두 번 주어졌다. 그 먹이는 늘 오전 열시면 다 떨어졌지만 밥그릇은 더 이상 채워지지 않았다.

나는 그들을 보며 그들이 푸른 덩굴과 부드러운 대지, 나뭇가지에 매달려 노는 일이나 어미 등에 매달려 숲을 질주하던 즐거운 기억들을 상실한 것이 얼마나 오래전일까 생각해 보았다. 지금 그들의 유일한 즐거움은 아마 먹이를 먹는 것일 뿐, 물오른 곤충들을 낚는 즐거움이나 갓 잡은 고기의 신선한 향기를 즐기지는 못한다. 이제는 기쁨에 차서 웅얼거리며 태양이 익혀준 과일을 시원한 나무 그늘에 앉아 배불리 먹을 수도 없다. 게다가 원래 그저 먹고 싶을 때 먹는 동물들에게 식사 간격을 얼마로 해주어야 좋단 말인가. 먹는 것을 제외하고 그들이 하는 유일한 일이란 썩 내키지 않는다는 듯 서로의 털을 고르거나 각자 자신의 털을 고르는 것이다. 그들은 서로에게서 단 일분도 떨어져 있지 못한다. 수컷은 결코 다른 수컷과 함께 편안히 있을 수 없고 암컷도 수컷 사회에서 벗어날 수 없다.

그런 동물원에 갇힌 침팬지는 석방될 희망도 없이 몇 년 동안이나 감옥 생활을 하는 사람과 흡사하다. 침팬지 무리도 제법 크고 콘크리트 우리도 좀더 큰 동물원에 있는 침팬지들 또한 우리가 곰비에서 알던 침팬지들과는 무척 다르다. 아주 크고 디자인이 잘된 우리 속에서 서로 친한 동료들과 함께 사는 침팬지가 아니라면, 동물원의 침팬지에게는 야생의 침팬지들이 가지고 있는 조용한 기품이나 평온한 눈빛, 뚜렷한 개성을 찾을 수 없다. 일반적으로 동물원의 침팬지는 비정상적으로 정형화된 행동을 보인다. 예를 들자면 걸으면서 한 손을 약간 흔드는데 늘 같은 손을 같은 쪽으로만 돌린다든지, 우리 안을 이리저리 돌아다니며 문의 철테두리를 치는데 항상 같은 자리를 똑같은 방법과 똑같은 리듬으로 두들긴다든지 하는 것들이다. 그것들은 야생의 수컷 침팬지가 보여주는 당당하고 기품 있는 돌격과시행동의 보잘것없는 흔적에 불과하다.

대부분의 사람들은 그저 동물원이나 연구실의 침팬지에만 친숙해 있다. 이는 곧 동물원 관리자나 연구자와 같이 침팬지와 밀접한 일을 하는 사람들조차도 〈침팬지가 정말 어떤 존재인가〉에 대하여 올바르게 알지 못할 수도 있음을 의미한다. 그리고 아마도 이것이 어떻게 그렇게 많은 실험실에서 침팬지를 쇠창살로 둘러싸인 작은 방에 홀로 가둬둔 채 날이면 날마다 새로운, 그리고 때론 무섭고 고통스럽기까지 한 실험을 기다리는 것 외에는 아무 할 일도 없는 끔찍한 모습으로 가둬둘 수 있는지 설명해 줄 수 있을 것이다.

최근 생리학자나 생화학자들은 생물학적으로, 즉 염색체의 수와 모양, 혈액 단백질, 면역 반응, DNA에 있어서 침팬지가 인간과 매우 가깝다는 것을 증명했다. 침팬지와 인간은 침팬지와 고릴라 사이보다도 더 가깝다. 인간은 침팬지와 유전 물질의 99퍼센트를 공유하고 있다. 의학에서 수많은 인간 질병의 치료와 백신 개발 연구에 살아 있는 침팬지의 몸을 사용하고자 하는 것도 바로 이런 이유에서이다.

물론 인간과 침팬지는 행동이나 심리, 정서 면에서도 비슷하다. 이러한 유사성은 심각한 윤리 문제들을 불러온다. 과연 우리가 이토록 우리와 가까운 동물, 게다가 그들의 서식지인 아프리카의 숲에서조차 멸종 위기에 처해 있는 동물을 인간 대용으로 의학 실험에 이용하는 것을 정당화할 수 있는가?

우리는 궁극적으로 과학자들이 살아 있는 어떤 동물도 이용하지 않고 인간 질병을 연구하며 치료 방법과 백신을 시험할 수 있는 방법을 찾길 바랄 뿐이다. 이런 쪽의 일이 이미 많이 진척되었다. 그러나 대안을 찾기 전까지는 질병과 싸우는 인간의 전투에 침팬지를 포함한 살아 있는 동물들이 계속 사용될 것이다. 불행히도 침팬지를 이용하는 대부분의 생의학 실험실 환경은 침팬지에게 매우 부적합하다. 그중 몇몇은 범죄로 볼 수 있을 정도다. 예를 들어 미국에서는 대개 가로, 세로의 길이가 1.5미터에 높이가 1.6미터 정도밖에 되지 않는 최소 기본 규격의 우리 속에 침팬지 한 마리씩을 가두어 둔다. 우리 크기에 대한 연방정부의 규정은 몸 크기에 기준을 두기 때문에, 가장 활동적인 시기의 새끼 침팬지들이 종종 가장 작은 우리 속에 갇히게 된다. 또한 그 삭막하고 황량한 우리 속에서 침팬지가 할 수 있는 일이란 없다. 이런 환경은 오늘날 우리가 극악무도한 범죄자들을 가두는 감옥보다도 훨씬 더 나쁘다.

우리가 우리의 목적을 위해 침팬지를 계속 이용하고자 한다면, 이런 상태를 개선시키려는 노력이 반드시 필요하다. 침팬지는 실험실에서 존중받는 손님이어야 한다. 침팬지의 주거 공간을 넓게 확보해야 하며, 지루함을 달래기 위한 장치들과 입맛 당기는 음식들을 제공해야 한다. 그리고 다른 무엇보다도 침팬지는 다른 침팬지들과 함께 있도록 해야 한다. 또 침팬지를 돌보는 사람들은 인내와 이해심, 그리고 동정심이 있는 사람들이어야 한다. 가끔 나는 실험실에 있는 침팬지들의 조건을 효과적으로 개선시키는 길은 오직 하나, 그런 환경의 침팬지 관리 책임자들을 곰비에 불러 그곳에 있는 침팬지들을 보게 하는 것뿐이라고 생각한다.

침팬지 가족 후기

1970년 8월

곰비에서 행한 장기간의 연구 덕택으로 인간은 침팬지의 행동을 더 자세히 이해할 수 있게 되었고, 이러한 이해를 통해 우리는 결국 우리 자신을 더 잘 이해할 수 있게 될 것이다. 휴고와 나는 이를 확신하고 있다. 그러나 우리가 매년 이 연구를 계속하고 있는 것은 단지 이런 이유에서만은 아니다. 우리는 침팬지들을 각각의 생명체로서 생각하고 있고 그들에게 매료되어 있다. 우리가 아주 어린아이였을 때부터 알았던 피피가 어떻게 자기 새끼들을 돌보는지, 플로가 할머니가 되도록 오래오래 살 것인지, 만약 그렇다면 플로는 피피의 아이늘에게 어떻게 대할 것인지, 또 플로가 죽는다면 플린트는 어떻게 될 것인지, 언젠가는 피건이 으뜸 수컷이 될 수 있을 것인지 등등을 알고 싶다. 실제로 우리는 흥미진진한 소설에서 손을 떼지 못하고 끝까지 읽게 되는 독자처럼 침팬지 관찰을 계속해 왔는지도 모른다..

요즘 우리는 곰비에서 그다지 많은 시간을 보내지 못한다. 그것은 우리에게도 아이가 생겼고, 내가 앞에서 언급했듯이 침팬지들은 사람의 아이를 먹을 수 있는 것으로 알려졌기 때문이다. 그루블린 Grublin이나 그럽 Grub(애벌레라는 뜻──옮긴이)이라는 별명이 더 잘 어울리는 우리 아들 휴고 2세가 아주 어렸을 때 우리는 그 애를 관찰 구역 건물에 있는 아기방 안에 두었다. 로돌프와 험프리, 그리고 젊은 에버레드가 창문으로 그럽을 들여다보고는 털을 곤두세우고 입을 꼭 다문 채 사나운 표정으로 창살을 흔들어댔다. 만약 기회만 된다면 그들이 그럽을 잡아 먹을지도 모른다는 것을 우리는 알고 있었다. 그러나 이 점에 대해 우리가 그들에게 뭐랄 수는 없는 일이다. 침팬지가 사로잡혀 원숭이가 아닌 인간과 함께 자라면 그들은 침팬지 아기와 마찬가지로 사람 아기를 반기고 공격하지 않게 된다. 그러나 곰비에서는 침팬지들이 함께 지내고 심지어는 때로 믿을 수 있기까지 한 흰 피부의 원숭이들이 아이를 낳은 적이 없었다. 로돌프는 그럽을 나의 소중한 아기가 아니라 단지 맛있어 보이는 식사로 보는 것 같았다.

그럽이 자라자 더 이상 아기방 안에 둘 수가 없어서 우리는 곧 침팬지들이 거의 나타나지 않는 강변 아래쪽에 더 큰 방을 만들었다. 풀로 지붕을 이은 조립식 집에 붙어 있는 시원하고 통풍이 잘 되는 방이었다. 그럽은 휴고와 내가 함께 있을 때에는 하얀 모래 강변을 달리거나 반짝이는 호수에서 물을 튀기며 놀 수 있지만, 우리가 침팬지들과 함께 산에 올라가 있을 때에는 그를 돌봐주는 두 명의 아프리카인들과 함께 늘 안전한 방 안에 있어야 했다. 그럽은 곰비의

그럽과 함께 숲 속에서

생활에 만족한 듯 모두에게 곰비가 〈세상에서 가장 좋은 곳〉이라 말하곤 한다. 다행스러운 일이다. 왜냐하면 휴고와 나는 곰비에서 좀 더 오래 있을 계획이기 때문이다. 지난 몇 년 동안 휴고는 아프리카에 사는 큰 육식 동물들에 관한 연구를 계속해 왔다. 휴고가 항상 침팬지 연구에 참여했던 것과 마찬가지로 나도 한동안 그의 연구를 돕기로 했다. 결혼할 때부터 휴고와 나는 할 수 있는 한 함께 일을 하자고 약속했다. 결혼의 풍요로움을 향유할 수 있는 최상의 방법은 두 사람이 비슷한 흥밋거리와 인생 목표를 가지고 함께 나누는 것이라고 생각하기 때문이다. 그래서 얼마간 나는 하이에나를 관찰했다. 그 경험은 내 사고를 보다 폭넓게 만들어 침팬지에 대한 나의 시각을 새롭게 해주었을 뿐 아니라 침팬지들의 행동을 해석하는 데에도 도움을 주었다.

내가 몇 달 동안 곰비를 떠나 있었음에도 불구하고, 학생들 덕분에 기록은 끊이지 않았다. 어떤 것을 직접 보는 것과 그것에 관해 듣는 것은 상당히 다르다. 하지만 기록된 내용 역시 늘 흥미진진하며 곰비에서 일하는 사람 대부분이 우리와 같은 열정을 가지고 침팬지들을 각각의 생명체들로 대했기 때문에 기록은 정확하고 생생하다. 또 운이 좋아서인지, 내가 그곳에 있을 때마다 침팬지들은 마치 내가 거기 있다는 것을 아는 양 재미있는 사건들을 연출해 냈다. 한 달마다 새로운 사건이 터졌고, 그럴 때마다 침팬지 모험담의 새로운 단원이 막을 여는 것이었다. 이 이야기를 끝마치기 전에 나는 이 책에 나오는 침팬지 인물들에 관한 이야기 몇 개를 모아보고자 한다.

우선 올리와 그 가족에게 무슨 일이 생겼는지 알아보자. 소아마비로 아기를 잃은 지 정확히 일년 후 늙은 올리는 또다른 아기를 가

곰팡이성 질환에 걸린 지 18개월 후의 길카

졌지만 2개월밖에 안 된 미숙아였고 사산되었기 때문에 길카는 또 한번 동생을 잃었다. 그로부터 6개월 후 올리는 더 이상 나타나지 않아 결국 우리는 그녀의 죽음을 사실로 받아들일 수밖에 없었다. 겨우 일곱 살인 길카는 전에 엄마와 함께 다니던 길을 따라 혼자서 떠돌아다니며 시간을 보냈다.

올리가 죽은 지 얼마 되지 않아 길카의 코에 이상한 종기가 생겼다. 처음에는 매우 아픈 듯 길카는 다른 어린 침팬지가 놀자고 다가가도 눈을 감은 채 사납게 밀쳐내곤 했다. 몇 주가 지나자 더 이상 아파하는 것 같지는 않았지만 종기가 계속 커져 코로는 거의 숨을 쉴 수 없을 지경이 되었다. 일년이 지난 후 우리는 길카의 코가 커다란 혹 때문에 잔뜩 부어 얼굴이 끔찍하게 변했음을 알 수 있었다. 그 혹의 양쪽과 이마에도 작은 돌기들이 생겨났다.

휴고와 내가 오랫만에 곰비에 돌아왔을 때, 길카의 얼굴은 소름이 끼칠 정도로 끔찍하게 변해 있었다. 반짝이는 긴 머리칼과, 창백한 하트 모양의 얼굴, 그리고 하얀 수염이 턱에 점점이 박힌 가장 예쁜 어린 침팬지 중 하나였던 길카가 끔찍하게 생긴 도깨비로 변한 것이다. 우리는 그 혹이 암이라고 생각했고 길카가 곧 죽을 것으로 생각했다.

우리는 여러 의사들에게 길카의 사진을 보여주었다. 많은 논의 끝에 우리는—할 수 있는 것은 거의 없겠지만 그래도—최소한 혹의 원인이라도 찾아보기로 하였다. 우리가 길카를 진정시키고 마취시키는 데 쓴 방법을 설명하지는 않겠다. 다만 지금은 유명한 수의사인 수 하툰과 토니 하툰 Sue and Tony Harthoon, 더글러스 로이 Douglas Roy 교수, 브래들리 넬슨 Bradly Nelson 박사의 도움으로 길카의 혹이 곰팡이에 의한 것이라는 걸 알아내어 항생제 치료를 하고 있다는 것만 이야기하겠다. 다행히 길카는 그 수술에도 불구하고 여전히 인간에 대한 믿음을 버리지 않아 우리 학생들이 산에서 길카를 따라 다니는 데에는 별 어려움이 없다.

우리는 모두 길카가 회복되기를 간절히 바란다. 무엇보다도 우리는 길카를 무척이나 좋아한다. 게다가 에버레드와 그는 우리가 오랫동안 자세히 연구할 수 있었던 몇 안 되는 형제 자매들 중 하나였다. 올리가 죽기 전 3년 동안은 그의 두 아이들 간에 거의 접촉이 없었으나, 엄마가 죽은 후 몇 년 사이에 에버레드와 누이 동생 길카는 더 가까워진 듯 훨씬 자주 함께 돌아다녔다. 더욱이 에버레드 또래의 수컷들은 길카의 털을 거의 손질하지 않거나 하더라도 대개 잠깐 해줄 뿐이지만 에버레드와 길카는 서로의 털을 손질하는 데 많은 시간을 보낸다.

길카와 에버레드 간의 이런 관계가 앞으로도 몇 년 동안 지속될 것인지 우리는 알 수 없다. 마리나의 아이들 페페와 미프도 엄마가 죽은 후 종종 둘이 함께 돌아다녔지만 점차 사이가 멀어지는 것 같았다. 안타깝게도 페페는 동생 멀린이 죽은 일년 후에 죽었고 마리나의 가족 중에는 미프만 남았다. 미프는 열 살 반쯤 되었을 때 딸을 낳았다. 우리는 미프가 아기를 능숙하게 다루는 것을 보고 놀랐다. 우리가 보아 온 다른 초보 엄마들은 적어도 아이가 태어난 후 처음 며칠 동안은 대개 서툴고 어쩔 줄 몰라 한다. 멜리사는 넋이 나간 것처럼 보이기도 했다. 그러나 미프는 아기의 존재를 당연하게 받아들였고, 늙고 숙련된 플로가 막내에게 정성을 쏟았던 것처럼 정성을 기울였다. 아마도 고아 남동생과 함께 했던 경험이 미프에게 그런 자신감을 더해 주지 않았을까 싶다.

앞 장에서 언급했던 것과 마찬가지로, 몇 년 동안 우리는 형제 관계가 어른 수컷들 간에 형성되는 친밀한 우정의 기본이 될지도 모른다고 생각해 왔다. 그래서 특히 플로의 성장한 아들들인 페이븐과 피건 사이의 관계가 어떻게 변화하는가를 주의 깊게 지켜보았다. 비록 페이븐이 그의 동생에게 좀 거칠게 대하기는 했지만, 청소년기의 그 둘은 자주 같이 놀았다. 페이븐은 열세 살쯤 되어 사회적으로 성숙한 수컷이 되자 더 이상 피건을 상대하지 않았다. 휴고와 나는 수컷들 사이의 우정에 관한 우리의 이론을 의심하기 시작했다.

페이븐은 체격이 당당했고 성숙한 수컷으로서 첫해 동안 그가 종종 두 발로 서서 보인 돌격과시행동은 정말 늠름했다. 그러나 그 후 그는 소아마비에 걸려 오른쪽 팔을 전혀 쓰지 못하게 되었다. 그때까지는 동생 피건이 페이븐에게 항상 눌려 지냈다. 하지만 피건은 그만이 지닌 총명함으로 형의 신체적 장애를 이용하여 순식간에 자신의 서열을 높였다. 페이븐이 팔을 못쓰게 되어 나타난 처음 며칠 동안 피건은 그에게 특별한 관심도 가지지 않는 것 같았다. 그러나

침팬지 가족 후기

자신의 모습을 거울로 보며 나무 막대를 휘두르는 페이븐

그 후 피건은 그의 형을 마음먹고 괴롭히기 시작했다.
 내가 이것을 처음 목격했을 때, 페이븐은 나무에 앉아 한가로이 자기 몸의 털을 고르고 있었다. 페이븐을 응시하던 피건은 느릿느릿 걸어가 나무 위로 올라갔다. 피건이 갑자기 난폭한 과시행동을 하며 가지와 나무 전체를 격렬하게 흔들어댔고, 페이븐은 처음에는 동생의 행동을 개의치 않더니 급기야는 비명을 질러대기 시작했다. 페이븐은 그 당시 아직 마비된 한쪽 팔에 익숙하지 못했기 때문에 몇 초도 견디지 못하고 나무에서 떨어졌다. 그 후 며칠 동안 피건은 페이븐에게 두 번이나 더 그런 과시행동을 했다. 사정이 이렇게 되자 형의 태도는 돌변했다. 내가 그 다음에 그들을 보았을 때 페이븐은 피건이 다가오는 것을 보자 피건에게 달려가 복종의 뜻으로 헐떡이며 웅얼거렸다. 피건은 그 자리에 주저앉더니 형이 그의 앞으로 기어오자 안심시키는 듯 형의 머리를 토닥여 주었다.
 이런 상태는 얼마 동안 지속되었고 페이븐은 점점 그의 신체적 장애에 적응하게 되었다. 그는 마비된 팔이 땅에 끌리지 않도록 똑바로 일어나 걸을 수 있게 되었다. 그리고 그렇게 사람처럼 움직이는 데 점점 더 능숙해졌다. 그는 곧 어른 수컷들의 무리를 꽤 멀리까지 따라갈 수 있게 되었고, 나무들 사이로 건너다닐 때에는 이전의 민첩함을 회복한 듯했다. 또 서서히 그의 돌격과시행동은 이전의 늠름함을 되찾았다. 페이븐이 가려는 길에서 잠깐 비켜 있던 것으로 보아 피건은 형의 몸이 향상되는 것을 알아챘음에 틀림없었다. 2년 후에는 한때 피건이 형보다 우위를 점하고 있었다는 걸 보여줄 만한 아무런 근거도 없었다.
 청소년기 이래로 우리가 그 형제 사이에 처음으로 우정이 싹트고 있다는 걸 알아챈 것은 피건이 사회적으로 성숙한 어른의 서열에 오르게 되었을 때였다. 그들은 자주 같이 돌아다녔고, 늘 서로의 털을 오랫동안 손질해주었다. 우리는 우리의 이론이 결국 맞을 수도 있다고 생각했다. 아마도 이것은 데이비드 그레이비어드와 골리앗, 마이크와 제이비, 맥그리거 씨와 험프리 사이에 존재했던 것과 같은 우정의 시작일지도 모른다. 앞으로 이들에게 어려운 일이 생기면 서로 달려가 도와줄 변함없는 그런 우정 말이다. 우리는 그저 지켜볼 뿐이다.

이듬해 피건과 에버레드(에버레드가 한 살 더 많다) 간에 점점 긴장감이 더해 갔다. 이들은 종종 서로에게 과시행동을 하곤 했다. 이런 갈등이 실제로 몸을 부딪히는 싸움에 이르지는 않았지만, 어느 날 결국 잊지 못할 사건이 터지고야 말았다. 사건의 시작은 에버레드가 털을 곤두세운 채 캠프장에 도착했다가 피건과 페이븐이 함께 있는 것을 발견했을 때였다. 에버레드가 다가오자 피건은 형 페이븐에게 달려가 형을 잠시 껴안았다가 에버레드 쪽으로 돌아섰다. 몇 초 후, 두 형제가 합세하여 에버레드 쪽으로 크게 〈우아아〉 소리를 지르며 돌격했고 캠프장에서 에버레드를 쫓아냈다. 에버레드는 비명을 지르며 숲을 지나 큰 나무 위로 피신했다. 형제는 캠프로 돌아왔다. 그 후 몇 분 동안 처음에는 페이븐이, 그 다음에는 피건이 헐떡이고 웅얼거리며 나뭇가지를 땅에 끌거나 두들기고 발을 쿵쿵 구르며 캠프장을 가로질러 과시행동을 했다. 에버레드가 있는 나무에서는 다소 낮은 웅얼거림이 몇 번 들려올 뿐이었다.

캠프를 떠난 지 반시간쯤 되었을 때 에버레드가 캠프장 쪽으로 다시 돌아왔다. 페이븐이 즉시 에버레드 쪽을 향해 과시행동을 했다. 피건이 서둘러 형과 합세했고 둘은 전속력으로 에버레드를 따라갔다. 에버레드는 재빨리 나무 위로 후퇴했다. 이번에는 두 형제가 에버레드를 따라 나무 위로 올라가 털을 곤두세웠다. 이제 그들의 제물로부터 5미터쯤 떨어져 있다. 셋 모두 조용했으나 에버레드는 공포로 인해 입술을 젖힌 채 이를 드러내고 있었다.

이윽고 피건이 에버레드 쪽으로 몇 발짝 다가가자, 에버레드는 낮게 웅얼거리며 나뭇가지 끝 쪽으로 몇 미터 더 나가 앉았다. 얼마 후 여전히 숨막힐 듯한 정적 속에서 페이븐이 에버레드 쪽으로 움직였고 에버레드는 걱정스런 신음 소리를 내며 가지 끝 쪽으로 다시 움직여 갔다. 피건이 또 에버레드 쪽으로 다가갔을 때에 그는 낮게 웅얼거릴 뿐 더 이상 후퇴할 수 없었다. 두 형제는 에버레드를 마주한 채 조용히 앉아 있었다.

셋이 나무 위로 올라간지 5분쯤 되었을 때, 갑자기 페이븐과 피건이 함께 〈우아아〉 소리를 지르며 에버레드에게 덤벼들었다. 드디어 전투가 시작된 것이다. 에버레드는 비명을 지르며 옆 나무로 몸을 던졌고, 그 뒤를 두 형제가 바짝 쫓았다. 짧은 추격전 끝에 피건이 가느다란 가지 끝에서 에버레드를 붙잡았고, 둘이 맞붙어 싸우자 페이븐도 싸움에 뛰어들었다.

세 마리의 젊은 수컷들이 시끄럽게 날카로운 소리를 질러대며 여기저기로 펄쩍펄쩍 뛰어다니며 싸우는 것은 그야말로 엄청난 광경이었다. 그러는 동안 플린트는 나무에 올라 그 전투로부터 안전한 거리를 유지한 채 나뭇가지를 발로 구르며 어린 침팬지들이 흔히 내는 높은 〈우아아〉 소리를 내고 있었다. 그 아래에서는 늙은 플로가 발을 구르고 덩굴을 흔들어대며 목쉰 소리로 짖어대고 있었다.

갑자기 피긴과 에버레드가 여전히 엉겨 붙은 채 땅으로 떨어졌다. 그들은 허공을 날아 거의 10미터 아래의 빽빽한 덩굴로 떨어진 것이다. 페이븐은 즉시 나무 몇 개를 지나치더니 그 둘을 따라 뛰어

내려왔다. 에버레드는 비명을 크게 지르며 숲으로 도망쳤다. 페이븐과 피건은 따라오는 플로와 플린트를 뒤로 한 채 얼마간 에버레드를 뒤쫓다가 크게 우우거리고 발을 구르며 번갈아 과시행동을 했다. 에버레드는 수백 미터 밖 계곡 가까운 곳에서 여전히 비명을 지르며 끙끙거리고 있었다.

그 싸움에서 피건은 팔을 좀 다쳤고 손마디의 피부가 약간 긁혀 벗겨지는 상처를 입었으며 머리털도 많이 빠졌다. 그러나 에버레드에 비할 바는 아니었다. 그는 입술 한쪽에서 볼까지 얼굴 반쪽이 찢어졌다. 모두들 에버레드의 얼굴도 여동생 길카처럼 영원히 그런 소름끼치는 모습으로 남는 것은 아닌가 걱정했다. 그러나 놀랍게도 상처가 아물어 거의 흉터도 남지 않았다.

그동안 우리 연구팀은 수컷의 우위 서열에 대한 흥미진진한 새로운 정보를 수집하고 있었다. 늙은 맥그리거 씨가 죽은 지 얼마 되지 않아 그의 동생이라 생각되는 험프리는 정말 우람한 수컷으로 성장했다. 그는 몸집이 커질수록 더욱더 포악해졌다. 1968년까지 모든 암컷들과 청소년기의 수컷들은 험프리를 보면 두려움에 덜덜 떨었다. 종종 험프리와 마이크가 무리에 함께 있을 때면, 새내기 침팬지들은 마이크에게 인사하기 전에 서둘러 험프리에게 존경을 표하곤 했다. 그 다음해 험프리는 점차 늙은 로돌프, 리키, 골리앗보다도 더 높은 지위를 차지하게 되었지만 언제나 그랬듯이 마이크에게는 존경을 표했다.

피건은 특히 험프리를 무서워했다. 하지만 그와 동시에 마이크에게는 점점 멋대로 굴기 시작하여 마이크는 이 시건방진 녀석을 무척 걱정하기 시작했다. 마이크가 과시행동을 하면 다른 침팬지들은 예전처럼 서둘러 길을 비켰지만, 피건은 마이크에게 등을 돌린 채 조

험프리와 두 수컷이 다른 침팬지들이 다가오는 것을 보고는 헐떡이며 우우거리고 있다.

용히 앉아 있곤 했던 것이다. 이런 일이 여러 번 반복되자 마이크는 점점 불안해하게 되었다. 피건이 가까이 있으면 마이크는 여느때보다 더 자주 과시행동을 했으며, 그 과시행동은 대부분 그 젊은 수컷을 향한 것이었다. 마이크는 등을 돌린 채 꿈쩍도 않는 피건이 앉아 있는 바로 그 나뭇가지를 흔들어대기도 했다. 그러나 실제로 피건을 공격하진 못했다.

한 가지 잊혀지지 않는 사건이 있었다. 마이크가 이상할 정도로 끼고돌던 어느 발정기의 암컷에게 피건이 접근을 시도한 것이다. 마이크가 나뭇가지를 흔들어대며 피건을 위협하기 시작했고, 피건 또한 답으로 과시행동을 했다. 두 수컷은 소리를 지르며 엉겁결에 나무에서 내려왔다. 마이크가 공포에 질린 얼굴로 험프리에게 달려가 위안을 얻으려는 듯 그를 껴안았다.

이 사건이 일어난 직후, 직접 보지는 못했지만 피건을 원래 서열로 확고하게 되돌려 놓은 사건이 있었던 것 같다. 그 후 피건은 마이크가 과시행동을 하면 길에서 비켜섰고 마이크에게 복종하는 태도로 인사했다. 그러나 피건이 진정되자마자 피건보다 한 살 많은 에버레드가 마이크의 대권에 도전하기 시작했다. 에버레드는 피건이 했던 것처럼 앉아서 마이크의 과시행동을 무시했다. 그리고 피건의 불복종을 걱정했던 것과 마찬가지로 마이크는 에버레드의 불복종에 대해서도 걱정했다. 마이크는 높은 지위를 차지하고 있었지만 피건과 에버레드를 다룰 때만큼은 매우 불안해했다. 마이크는 로돌프와 리키 같은 늙은 수컷이 곁에 있을 때에만 이 두 젊은 수컷들이 있어도 긴장을 푸는 것 같았다. 이상한 상황이었다. 만약 둘 중 하나가 마이크와 싸워 이긴다면 그 늙은 수컷은 더 이상 최고 우위를 차지하지 못할 것이다. 그러나 마이크의 자리를 넘보던 둘 중 누구도 실제로 그러지는 않았다. 왜냐하면 피건과 에버레드 모두 험프리에게는 깊은 존경심을 표하고 있었기 때문이다. 그렇다면 곧 그 어느 수컷도 모든 상황에서 최고 우위가 될 수는 없는 사태가 벌어질지도 모른다. 틀림없이 곧 무슨 일이 생길 조짐이다.

휴고와 나는 아마 험프리가 정권을 잡은 후에는 결국 피건이 으뜸 수컷이 되리라 생각한다. 피건은 에버레드보다 더 총명할 뿐 아니라 대가족의 후광을 업고 있다. 아마도 페이븐이 가까이 있다는 사실이 피건에게 한때 데이비드 그레이비어드가 골리앗에게 주었던 것 같은 자신감을 불어넣어 줄 것이다.

골리앗은 요즘 다소 비참해 보인다. 마이크에게 그의 최고 자리를 빼앗긴 후에도 4년 동안 골리앗은 매우 세력 있는 수컷으로 남아 있었다. 그러나 그 후 그는 병을 앓았고 몸무게도 매우 줄어들었으며, 친구 데이비드 그레이비어드를 독감으로 잃었다. 요즘 골리앗은 모든 어른 수컷들뿐 아니라 대부분의 청소년 수컷들에게도 눌려지낸다. 그는 혼자서 혹은 늙은 로돌프나 리키와 함께 돌아다니며 소일한다.

내 생각에 골리앗은 곧 죽을 것 같다. 비록 대단한 침팬지이지만 플로도 오래 살기는 어려울 것 같다. 우리는 이 침팬지들에 대해 많은 것을 알고 있고 그들의 삶을 공유해 왔기 때문에 그들이 죽을 때면 항상 슬프다. 물론 나에게 가장 슬펐던 일은 데이비드 그레이비어드의 죽음이었다. 데이비드는 내 존재를 가장 처음으로 받아들였고, 내가 가까이 접근하도록 허락해 준 첫 침팬지였다. 그는 연구 초기에 고기를 먹고 도구를 사용하는 것에 관한 흥미로운 관찰을 할 수 있게 해주어 연구비를 얻는 데에 도움을 주었다. 그뿐 아니라, 내 캠프를 방문한 첫번째 침팬지였고, 내 손에서 바나나를 가져간 첫 침팬지였으며, 사람 손이 자신을 만질 수 있게 했던 첫 침팬지였다. 사실 플린트가 우리를 만지도록 내버려 둔 것과 피피와 피건이 우리와 함께 놀도록 한 것은 휴고와 내가 저지른 실수였다. 우리는 이후 연구의 정당성뿐 아니라, 곰비에서 우리의 발자취를 따라온 학생들의 안전까지도 위험에 빠뜨렸던 것이다. 요즘까지도 플린트와 피건은 종종 관찰자들과 놀이를 하려고 한다.

그러나 나는 데이비드 그레이비어드와의 접촉은 후회하지 않는다. 데이비드는 점잖게 흰 원숭이로 하여금 자신을 만지도록 허락했다. 나에게 그것은 갇힐 수 있다는 사실을 전혀 알지 못하는 야생의 동물과 인간 사이에 어떤 교감을 얻어낸 엄청난 순간이었다. 그때 나는 데이비드와 단둘이 많은 날들을 보냈다. 몇 시간 동안이나 숲을 헤치며 그를 따라가기도 하고, 그가 먹거나 쉴 때는 앉아서 지켜보기도 했다. 그가 빽빽한 덩굴을 지나갈 때는 놓치지 않으려 애쓰기도 했다. 때로 데이비드는 골리앗과 윌리엄에게 그랬던 것처럼 내가 뒤따라오도록 기다려 주었다고 나는 확신한다. 내가 옷이 찢기고 숨을 헐떡이며 가시덤불을 뚫고 가노라면 그는 내 쪽을 여러 번 돌아보며 앉아 있다가 내가 나타나면 일어나 다시 터벅터벅 걸어가곤 했다.

어느 날 나는 수정같이 맑은 작은 실개천 둑에 데이비드와 가까이 앉아 있다가 땅에 떨어져 있는 잘 익은 빨간 야자 열매를 발견했다. 나는 그것을 주워 손바닥을 벌려 그에게 보여주었다. 그는 머리를 돌렸다. 내가 손을 더 가까이 가져가자, 그는 열매를 보았다가 다시 나를 쳐다보곤 이내 열매를 집으며 그의 손으로 내 손을 힘있게, 그러나 부드럽게 잡아주었다. 내가 움직이지 않고 앉아 있자 그는 내 손을 놓고 손에 쥔 열매를 내려다보더니 땅에 떨어뜨렸다.

그 순간 나를 안심시키려는 그의 뜻을 이해하는 데에는 어떤 과학적 지식도 필요하지 않았다. 내 손을 부드럽게 잡았던 그의 손가락에서 느껴오는 촉감은 지성이 아닌 더 원시적인 감정을 통하여 이야기하는 것 같았다. 그 몇 초 동안은 인간과 침팬지가 따로 진화해 온 그 장구한 시간의 장벽이 무너지는 듯했다.

그것은 내가 가진 그 어느 원대한 소망보다도 훨씬 더 큰 보답이었다.

1987년 8월

내가 이 책을 쓴 지도 17년이 지났다. 그 이래로 침팬지와 그 행동에 관해 우리는 참으로 많은 것을 배웠다.

이 책에 서술된 침팬지들 대부분은 풍족한 사냥터로 이사했다. 늙은 에버레드는 여전히 숲이 우거진 언덕을 배회한다. 지지는 나이가 들어 분홍색 팽창이 약간 퇴색하고 빛이 바랬지만 여전히 크게 부풀은 생식기를 흔들며 자랑하고, 그 뒤에는 새로운 젊은 세대의 수컷들이 줄을 서서 지지의 환심을 사려 경쟁하고 있다. 내 침팬지 친구들 1세대의 아들딸들은 엄마와 아빠의 특징을 그대로 가지고 있다. 아틀라스Atlas가 숲을 가로질러 뛰어가며 과시행동을 할 때마다 나는 늙은 험프리를 떠올린다. 고블린은 때로 마이크와 너무도 많이 닮았다. 그리고 피피의 움직임, 태도, 그리고 무엇보다도 하나하나의 행동은 플로가 되살아난 것 같은 착각을 불러일으킨다.

늙은 플로는 그 후 2년을 더 살았고 우리가 곰비에서 본 침팬지들 중 가장 늙어 보이는 침팬지가 되었다. 플린트는 플로가 죽을 때까지도 플로에게 비정상적일 만큼 의존했다. 플로가 죽자 플린트는 엄마 없이 살 수 없어 보였다. 피건은 형 페이븐에 힘입어 길고 폭력적인 투쟁 끝에 결국 으뜸 수컷이 되었다. 이제 피피는 네 아이들과 함께 다복한 가족을 이끌고 있다.

길카에게는 불행이 끊이지 않아 결국 아이들을 차례로 잃고 자신도 병으로 죽었다. 그러나 길카의 유일한 혈육인 오빠 에버레드는 많은 침팬지들의 아비가 되었고, 그 결과 오늘날 곰비에는 여전히 늙은 올리의 자손들이 남아 있다.

관찰 기록을 들춰보는 것은 역사의 페이지를 넘겨보는 것과 같다. 1970년 이래로 곰비에는 내가 연구 조기에는 예측도 하지 못했던 수많은 흥밋거리와 수많은 비극들이 있었다. 내가 처음 침팬지들을 알았을 때에는 한 무리의 수컷들이 이웃한 작은 무리의 침팬지들을 공격하여 암수를 가리지 않고 희생자를 낸 사건들이나 한 어른 암컷이 자신의 청소년기 딸과 함께 그 무리의 갓 태어난 아이들을 사냥하여 먹어치우던 기괴한 사건이 벌어지리라고는 상상도 하지 못했다.

그리고 단지 열세 살에 정상의 자리에 오를 수 있었던 고블린과 피건의 별난 관계도 예상하지 못했다. 그물처럼 복잡하게 얽힌 침팬지의 사회 구조에 대한 무수한 이야기들은 여기서 다 이야기할 수 없다. 탄자니아의 야생 관리국 직원들과 내가 기록했던 상세한 정보들은 이 책의 속편에서 더 자세히 기술될 것이다. 내가 이 글을 쓰고 있는 현재에도 계속 쓰고 있는 책에 말이다.

■ 부록 1

성장 단계

　사람과 마찬가지로 어떤 침팬지들은 다른 침팬지들보다 더 빨리 성장한다. 더구나 엄마 침팬지의 행동은 의심할 여지없이 새끼 침팬지의 신체적, 사회적 성장에 엄청난 영향을 준다. 이것은 사람에게도 잘 들어맞는다. 예를 들어 침팬지나 사람이나 엄마들은 자식이 걸음마를 하려고 하는 것을 내버려두거나 혹은 못하게 할 수도 있고, 자기 또래의 아이들과 처음으로 사귀려 할 때 내버려두거나 혹은 불안해 하기도 한다. 여기에 적은 나이는 우리가 관찰하던 어린 침팬지들 중 누구에게서라도 처음으로 특정한 신체적 또는 사회적 성장 단계가 발견된 시기를 나타낸 것이다.
　2개월은 생후 두번째 달을 의미한다. 즉 그 아기의 나이가 생후 4주에서 8주 사이라는 뜻이다. 마찬가지로 3세는 새끼가 생후 24개월에서 36개월 사이라는 것을 의미한다.

처음 관찰된 시기(개월 수)

엄지손가락을 빤다.	2
엄마가 때로 잠깐씩 간질인다.	2
물체를 응시하고 그것을 향해 손을 뻗는다.	2
엄마를 붙잡아 당기려 힌다.	2
엄마를 붙잡은 채 똑바로 선다.	2
엄마의 몸 쪽으로 몸을 밀었다 당겼다 한다.	3
손을 뻗어 물체를 잡을 수 있을 만큼 조화된 근육 운동을 보인다.	3

첫 이가 나온다.	3
엄마와 자주 그리고 오랫동안 논다.	3
놀이표정을 보이고 간질이면 웃는다.	3
딱딱한 먹이를 씹어 삼킨다.	4
엄마의 손을 가지고 논다.	5
엄마의 등에 탄다.	*5
걸음마를 한다.	5
엄마와 아기의 접촉이 끊어진다.	5
나무에 올라간다.	5
다른 침팬지가 데려간다(형이나 누나는 4개월 경에 납치하기도 한다).	5
다른 침팬지와 키스를 한다.	5
다른 침팬지의 털을 고르려고 하지만 아직 서툴다.	7
잠자리를 만들려고 한다.	8
다른 침팬지에게 가벼운 공격을 당한다.	8
발정한 암컷에 올라타 짝짓기를 시도한다.	9
다른 아기 침팬지에게 공격적으로 뛰어들며 때린다.	16
적절한 상황에서 다른 침팬지를 안심시킬 줄 안다.	16
능숙하게 털고르기를 한다.	18
	(이하 년수)
적절한 상황에서 돌격과시행동을 하고 비춤을 춘다.	3 (초기)
다른 젊은 침팬지를 사납게 공격한다.	3 (초기)
적절한 상황에서 도구를 사용하려고 한다.	3 (초기)
젖을 뗀다.	5 (말기)
유치가 빠지기 시작한다.	6
엄마 없이 얼마 동안 돌아다니기도 한다.	6
사춘기를 맞는다.	8–9
첫 새끼를 낳는다.	11–12
수컷은 사회적으로 완전히 성숙한다.	15

*한 아기(폼)는 8주가 지나서 엄마의 등에 올라탔다. 이것은 매우 드문 일이었으며 폼이 발을 다쳤기 때문이었다. 248쪽 참조.

■ 부록 2

얼굴 표정과 소리

1a. 헐떡이며 웅얼거릴 때
〈후우〉 부분
Hoo part of pant-hoot

1b. 헐떡이며 웅얼거릴 때
〈우아아〉 부분
Waa part of pant-hoot

1a와 1b는 침팬지들이 헐떡이며 웅얼거리는 소리를 낼 때 짓는 대표적인 두 가지 표정이다. 헐떡이는 소리는 숨을 들이마실 때 발생하는 〈후우〉 소리로 시작하여 점차 커지다가 역시 헐떡거리며 숨을 들이마시는 것과 관련된 〈우아아〉 소리로 끝이 난다. 1a는 〈후우〉 소리를 낼 때의 표정이고, 1b는 〈우아아〉 소리를 낼 때의 표정이다. 헐떡이며 웅얼거리는 소리를 내는 경우는 다양한데, 특히 먹이를 발견했거나 다른 무리와 합류할 때, 계곡을 건너왔을 때 낸다. 이 소리는 흩어져 있는 개체들이나 집단들 간에 연락 신호로 사용된다. 때로 나무에서 한가로이 먹이를 먹고 있는 침팬지들이 이 소리를 내면 좀 떨어진 거리에 있는 다른 침팬지들이 응답하기도 한다. 침팬지 무리들이 서로 소리가 미치는 거리에서 자고 있을 때, 그리고 특히 밝은 달이 뜨는 밤이면 이 소리를 주고받는다.

2a. 턱을 벌린 채
이를 드러내 보이는 표정
Full open grin

2b. 턱을 닫은 채
이를 드러내 보이는 표정
Full closed grin

턱을 벌린 채 이를 드러내는 표정(2a)은 공격하고 있을 때나 공격 이후, 그리고 서열이 높은 수컷이 낮은 수컷에게 다가갈 때, 침팬지 무리가 큰 바나나 더미를 발견했을 때 등등 침팬지가 놀랐거나 매우 흥분해 있을 때 짓는 표정이다. 만약 침팬지가 덜 놀라거나 덜 흥분했을 때에는 윗입술이 약간 이완되어 윗니를 덮는데, 이 표정을 턱을 반쯤 벌린 채 이를 드러내는 표정 low open grin이라 한다. 턱을 활짝 벌린 것과 반쯤 벌린 표정은 빠른 속도로 번갈아 나타나며 이 표정을 지을 때에는 항상 큰 비명을 지른다.

턱을 닫은 채 이를 드러내는 표정(2b)은 위의 경우보다 덜 놀랐거나 덜 흥분되었을 때 짓는다. 이 표정은 턱을 반쯤 벌린 채 이를 드러내는 표정이나 아래 앞니만 보이도록 턱을 반쯤 닫은 채 이를 드러내는 표정 low closed grin과 번갈아 나타나기도 한다. 턱을 닫은 채 이를 드러내는 표정은 대개 고음의 낑낑거리는 소리와 함께 나타나는데, 이 소리는 비명 소리나 킁킁거리는 소리로 변하곤 한다. 그러나 낮은 서열의 침팬지가 소리를 내지 않고 턱을 닫은 채 이를 드러내는 표정을 지으며 높은 서열의 침팬지에게 접근할 때도 있다. 만약 인간의 겁먹은 표정 또는 형식적으로 해 보이는 미소에 해당하는 표정이 침팬지에게 있다면 그것은 말할 것도 없이 턱을 닫은 채 이를 드러내는 표정일 것이다.

3. 가로로 입을 삐쭉 내민 표정
Horizontal pout

비명 소리나 낑낑거리는 소리가 다른 높낮이의 〈우우〉 소리가 빠른 속도로 반복되는 큿큿거리는 소리로 변할 때 침팬지는 가로로 입을 삐쭉 내민 표정을 짓는다. 공격을 당한 후 젊은 침팬지는 점차 비명 소리나 낑낑거리는 소리를 멈추고 큿큿거리기 시작한다. 그러나 큿큿거리는 소리를 비명 소리나 낑낑거리는 소리 다음에만 내는 것은 아니다. 엄마와 아기는 서로 부드러운 단음절의 〈후우후우〉 소리를 내며 큿큿거린다. 이것은 침팬지가 자기보다 높은 서열의 침팬지로부터 먹이를 얻고자 하거나, 털손질을 해달라고 할 때 또는 하고 싶은 대로 되지 않을 때 내는 소리이다. 이 부드러운 〈후우후우〉 소리는 위아래 입술을 오므리고 앞으로 삐쭉 내민 표정과 함께 낸다. 일이 잘 풀리지 않으면 그 소리가 점점 더 잦아지고 커져 본격적으로 큿큿거리는 소리로 되며 입술은 점점 더 벌어져 1a의 표정과 같게 된다.

4. 입을 굳게 다문 표정
Compressed-lips face

입을 굳게 다문 표정은 침팬지가 공격적일 때, 특히 돌격과시행동을 하거나 다른 침팬지를 공격할 때 짓는 표정이다. 소리는 내지 않는다.

부록 2 얼굴 표정과 소리　417

놀이표정은 침팬지가 놀 때 짓는 표정이다. 놀이가 격렬해지면 윗입술을 집어넣어 윗니를 보이기도 한다. 종종 웅얼거리는 소리를 내거나 웃기도 한다.

5. 놀이표정 Play face

다른 표정과 소리

침팬지들은 다양한 상황에서 고음 또는 저음으로 웅얼거린다. 웅얼거릴 때에는 대체로 얼굴 표정에 변화가 없는 편이지만 입술과 턱이 약간 벌어지기도 한다. 이 소리는 무언가를 먹을 때나 털손질을 할 때 내며 한가로이 모여 있는 개체들 사이에 근거리 연락 신호로 사용된다.

빠르게 웅얼거리는 소리와 숨을 거칠게 들이마시는 소리가 합쳐지면 헐떡이며 웅얼거리는 소리가 된다. 서열이 낮은 침팬지가 서열이 높은 침팬지에게 인사하러 가거나 위협을 받은 후에 이 소리를 낸다. 헐떡이며 웅얼거리는 동안에는 턱이 조금 열리고 보통 때처럼 이빨이 입술에 가려 있다. 만약 순위가 높은 침팬지가 계속 공격적으로 나오면, 헐떡이며 웅얼거리는 곧 낑낑거리는 소리나 비명 소리로 변하고 침팬지는 이내 이빨을 드러낸다.

시끄럽게 짖는 소리 loud bark는 침팬지 무리가 흥분되어 있을 때 자주 들린다. 몇몇 침팬지들은 헐떡이며 웅얼거리는 반면 다른 침팬지들은 짖는다. 아주 좋아하는 먹이를 발견하거나 정신없이 먹이를 먹기 시작한 처음 몇 분 동안 침팬지들은 대단히 큰 소리 food bark로 짖는다. 짖을 때에는 턱이 약간 열리고 아래 앞니가 약간 보이기도 한다.

다른 침팬지나 사람을 포함한 다른 동물을 은근히 겁주려 할 때 침팬지들은 부드럽게 짖는다 soft bark. 이 소리는 조용한 기침 소리와 매우 비슷하며 턱이 아주 조금 열리고 입술이 이빨을 덮는다. 좀더 강하게 겁주려 할 때에는 〈우아아〉 하며 짖는다. 얼굴 표정은 1b와 유사하다.

  내 생각에는 침팬지의 〈우라아아아〉 소리는 아프리카 정글에서 나는 소리 중 가장 야만적으로 들리는 소리가 아닐까 싶다. 아주 길게 늘어지고 또렷하며 비교적 고음이다. 침팬지가 숲 속에서 특이하거나 신경이 쓰이는 무언가를 발견했을 때 내는 소리이다. 나에 대한 두려움을 극복한 이후에 침팬지들이 나의 접근을 허락했을 때 낸 소리도 바로 이 소리였다. 들소 떼나 죽은 침팬지를 발견했을 때에도 이 소리를 낸다. 얼굴 표정은 역시 1b와 매우 흡사하다. 같은 상황에서 어떤 침팬지들은 길고 큰 비명 소리를 지르기도 한다.

  웅얼거리지 않고 웃는 소리처럼 들리는 헐떡거림은 침팬지들이 서로를 열심히 털손질할 때 들린다. 어떤 수컷들은 짝짓기를 할 때 이 소리 copulation pant를 낸다. 헐떡거릴 때 짓는 얼굴 표정은 특별한 것이 없다.

■ 부록 3

무기와 도구 사용

침팬지는 자기 주변에 있는 온갖 물체들을 도구로 쓴다. 인간을 제외한 동물들 중에서는 도구를 가장 잘 사용한다.

1. 막대를 무기로 사용한다.
2. 조준해서 던진다.
3. 탐침 — 침팬지는 막대를 죽은 나무에 나 있는 구멍에 찔러 넣은 후 꺼내어 막대 끝의 냄새를 맡는다. 만약 곤충의 애벌레 냄새가 나면 그 나무를 쪼개 열고 벌레를 잡아먹는다(이런 종류의 탐침은 죽은 비단뱀과 같이 보기 드문 것을 조사하는데 사용되기도 한다).

4. 막대를 사용하여 사파리 개미 safari ant를 잡아먹기도 한다. 이 개미들에게 물리면 매우 아프기 때문에 침팬지는 개미의 땅 속 둥지를 막대로 쑤시는 동안 개미가 몸 위로 기어 올라오지 못하게 쳐낸다. 막대는 나뭇가지 주위로 축구공만한 크기의 단단한 둥지를 짓고 사는 개미들을 잡아먹는 데도 사용된다.

5. 흰개미 〈낚시〉에 풀줄기를 사용한다.
6. 도구 제작 – 줄기에 붙은 잎을 떼어내며 흰개미 낚시에 적당한 도구로 만든다. 쓸 만한 도구를 만들기 위해 넓은 잎사귀 한 구석을 떼어 내기도 한다.
7. 침팬지들은 나뭇잎을 씹어 흡수력이 좋도록 스펀지를 만들어 입이 닿지 않는 곳의 빗물을 적셔 먹는다. 이렇게 나뭇잎 한 줌을 변형시키는 것 또한 도구 제작의 원시적 형태이다.
8. 비비의 해골 안에 남아 있는 뇌의 찌꺼기를 닦아 내는 데 나뭇잎 스펀지를 사용한다.
9. 아랫도리에 상처가 나서 피가 나면 나뭇잎으로 문지른다. 때로 설사를 하면 나뭇잎을 화장지처럼 사용한다. 나뭇잎으로 진흙이나 끈적이는 먹이 등을 닦아 내기도 한다.

곰비의 침팬지들이 도구를 사용한 위의 예들 외에도 두툼한 막대를 지렛대로 사용하는 것이 관찰되었다. 예를 들어 땅 속 벌집 입구를 벌리거나 연구소의 바나나 상자를 열려 할 때 지레를 사용한다. 가는 나뭇가지를 이쑤시개로 사용하거나 지푸라기로 코를 후비는 침팬지도 있었다.

■ 부록 4

식성

침팬지는 사람과 마찬가지로 잡식성이며 야채, 곤충, 고기를 먹는다.

야채
곰비 침팬지들은 90가지가 넘는 나무와 풀을 먹는 것으로 밝혀졌다. 관찰에 의하면 그들은 50가지 이상의 과일과 30가지 이상의 나뭇잎과 잎눈을 먹는다. 이외에도 꽃, 씨, 나무껍질, 나무속을 먹는다. 때로 나무줄기의 송진을 핥아먹거나 죽은 나무줄기 뭉치를 씹기도 한다.

곤충
침팬지의 곤충 먹이로는 일년 내내 개미 3종(*Oecophylla* spp., *Anomma* spp., *Crematogaster* spp.), 흰개미 2종(*Macro-termes* spp., *Pseudacanthotermes* spp.), 미확인된 나방 2종의 애벌레 등을 가장 많이 먹는다. 침팬지들은 또한 여러 가지의 벌레들, 즉 딱정벌레, 말벌, 상수리혹벌 등의 애벌레도 먹는다. 침팬지가 벌집을 털어 꿀을 먹을 때에는 꿀벌의 애벌레도 먹는다.

새의 알과 새끼들
침팬지들은 때로 각종 새들의 둥지에서 알이나 새끼를 잡아먹는다.

고기

곰비의 침팬지들은 능숙한 사냥꾼이다. 40에서 50마리의 침팬지들로 구성된 무리가 일년에 50마리 이상의 동물을 잡는 것으로 알려져 있다. 물론 관찰되지 않은 경우도 많다. 수풀영양, 수풀돼지, 비비의 새끼, 붉은콜로부스원숭이와 그들의 새끼들을 주로 잡아먹는다. 침팬지들은 또 때로 붉은꼬리원숭이나 푸른원숭이도 잡아먹는다.

무기염류

침팬지는 때로 소금기가 들어 있는 흙을 조금씩 먹기도 한다.

수풀영양

붉은콜로부스원숭이

수풀돼지

부록 4 식성

한 침팬지 수컷이 어린 비비를 잡아 땅에 후려치고 있다.

■ 부록 5

침팬지와 인간의 행동

침팬지 행동의 연구가 인간 행동의 연구와 어떤 관련이 있는가?

침팬지는 우리와 가장 가까운 친척이다. 최근 생화학 분야의 연구에 따르면 침팬지는 어떤 면에서 고릴라보다 인간에 더 가깝다고 한다. 신경 해부학자들은 침팬지 뇌의 회로가 다른 동물들보다 인간 뇌의 회로와 가장 닮았다는 사실을 강조해 왔다. 곰비에서 수행한 우리의 관찰은 특히 음성 언어 외의 다른 의사소통에서 침팬지와 인간 행동이 매우 유사하다는 것을 극명하게 드러냈다. 그러므로 침팬지 행동에 대한 깊은 이해는 인간의 행동을 이해하고자 하는 노력에 의미 있는 일이 될 것이다.

인간의 공격성에 대한 문제는 특별히 중요하다. 우리의 폭력성을 효과적으로 조절하려면 우선 그에 대한 충분한 이해가 있어야만 한다. 따라서 곰비에서 진행되고 있는 침팬지의 공격성에 관한 연구는 매우 중요하다.

육아법은 우리 모두의 관심사이다. 새끼를 돌보는 방법이나 새끼의 성장 단계에 관한 우리의 연구는 이미 유아 심리학자나 유아 정신 의학자들의 주목을 받고 있다. 우리의 연구로 인해 침팬지 엄마와 아기 간에 형성되는 애정 어린 관계의 중요성이 밝혀졌지만, 왜 어떤 어른 침팬지들이 다른 개체들에 비해 특별히 더 끈끈한 가족 관계를 유지하는지의 이유는 확실하지 않다. 그 대답은 아마도 인간 사회의 가족 문제를 이해하는 데 도움이 될 것이다.

인간에게 청소년기는 매우 어려운 시기이다. 침팬지에게도 마찬가지다. 만약 우리가 사춘기 침팬지의 신체에 나타나는 생리학적 변화(예를 들면 오줌 표본을 채집함으로써 연구할 수 있는 변화)와 그와 같은 변화가 행동에 어떻게 영향을 미치는지를 좀더 잘 알 수 있다면, 우리는 우리 청소년들을 좀더 잘 이해하고 도울 수 있을 것이다.

인간의 정신병은 엄청난 고통을 야기하며 꾸준히 증가하고 있다. 병적인 우울증 치료와 예방을 연구하고 있는 과학자들은 자연 상태의 침팬지에 대한 우리의 연구로부터 많은 것을 배울 수 있을 것이다. 우울증의 주원인이 무엇인가? 침팬지들 각자가 스트레스에 대처하는 방법은 어떻게 다른가? 왜 어떤 침팬지들은 다른 침팬지들보다 스트레스를 더 잘 극복할 수 있는가?

곰비의 연구로 인해 많은 다른 분야, 예를 들어 동물학, 생태학, 행동학, 인류학, 심리학, 정신의학 등을 전공한 학생들 간의 공동연구들이 이뤄졌다. 다레스살람 대학, 케임브리지 대학, 스탠퍼드 대학을 비롯한 여러 곳으로부터 온 학생들과 교수들의 참여로 의견 교환이 활발하게 이루어졌다. 여러 분야의 공동연구는 인간 행동에 대한 새로운 의문점들을 제기하였다.

야생 침팬지의 행동과 식성에 관한 자세한 지식은 우리 속에 갇혀 있는 침팬지 무리들을 성공적으로 돌보는 데 매우 중요하다. 특히 우리가 과학의 필요를 위해 자연 자원을 계속 고갈시키는 것을 막으려면 침팬지 사육은 매우 중요하다.

또다른 절박한 문제는 세계의 동물상을 보전하는 것이다. 동물들을 올바로 보호하려면 동물들이 무엇을 필요로 하는지 알아야 한다. 곰비의 생태 및 행동 연구는 침팬지들이 살고 있는 공원과 침팬지 보호구역을 경영하는 사람들에게 중요한 정보를 제공하고 있다.

우리는 곰비 국립공원에 관광객들을 위한 관찰소를 짓고 있다. 탄자니아 정부, 음왈리무 줄리우스 니에레레 Mwalimu Julius Nyerere 전 대통령, 현 대통령인 알리 핫산 음위니 Ali Hassan Mwinyi와 탄자니아 국립공원의 호의로 전세계의 관광객들은 자유롭게 노니는 침팬지들을 관찰할 수 있는 귀한 기회를 얻게 될 것이다.

야생생물의 연구와 교육 및 보호를 위한 제인 구달 연구소 Jane Goodall Institute for Wildlife Research, Educacion and Conservation는 현재 미국, 캐나다, 탄자니아, 독일, 그리고 영국에 지부를 두고 있다. 이 연구소들은 탄자니아 곰비 국립공원 내의 곰비 연구소에서 수행하고 있는 인간 이외의 영장류, 특히 침팬지의 연구에 대한 지원을 확장하는 데 힘쓰고 있다.

또한 현재 침팬지는 서식지 파괴, 육류 사냥, 불법 국제 교역을 목적으로 한 침팬지 새끼 포획 등으로 인해 절멸위기종이 되어 버렸기 때문에 우리 연구소는 콩고, 부룬디, 탄자니아, 우간다 등에 침팬지 보호구역과 고아 침팬지들을 위한 임시 수용소들을 만들었다. 이들 정부들은 보호할 곳만 마련되면 언제든지 불법으로 잡은 새끼 침팬지들을 압류할 용의가 있다. 우리가 만든 보호구역들은 또 고용 창출을 통해 지역 주민들에게 새로운 소득을 제공하고 있다. 우리는 모든 사업에 지역 주민들을 고용하며 보호구역의 침팬지들에게 먹일 과일이나 채소도 주변 지역에서 구입한다. 각 보호구역은 자연 보전 교육센터를 설립하여 지구의 자연 자원을 보존해야 하는 필요성을 홍보할 계획이다. 이들은 또 전세계 청소년들을 위한 우리의 환경 및 인도주의적 프로그램인 〈루츠 앤드 슈츠 Roots & Shoots (뿌리와 새싹)〉과 연결될 것이다. 루츠 앤드 슈츠는 〈인간이든 아니든 모든 개체들 하나하나가 다 중요하고, 각자 나름대로 역할을 가지고 있으며, 변화를 일으킬 힘을 지니고 있다〉는 철학을 가지고 있다.

영국에 있는 〈제인 구달 연구소〉는 공인된 자선단체로서 1989년에 설립되었다. 더 자세한 정보를 원하거나 기부금을 내고자 한다면 다음의 주소로 연락하길 바란다.

The Jane Goodall Institute (USA)
P. O. Box 599
Ridgefield
Connecticut 06877
USA

The Jane Goodall Institute (Tanzania)
P. O. Box 727
Dar es Salaam
Tanzania

The Jane Goodall Institute (UK)
15 Calrendon Park
Lymington
Hants SO41 8AX
Tel: 01590 671188
Fax: 01590 670887

Jane Goodall Inter-Canada Assoc.
Suite 408
5156 Sherbrooke Street West
Montreal
Quebec H4A 1T6
Canada

The Jane Goodall Institute (Tanzania)
P. O. Box 727
Dar es Salaam
Tanzania

참고 문헌

권장 도서

나는 여러분이 이 책을 읽고 침팬지는 물론 인간을 제외한 다른 영장류들과 동물 행동 전반에 관심을 갖게 되길 기대한다. 우리 속에 갇혀 있거나 야생에 살고 있는 침팬지들의 행동에 대한 자세한 연구 논문들이 각종 과학 학술지들에 보고되어 있지만 일반 독자들은 그것들을 그리 쉽게 구할 수 없을 것이다. 그래서 나는 지나치게 전문적이지 않은 몇몇 권장 도서들을 소개한 후, 알려진 정보를 정리하고 그 자료에 대한 출처를 밝히고자 한다. 불행하게도 중요한 몇몇 자료들은 전문 학술지에 들어 있기 때문에 여기에는 밝히지 못한다. 그중에는 특히 이누야마Inuyama에 있는 일본 원숭이 센터Japanese Monkey Center의 S. Azuma 박사, M. Kawabe, T. Nishida, J. Itani, A. Suzuki, A. Toyoshima 들의 논문들과 A. Kortlandt 박사의 논문들이 포함된다.

야생 침팬지들

Lawick-Goodall, Jane van. *My Friends the Wild Chimpanzees* (Washington: National Geographic Society, 1967).

Reynolds, Vernon. *Budongo: An African Forest and Its Chimpanzees* (Garden City, N.Y.: Natural History Press, 1965).

우리 속에 갇혀 사는 침팬지들

Hayes, Catherine. *The Ape in Our House* (New York: Harper & Row, 1951).

Köhler, Wolfgang. *The Mentality of Apes* (New York: Harcourt Brace, 1925).

Kohts, Nadie. *Infant Ape and Human Child* [in Russian], Scientific Memoirs of the Darwin Museum, No. 3 (1935), Moscow.

Yerkes, Robert M. *Chimpanzees: A Laboratory Colony* (New Haven: Yale University Press, 1943).

인간을 제외한 다른 영장류들

Altmann, Stuart A., ed. *Social Communication among Primates* (Chicago: University of Chicago Press, 1967).

DeVore, Irven, ed. *Primate Behavior* (New York: Holt, Reinhart and Winston, 1965).

Fossey, Dian. *Gorillas in the Mist* (Boston: Houghton Mifflin Company, 1983).

Harrisson, Barbara. *Orang-utan* (London: Collins, 1962).

Jay, Phyllis, ed. *Primates: Studies in Adaptation and Variability* (New York: Holt, Reinhart and Winston, 1968).

Kummer, Hans. *Primate Societies* (Chicago: Aldine Publishing Company, 1971).

Morris, Desmond, ed. *Primate Ethology* (Chicago: Aldine Publishing Company, 1967).

Schaller, George B. *The Year of the Gorilla* (Chicago: University of Chicago Press, 1964).

동물 행동 전반에 관한 책들

Eible-Eibesfeldt, Irenaus. *Ethology: The Biology of Behavior* (New York: Holt, Rinehart and Winston, 1970).

Hinde, Robert A. *Animal Behaviour* (New York: McGraw-Hill, 1966).

Lorenz, Konrad. *King Solomon's Ring* (New York: Crowell, 1952).

Marler, Peter R., and William J. Hamilton III. *Mechanisms of Animal Behavior* (New York: Wiley, 1966).

참고 자료의 출처

다음은 이 책에 언급된 사실들에 대한 중요한 전문 자료의 출처들이다.

닛슨 Henry W. Nissen의 관찰에 관해서는 *Comparative Psychology Monographs*, Vol. 8 (1931) 1-22쪽에 게재된 논문 "A Field Study of the Chimpanzee"를 참조하라.

침팬지의 도구 사용에 대한 정보는 Journal of Mammalogy, Vol. 32 (1951) 118쪽에 게재된 Harry Beatty의 논문 "A Note on the Behavior of the Chimpanzee"와 Fred G. Merfield와 H. Miller의 저서 *Gorillas Were My Neighbors* (London: Longmans, 1956)에 논의되어 있다. Wolfgang Köhler는 그의 저서 *The Mentality of Apes* (New York: Harcourt Brace, 1925)에 우리 속에 있는 침팬지들의 도구 사용과 제작에 대한 연구를 기술했다.

본문 중 「인간의 그늘에서」에서 언급한 손도끼를 사용하여 도구를 만드는 데 실패한 어느 침팬지에 대한 자세한 정보는 1964년 모스크바에서 열린 제7차 International Congress of Anthropological and Ethological Sciences에서 발표된 H. F. Khroustov의 논문 "Formation and Highest Frontier of the Implemental Activity of Anthropoids"에 기술되어 있다.

Washoe의 경험은 Science Vol. 165(1969) 664-672쪽에 게재된 R. Allen and Beatrice Gardner의 논문 "Teaching Sign Language to a Chimpanzee"에 적혀 있다.

곰비 이야기는 전혀 다른 형태로 Animal Behaviour Monographs Vol. 1, Part 3(1968) 161-311쪽에 게재된 나의 종합 논문 "The Behaviour of Free-living Chimpanzees in the Gombe Stream Area"에 기술되어 있다.

최재천

서울 대학교를 졸업하고, 하버드 대학교 생물학과에서 박사 학위를 받았다. 하버드 대학교 전임 강사, 미시간 대학교 조교수, 서울 대학교 교수, 국립 생태원 초대 원장을 거쳐 현재 이화 여자 대학교 에코 과학부 석좌 교수로 재직 중이다. 개미를 비롯한 사회성 곤충과 포유동물의 사회 행동 및 인간 두뇌의 진화에 대해 연구하고 있으며, 2007년부터는 인도네시아 자바의 구눙할리문-살라크 국립 공원에서 자바긴팔원숭이 연구를 수행하고 있다. 또한 2006년 개소한 통섭원(統攝苑)을 중심으로 자연 과학과 인문학의 통섭을 여러 젊은 학자들과 함께 모색하고 있다. 10여 년에 걸친 중남미 정글에서의 현장 연구 성과를 바탕으로 쓴 첫 책 『개미제국의 발견』으로 수많은 청소년들에게 자연에 대한 사랑과 관심을 불러일으켰으며, 에드워드 윌슨의 『통섭: 지식의 대통합』을 번역, 소개하여 한국 사회에 통섭 논쟁을 불러오기도 했다. 미국 곤충학회 젊은 과학자상, 대한민국 과학 문화상, 국제 환경상, 올해의 여성 운동상 등을 수상했고, 『개미제국의 발견』으로 한국 백상 출판문화상을 수상했다. 저서로 『다윈 지능』, 『생명이 있는 것은 다 아름답다』, 『당신의 인생을 이모작하라』, 『대담』(공저), 『호모 심비우스』 등이 있으며, 『통섭』, 『인간의 그늘에서』, 『인간은 왜 병에 걸리는가』 등을 번역하였다.

이상임

1996년에 서울 대학교 생물학과를 졸업하고, 2005년 8월에 서울 대학교 생명 과학부에서 「까치의 번식 성공과 자손 성비의 연간 변이」로 박사 학위를 받았다. 현재 이화 여자 대학교 생명 과학과 자연사 연구소 소속 연구원으로, 까치의 번식 및 행동 생태의 유전적, 환경적 요인을 찾고자 연구를 진행하고 있다. 『인간의 그늘에서』와 『제인 구달의 생명 사랑 십계명』을 공동 번역하였으며, 어린이들에게 동물의 행동이나 생태를 쉽고 재미나게 알리는 다수의 책을 저술하였다.

인간의 그늘에서
제인 구달의 침팬지 이야기

1판 1쇄 펴냄 2001년 11월 20일
1판 20쇄 펴냄 2024년 3월 31일

지은이 · 제인 구달
옮긴이 · 최재천, 이상임
펴낸이 · 박상준
펴낸곳 (주)사이언스북스

출판등록 1997. 3. 24 (제16-1444호)
(06027) 서울특별시 강남구 도산대로1길 62
대표전화 515-2000 팩시밀리 515-2007
편집부 517-4263 팩시밀리 514-2329
www.sciencebooks.co.kr

한국어판 ⓒ (주)사이언스북스, 2001. Printed in Seoul, Korea.

ISBN 978-89-8371-088-8 03470